动画专业"十三五"规划应用型本科系列教材编委会
（以姓氏拼音为序）

动画专业"十三五"规划应用型本科系列教材

丛书总主编：周 舟 钟远波 韩 晖

三维动画
基础 3D Animation
Basics

高艺师　代钰洪　著

中国传媒大学出版社

·北京·

○ 佳作欣赏 ○

图1

图2

图3

图4

图5

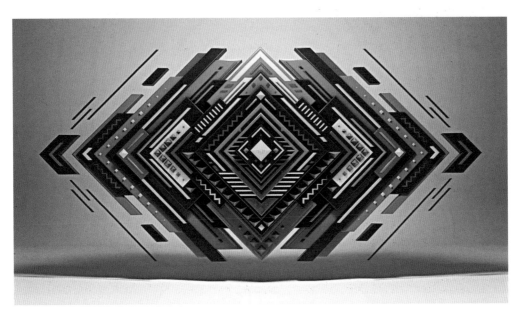

图6

图7

图8

图9

图10

图11

图12

图13

图14

图15

图16

图17

○ 案例插图 ○

图18

图19

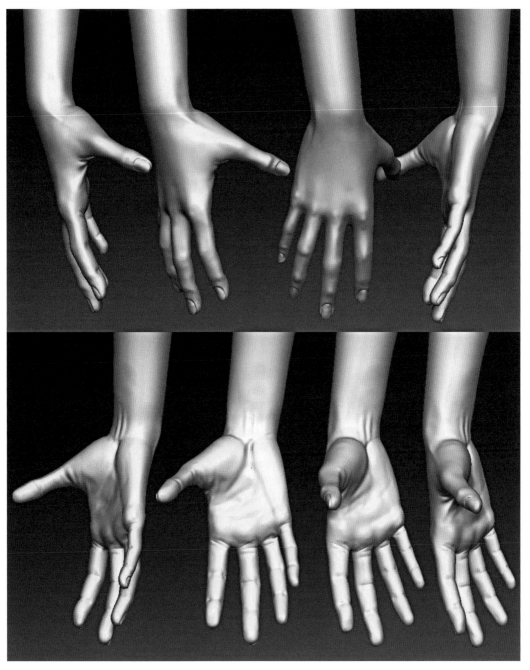

图20

图21

图22

图23

图24

图25

总　序

一种态度

2007或者2008年的时候，院系领导曾经和某大学出版社签订了一整套动画教材的出版合同，我也接到撰写定格动画教材的任务。那会儿动画专业正发展得热火朝天，各个高校齐头并进地开设动画专业，市面上也出现了许多相关教材、软件教程。

对于这些书，特别是软件类的，比如3ds Max、Maya、Softimage等，以前我也买过不少。我并不是一个软件白痴，但是天晓得作者在教程里有意无意地漏了哪一步，我总是做不出他们的效果，这让我腹诽了好一阵子。有的动画书用的不是迪士尼的图例就是日本、欧洲的某些动画图例，有着明显的草率成书的痕迹，也许这是部分高校教师为自己评职称凑的材料吧。

所以我对写教材有着一种深深的畏惧或回避情绪。我想，要写也应该是在自己有了丰富的教学经验、创作经历后再写，所采用的实际操作图例也应该由作者自己创作，甚至应该是作者使用过的。所以接到这项任务后，我就边教学，边整理制作图。但是时间和市场不会等我，所以那套书唯独缺了我的《定格动画》，违约了好多年。幸好当时的编辑和出版社能宽容、理解我。

之后院系又接了上海相关出版社的类似任务，也是《定格动画》，我仍旧以"拖"字诀拖延了下来，算下来，也有十年了吧。实际上，要交稿出版也是完全可以的，但是始终觉得还有许多未尽之处，不愿意就这么亮出来。

这次受中国传媒大学出版社张旭编辑与西南民族大学周舟老师之约做主编，我抱着诚惶诚恐的心情参与其中，更多时候是在编辑微信群里做万年潜水员。多年的接触使我深知周舟老师是一位责任心极强、务实的好老师，张编辑负责的"动画馆"系列丛书更是这么多年来我唯一认可并推荐给学生的动画理论书籍，他们在全国高校教师中约请的撰稿作者，都有着丰富的一线教学经验，更有着一种认真的态度。

这是一套好书！

韩　晖

2017年9月27日

于杭州

目 录

contents

三维动画基础

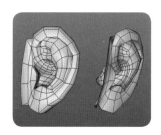

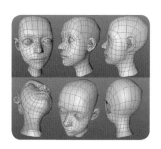

· 2 ·

绪论　什么是动画

一、视觉暂留

在探讨三维动画之前，我们有必要对"什么是动画"这一问题达成一定的共识。对动画最普遍的定义也许是"利用某种机械装置使单幅的图像连续而快速地运动起来，从而在视觉上产生运动的效果"。在这种定义下，有史料记载的最早的动画应该出自公元180年的中国古代发明家丁缓之手。1824年，彼得·罗杰（Peter Roger）为英国皇家学会写了一篇文章，题目为《论移动物体的视觉暂留》，文章提到人的眼睛看到一幅图画之后，短时间内图画不会在人脑中消失，如果图像连续而快速地从眼前闪过，那么人脑便会认为这是一幅连续的图画。如果这些图像之间略有区别且带有顺序性，那么这些图像就会变成运动的图画。这一发现直接推动了动画、电影及电视的产生。

如果追溯动画与电影的起源，会发现这两个我们曾经认为泾渭分明的艺术门类从一开始就是同一种东西，是同一个硬币的两面，它们都是基于人眼的视觉暂留特性而产生的。摄像机的本质是将现实中发生的连贯的运动，按照一定的速率拍摄成一张张静止的"照片"，再将这些"照片"通过播放设备以相同速率进行回放，从而还原现实中的连贯动作。但这种还原并非真实的连贯运动，而是因人眼的视觉暂留特性而产生的一种"似动"现象。我们会认为通过这种方式制作出来的影像是电影。如果把摄像机按一定速率拍摄的静止"照片"换成用纸笔逐张绘制图像，再按一定的速度连续播放，我们则认为通过这种方式制作出来的影像是动画。那么，由英国艺术家通过在拍摄的影像上使用刮擦的方式来"作画"，于1998年完成的实验短片《信天翁》（见图1）又该如何归类？它既使用了摄像机进行纪实拍摄，又使用绘制的手段进行修改，有些类似于现在的特效电影，所不同的是现在的特效电影使用数字技术进行修改。

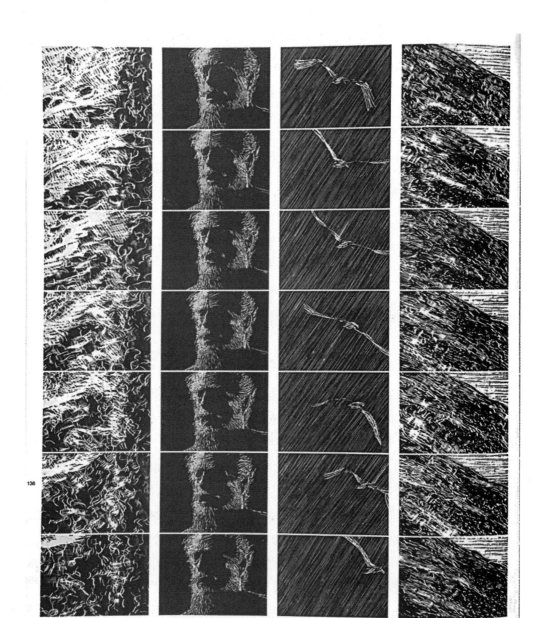

图1　实验短片《信天翁》视频截图

　　最近在网络上看到一个关于电影《死侍》的幕后制作花絮视频，它再次勾起笔者对"这是电影还是动画"的思考，视频中展示了大量镜头，这些镜头看起来是摄像机实拍的，但实际上却是像动画一样做出来的。而在电影《阿凡达》中，这样的"动画"镜头超过了60%。在获第89届奥斯卡最佳视觉效果奖的影片《奇幻森林》中，更是除了主演尼尔·塞西外，其他一切视觉元素都是CG特效的产物。目前，大量的电影是通过特效软件制作出来的，也就是说它们使用了动画的思路和技术，而不是采用一般电影的纪实拍摄技术。由此可见，通过制作技术将电影和动画区分开也是极不可取的。我们通过任何设备，无论是早期的留影盘（Thaumatrope）、西洋镜（Zoetrope）、夏尔·埃米尔·雷诺的活动视镜（Praxinoscope），还是现在的电影、电视、电脑等，看到的动态效果都是一种"似动"现象。可以说，除了现实中的运动，我们在一切人造设备上看到的运动都是"似动"现象。因此，从技术的角度来说，一切影像（视频）都可以被视为"动画"（见图2至图4）。

图2　《死侍》中的特效镜头

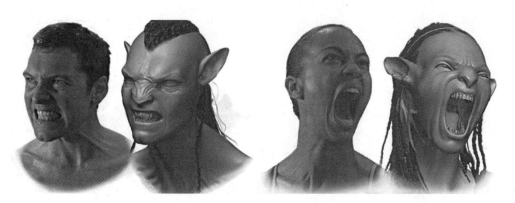

图3　《阿凡达》中的虚拟角色

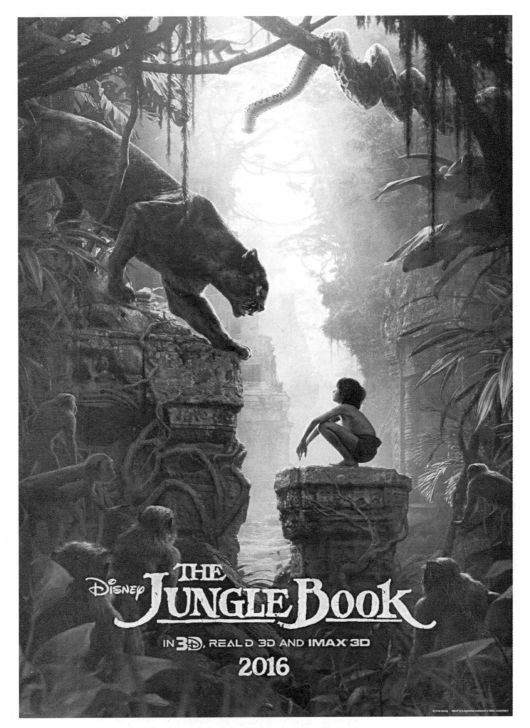

图4 《奇幻森林》电影海报

二、动画的内涵

是否可以认为动画等于影像呢? 在中文语境中似乎确实如此。但对于动画的英文原意来说却并非如此。中文语境中"动画"一词似乎总是给普通观众、初学者或从业者甚至是研究者以非常糟糕的暗示。一方面,暗示了这是一种绘画形式或者说"这是画出来的"。中国早期的动画片被称作"美术片"就是这种理解的体现。这种暗示严重限制了形式风格和制作技术的创新和融合。另一方面,暗示了动画必须要动甚至能动就行,使得我们对动画质量的追求完全偏离了轨道。反观英文语境中与"动画"对译的"animation"一词,它源自于拉丁文字根"anim-",意为"生命",可用于表示"动物、野兽、牲畜(都是具有生命能动之物)",也可引申为"生动活泼""栩栩如生""生气勃勃"等。下面是由"anim-"引申出的单词:

> animal n.动物, 兽; adj. 动物的, 肉体的

> animally adv.肉体上(=physically)

> animalism n.动物特性, 兽性, 兽欲

> animalist n.纵欲者; 动物画家, 动物艺术画家

> animality n.动物性, 兽性, 动物本能; 动物界

> animalization n.动物化, 兽性化

> animalize vt.使动物化, 以动物形状表示

> animate vt.使有生命, 使活泼, 使生气勃勃; 激励; adj.有生命的, 生气勃勃的

> animated adj.活生生的, 栩栩如生的, 活泼的, 活跃的, 动的, 愉快的

> animatedly adv.栩栩如生地; 活跃地

> animating adj.令人鼓舞的; 赋予生命的

> animatingly adv.令人鼓舞地; 赋予生命地

> animation n.生气, 活跃; 动画片

> animator n.动画片绘制者, 给予生气者, 鼓舞者, 漫画家

> animism n.泛灵论, 万物有灵论, 灵魂独立论

> animist n.泛灵论信仰者, 万物有灵论者

由此就不难理解为什么英语国家的动画片多以"动物"为角色、动画主题多是"令人鼓舞的"、对动画的追求是"栩栩如生"的、"有灵魂"的。迪士尼的动画电影《疯狂动物城》就是animation的最好诠释。日本对动画的理解也比较接近原意,就是认为万物有灵(animism),因此在日本,人们对待著名动漫角色的态度跟对待真人明星是一样的。

在创作动画时也更加注重对角色内在灵魂的挖掘和塑造。

因此"animation"可以理解为"赋予生命的艺术"或"赋予生命的技术"，强调了这是一种全新的艺术形式或表达手段，但并没有限制具体的艺术风格或视觉效果。对艺术方面的追求在于"能够赋予生命"，而并没有提到是否需要动（mov-），"动"只是animation的一个常用手段而已。那么，怎样才能取得"赋予生命"的效果呢？

来自台湾的魔术师刘谦在一次演讲中用自己亲身经历的故事来回应网络上关于魔术揭秘的视频，并且说："我常常告诉观众朋友'下面就是见证奇迹的时刻'，但是今天我要第一次说出实话：其实我是没有办法创造出奇迹的，奇迹是我和你（观众）一起创造出来的。因为魔术从来不发生在我的手上，而发生在你的心中。"这段话道出了魔术的真谛：在魔术师眼里，魔术其实是一个个千锤百炼的巧妙手法，是一个个设计精巧的道具，是一个个扣人心弦的桥段……而当这一切有机地组合在一起并通过魔术师的精彩表演呈现在观众面前的时候，奇迹发生了！魔术的奇迹只有和观众互动的时候才会发生。而在动画创作者和动画观众之间也存在着类似的情形：动画创作者通过精心设计的形象、活灵活现的表情和动作、精细而逼真的舞台（场景）以及构思巧妙、跌宕起伏的故事，让那些虚构的角色在观众的心里活过来。想想那些成功的动画作品，多年后我们可能已经记不起影片的情节，但当我们再次谈论起里面的角色时，就像在谈论我们的老朋友一样，他们是活在观众心里的。因此，"赋予生命"是创作者和观众共同完成的。这就意味着，无论通过哪种形式创作的作品，只有让更多的观众看到并认可，才能真正完成"赋予生命"这一目标。

通过某种形式与受众互动并在其心里完成"赋予生命"这一目标的艺术形式包括：小说，戏剧（话剧、舞台剧、音乐剧等），漫画，广播剧，影视作品，游戏等。其中小说、戏剧、广播剧不属于animation的范畴。小说是通过抽象的符号（文字）来讲述故事从而塑造角色的，读者则根据文字想象角色的音容笑貌、举手投足、穿衣打扮，通过故事体会角色的喜怒哀乐、性格特征，从而完成"赋予生命"（角色在读者心中犹如活的一样）。但是这些"生命"并不具备固定的形态。正如莎士比亚说的：There are a thousand Hamlets in a thousand people's eyes(一千个人眼中有一千个哈姆雷特)。与之类似的漫画则通过视觉化的方式来讲述故事从而塑造角色，这就弥补了小说形象不固定的问题，取得了"赋予生命"的效果。因此可以认为，漫画是animation的一种特殊形式。广播剧的问题与小说类似不再赘述。虽然戏剧具有了"赋予生命"的一切要素，但其观众是通过现场观看来获得内容的，即使是通过电视转播，影像也只是起到纪实的作用而对内容的表达并没有起到作用，因此戏剧也不属于animation的范畴。影视作品通过声光来演绎故事，能够完美地"赋予生命"，得到了普遍的认可。在这里需要特别说明的是，利用真人演员表演的影视剧，即使没有特效镜头也可被称为animation，因为摄像机记录的演员表演实际上已经转化成了导演和剪辑师手中的素材，他们利用这些素材塑造那些本不存在的角色，为角色"赋予生命"。因此，影视作品属于animation的范畴。纪录片和新闻等纪实类的影像则不算animation。那么游戏属不属于animation的范畴呢？很显然，游戏不仅具有像电影一样的优势，同时还具备交互的功能，因此能更好地达到"赋予生命"的目标。但并不是所有的游戏都是animation，如俄罗斯方块、节奏大师这类抽象的纯益智类或反应类游戏。

三、动画的分类

一直以来，人们通过视觉印象感性地区分电影与动画：具有写实视觉效果的被称为电影；具有夸张变形或带有明显绘画感、扁平化视觉效果的被称为动画。这对于普通观众而言无可厚非，因为观众并不需要知道眼前的影像是通过什么样的技术创造出来的，也不需要思考如何创造新的视觉效果。但对于专业学生、从业者、研究者而言，仅仅通过视觉效果来区分影像类型是远远不够的。

如前文所述，既然一切旨在"赋予生命"的影像或图像都可被看作动画，那么所谓的电影和电视的区分，其本质就是播放技术及媒介的区别。电影是在大银幕上以每秒24帧的速度播放的，电视节目是在屏幕上以每秒25帧或30帧的速度播放的。如今，无论是电影还是电视节目，都能够通过电脑或手机等各式各样的设备以不同的速率播放，那么电影和电视节目就没有什么区别了。目前看来，电影、电视节目仅仅在篇幅、制作质量或投资成本方面存在区别。所谓的二维动画、定格动画、三维动画的区分，其本质是制作那些用于产生"似动"现象的静止"照片"所使用的技术的区分。二维动画是在纸张上（或赛璐珞）按照一定的规律（动画规律）绘制出需要的内容，再将其拍摄下来，或直接通过电脑软硬件绘制的；定格动画通过将实物摆放成一个个相关联的静止状态，再将其拍摄下来；三维动画则是完全运用电脑的计算来生成的。既然不同技术的目的都是制作出最终能够产生"似动"现象的"照片"，那么如果条件允许或是有需要的话，这些技术大可不分彼此地结合运用。法国电影大师乔治·梅里爱早在1896年就从摄像机故障卡壳的过程中发现了定格动画的基本拍摄原理，并在自己拍摄的"魔术片"中将定格动画技术与拍摄技术结合，创造出了最早的电影特效。1914年，Winsor McCay则第一次混合使用了真人实拍和二维动画技术来完成短片《恐龙葛蒂》（见图5、图6）。同理，只要能有效产生"似动"现象，无论什么技术都应该被同等对待，如玻璃直绘动画（Paint-on-glass animation）、针幕动画（Pinscreen）、真人定格动画（Pixillation）、沙动画（Sand animation）等。因此，通过技术来对动画进行分类也是行不通的。

图5　《恐龙葛蒂》海报

图6　乔治·梅里爱电影画面

　　如今的三维动画软件也能够轻松做出各种实拍或手绘的视觉效果，也有大量的作品在混合使用不同的视觉效果，因此也不能以视觉效果来分类。笔者认为，只要是基于视觉影像或图像的、旨在"赋予生命"的艺术，其本质都是animation，具体可以划分为以下几类：（1）图像类，如漫画；（2）视听类，如电影、动态漫画；（3）交互类，如游戏。

　　这样分类的好处是：（1）无关视觉效果和艺术风格，对创作者不存在狭隘的限制或暗示，因此能促进艺术的创新和发展；（2）技术和工具在不断更新、改进、相互融合，因此不以技术或工具为划分标准，才能破除初学者唯工具论的偏见，才能促使从业者勇于开发和使用更新的技术和工具；（3）促进影视、动漫、游戏等相关行业信息、人才和资源的自由流通。

　　在科学技术不断发展的今天，如何理解动画，对动画从业者尤其是初学者来说非常重要，这决定了其能否抱着一个严谨而又开放的态度来学习。只有深刻而准确地理解动画，才能在学习的过程中掌握动画创作的根本理念及制作技术背后的深意，从而提高学习的效率。对于从业者来说，只有更新对动画的认知，从更本质的角度来看待它，才能突破人们对动画的固有认识，以更自由的方式来完成创作。

四、计算机图形技术

随着科学技术不断发展，人们创造"动画"的手段变得越来越高明，计算机图形技术就是其中的佼佼者。从20世纪70年代以来，计算机图形技术在不到50年的时间里从艰难地完成简陋而粗糙的低多边形手和人脸发展到今天的几乎无所不能。随着计算机运算速度的不断提高，如今已经没有什么视觉效果是计算机图形技术所不能模拟的了。计算机图形技术经过不断改进和发展最终集合成一个个软件，本书涉及的软件Cinema 4D和Maya就是其中的代表。如今，计算机图形技术已经发展成为一门学科——计算机图形学，由此发展出来的软件不胜枚举，这些强大的工具帮助人们在影视/特效、建筑、广告/设计、视觉化（医学、军事、科研等）、游戏等领域创造奇迹。动画从最初的实物工具变为数字工具已成必然，对于从业者来说，掌握高效的数字工具成为必不可少的学习内容。

五、关于工具

技术启发艺术，艺术挑战技术——迪士尼首席创意官约翰·拉斯特在被问到艺术与技术的关系时这样说。工具能够帮助我们从确切的角度认识所进行的艺术创作，而艺术创作也会促进工具的发展。学习任何艺术形式都要从掌握某种工具开始，因为工具凝结了发明或运用该工具的人对于行业的思考。

一个被行业普遍认可的工具的使用方法一定符合其所属行业的特定思考模式，比如建模时经常使用到的"挤出"和"切割"工具体现了泥塑造型时通过增加和减少泥土来把握造型的思考。一个被行业普遍认可的工具也凝结了其所属行业的知识，比如三维软件中的"摄像机"工具就是摄影知识的物化。一个全新的工具也体现了该行业从业者对于新问题以及解决问题的新方法的思考，比如Cinema 4D中的运动图形模块就是全新的动画解决思路，同时也代表了新的市场需求。因此，学习和运用工具就是通过实实在在的训练来把握艺术中的概念、理念、思路等抽象事物的过程。

另外，只要是工具就必然存在优缺点，工具的好坏往往取决于使用情景是否适合和熟练程度的高低。很多初学者在开始学习软件的时候喜欢拿同类型的软件进行比较：是Photoshop好还是Painter好？做动画用Maya还是3Dmax？这就好比问"是尖嘴钳好还是扁嘴钳好""是辉柏嘉的铅笔适合画画还是樱花的铅笔更适合画画"一样。这种笼统的问题除了增加不必要的烦恼外不会对学习有任何好处。一个好的工具只有放到适合的具体情境中，再加上熟练的使用才能发挥其真正的作用。

目前市面上常见的三维软件很多，但它们都不是单一的工具，而是一个功能繁多、

·9·

种类齐全的工具箱。灵活运用不同软件能够解决不同领域的问题，因此我们在学习这些工具的时候要清楚我们针对的是哪个领域，不同领域对同一工具的使用方法、技巧的要求是不一样的。在学习的过程中，只有结合所要从事领域的相关知识才能更好地理解和掌握手中的工具。

六、关于三维动画

综上所述，本书所说的"三维"指的是计算机图形工具，"动画"指的是一切基于视觉暂留特性，旨在"赋予生命"的表现形式。

第一章 三维动画制作流程

〉〉〉〉 **本章知识点**

　　三维动画制作流程中的重要环节

　　三维动画制作流程中各环节间的衔接关系

〉〉〉〉 **学习目标**

　　理解三维动画流程的重要性，分析不同环
节在三维动画成片中的具体作用

　　把握前期流程与中、后期流程的关系及导演
与节的沟通依据

　　本章着重阐述三维动画创作的数字化流程，从而帮助读者建立整体观念。在学习过程中，只有了解具体技术在整个流程中的作用及其衔接关系，才能更好地把握学习目的和重点、准确评估每项技术的标准，从而提高学习效率。对流程的整体理解还能有效促进对创新解决方案的思考。

第一节　前期流程

对于观众而言，观看三维动画的时候究竟在看什么？也许在感受扣人心弦的动人故事、激动人心的神秘冒险或是新奇刺激的独特体验；也许在欣赏角色细腻而丰富的表演、悠扬动听的音乐、迤逦壮美的场景或是精致华丽的服装；也许还能思考其中蕴含的主题和文化内涵。无论观众的着眼点在哪里，动画创作者和观众必然都关注着两个不可或缺的要素：视觉要素和听觉要素，它们是动画创作者和观众沟通的桥梁。

视觉要素从本质上来说就是一张张由像素构成的被称为序列帧（frames）的静止图片。这些序列帧通过有机组合，像魔术表演一样在观众的心里产生了超越视觉的"奇迹"。听觉要素则是渲染情感、引导情绪、增加临场感等不可缺少的因素。它包括配乐、配音、音效等。动画创作者的任务就是精心安排好视觉和听觉要素，从而吸引观众的注意力，调动观众的情绪。

设计制作流程是艺术与科学的结合。一方面，要基于预算和最后期限等硬性指标进行分析和规划；另一方面，要基于对微小但关键的因素进行谨慎评估，如创作目标、队员个性、团队动力以及团队制作经验等。有的人将在大的制作团队中获得的工作经验用于小工作室的工作，这可能意味着"灾难"；能在动画电影中使用的元素可能在视觉特效电影中并不适用。

如今，无论是视觉要素还是听觉要素都不可避免地被数字化了。人们通过数字技术来记录或创造图像和声音。本章着重阐述三维动画创作的数字化流程，从而帮助读者建立整体观念。在实际的制作中是要先考虑后期解决方案再确定中期的制作标准的。学习中期流程时，学生也会因为不了解后期的要求而对中期的某些要求感到困惑。因此，本章先介绍后期流程，再介绍中期流程。在学习过程中，只有了解具体技术在整个流程中的作用及其衔接关系，才能更好地把握学习目的和重点、明确评估每项技术的标准，从而提高学习效率。对流程的整体理解还能有效促进对创新解决方案的思考。

一、分镜

我们首先要确定想要实现的创意是什么，想象这个创意实现后是怎样的效果。只有清晰地预见最终的结果，才能够有条不紊地安排实现的方法和步骤。对于这种"预见"，最有效的方式就是绘制分镜头脚本，即将抽象的创意具象化。创意产生初期往往是一些抽象的概念或是由文字表述的剧本，分镜能够快速地将这些抽象的概念或文字转变成视觉表达符号，使得概念和文字可视化、具象化。同时，分镜头脚本也决定了每个镜头的顺序和衔接关系。

有一种被称作"文字分镜"的方法，试图用文字来叙述分镜的画面内容。这实在是一种舍近求远的做法，它既限制了文字在表达抽象概念和复杂情感方面的效率，又无法达到分镜画面的具象性、直观性和确定性。正如莎士比亚所感慨的"一千个人眼中有一千个哈姆雷特"，文字功夫再高超也无法描述确定且没有歧义的画面，而这在一个许多人为了同一个视觉目标而努力的团队中将会导致不可预料的沟通灾难。因此，分镜头脚本在三维动画制作流程中是必不可少的。一个好的分镜头脚本不需要像漫画或插画那样关注画面质量和绘画风格，它只是一种工具，一种将创意转变成视觉语言的辅助工具。单个分镜画面需要体现角色之间及角色与场景的关系、景别、角度、镜头运动方式、场面调度、角色动作等因素，而更为重要的是要关注镜头画面之间的衔接关系。好的分镜能让每个制作环节的艺术家清晰而直观地预见自己需要完成的效果以及这些效果在整个项目中的位置和作用，导演的要求也能通过分镜非常有效地传达到位（见图1-1至图1-4）。

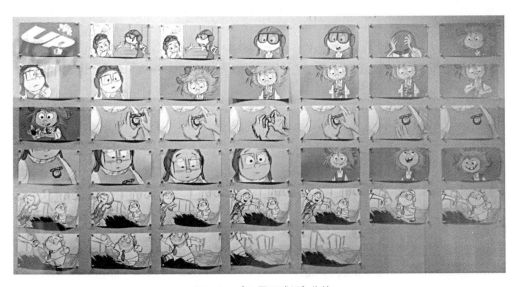

图1-1　《飞屋环球记》分镜

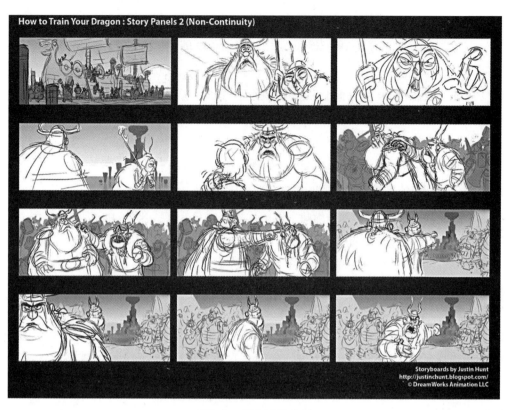

图1-2　《驯龙记》分镜

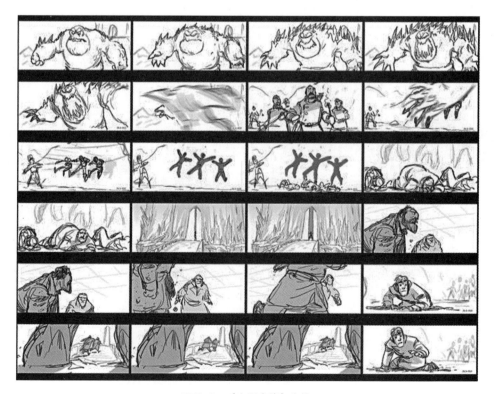

图1-3　《冰雪奇缘》分镜

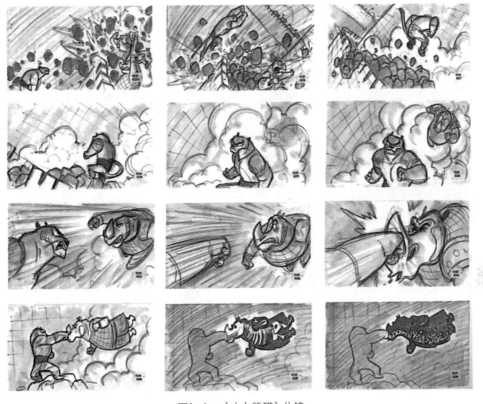

图1-4 　《功夫熊猫》分镜

二、角色设计

　　角色设计一般跟绘制分镜头脚本同时进行。如果是小团队或个人制作，没有足够的人手同时开展这两项工作，则建议先完成分镜，再进行角色设计。因为分镜并不需要仔细描绘角色，即使没有详细的角色形象，也能通过符号化的角色来叙述故事，而经过分镜的视觉转化，角色设计师对于角色的形象则有了更多明确的想法，这样更有利于角色的成型。除了角色的形体、衣着、表情外，角色设计还需要体现角色的结构、三视图等对中期制作有指导作用的图像。如果有必要，也要对一些角色的特殊细节进行说明（见图1-5）。

图1-5 《驯龙记》中的角色设计

　　在进行角色设计的时候，动作的设计往往是容易被忽略的。许多初学三维动画的同学认为，既然要做三维动画，那么就只需要把角色的外形设计出来就行了，至于动作和表情，等建模、材质和绑定完成后，动画师直接调就行了。这种做法看似节省了一些时间，但是对后续的工作会造成极大的影响。比如，在建模阶段，角色的表情特征决定了模型布线特点，角色的动作幅度和特点决定了绑定时采取怎样的解决方案和绑定技术等。另外，动作和表情是体现角色性格特征的直接手段，是抽象的文字概念具象化所不可或缺的。我们常常惊叹于迪士尼和梦工厂的动画师能够制作出那么精细、生动的动画表演，却不知道他们工作时是以一套十分全面、详尽的角色设计为基础的。角色设计不但要对后续相关环节的技术解决方案提出具体要求，还要为团队中各个环节的创作人员更清晰地理解和把握角色提供帮助，并且确保大家对角色的理解一致。只有这样才能保证作品在较长的制作周期中质量始终如一（见图1-6至图1-8）。

图1-6　《功夫熊猫》角色"太郎"的动作设计

· 17 ·

图1-7　《功夫熊猫》角色"阿宝"的表情设计

图1-8　《驯龙记》配角的设计

　　角色在动画项目中与故事同等重要，"迪士尼十二条原则"中就有一条强调了"角色必须有吸引力"。在设计角色外观时，应考虑最终要使用哪些技术来制作动画并将其展示给观众。例如，实时动作类游戏角色的设计和动画长片中的角色设计是有很大不同的；全计算机电影中的角色设计和特效电影中的虚拟角色也有所不同。

三、场景设计

　　场景并不等于背景，背景是指图画上起衬托作用的景物，场景是指戏剧、电影中的场面；背景代表的是画面中除主体以外的视觉要素，场景代表的是影片中的时间和空间，是随着故事的发展，围绕在角色周围、与角色发生关系的所有可视化元素。场景包括角色所处的生活场景、陈设道具、交通工具、社会环境、自然环境以及历史环境，还有作为社会背景出现的群众角色。场景是角色动作的支点，也能起到塑造角色和传达情绪的作用。比如《疯狂原始人》中那些奇异的场景就为角色的"疯狂"行为提供了舞台。试想如果该片的场景全是平坦的草原，角色的动作就只有简单的走、跑、跳，又何来

"疯狂"可言；在《长发公主》中，那个深蓝天空中飘满天灯的场景为推动角色的情绪变化起到了关键的作用，可以说没有这样打动人心的场景就没有电影的高潮部分。总而言之，场景设计的是围绕角色展开的（见图1-9至图1-12）。

图1-9 《功夫熊猫》场景设定

图1-10 《驯龙记》场景设计

图1-11 《疯狂原始人》中绮丽险峻的场景设计

图1-12　《长发公主》剧照

第二节　后期流程

一、剪辑

最接近我们看到的动画成片的环节是剪辑。在这个环节，剪辑师会接到上游环节提交的一段段合成好的视频素材和音频素材，剪辑师需要按照导演的要求将这些素材流畅组合起来，并且决定哪些声音应该与哪些画面组合在一起。这个环节的工作依据就是导演叙述故事的要求，这种要求往往通过分镜脚本表述出来。剪辑虽然是最接近成品的环节，但并不是最后才开始的环节。实际上大多数三维动画项目会在分镜完成之后就开始制作"动态分镜"，并使用剪辑软件对动态分镜进行修改，其目的是确保故事或创意能被清晰地传达，此时剪辑工作就已经开始了。目前常见的剪辑软件有Premiere、Final Cut、Vegas、Edius等（见图1-13至图1-16）。

图1-13　Premiere　　图1-14　Final Cut　　图1-15　Vegas　　图1-16　Edius

二、合成

与剪辑环节直接对接的是合成环节。剪辑师所使用的视频素材和音频素材正是合成环节的成果。合成环节需要对上游环节提交的序列帧进行处理。处理的手段主要有校色、抠像、合成、增加特效等。在合成环节，要对素材进行精加工，这是生成画面成品的重要步骤，在整个制作环节中至关重要。为了更高效地完成导演的要求，后期合成阶段要求提供分层素材，不同的视觉效果和制作技术要求不同的分层方式。合成方案大多数情况下也是在分镜和动态分镜环节决定的。技术导演需要根据分镜或动态分镜所呈现的状态来决定每个镜头中的要素是否需要分层或者分通道渲染，哪些要素需要用三维技术来实现，哪些需要后期来实现，哪些只需要二维技术（Matte Painting）来实现（见图1-17）。

图1-17　《丛林大反攻》剧照（其中远景使用了Matte Painting技术）

后期合成对整个制作环节都有深刻影响，它是与制作环节融为一体的。很多制作环节的问题解决方案是由后期合成的特点决定的。常见的后期合成类软件有After Effects、Digital Fusion、Shake、Flame、Smoke、Lustre、Toxik、Combustion、Nuke等。

第三节　中期流程

一、渲染

剪辑与合成统称为后期环节，这两个阶段处理的都是视频或序列帧图像。而为后期环节提供分层序列帧素材的是渲染环节（见图1-18）。渲染环节实际上是计算机通过算图技术，生成图片的过程。在渲染开始的时候，人类的工作基本上就结束了，而在这之前，我们的一切工作都是为了跟计算机"沟通"清楚，告诉计算机我们到底需要什么样的图像。正如前文所提到的，要想将图像的细节毫无歧义地表达清楚，人类的语言是做不到的。例如，我们要描述一种红色的时候，可以使用大红、朱红、嫣红、深红、水红、橘红、杏红、粉红、桃红、玫瑰红、玫瑰茜红、茜素深红、土红、铁锈红、浅珍珠红、壳黄红、橙红、浅粉红、鲑红、猩红、鲜红、枢机红、勃艮第酒红、灰玫红、杜鹃红、枣红、灼红、绯红、殷红、紫红、宝石红、晕红、幽红、银红等词，可是任何一个词都不能让两个人在看到它时想到同样的颜色。人们对"孙悟空"这个家喻户晓的形象的认知可谓十分一致：脚踏筋斗云，手执金箍棒，生性聪明、活泼、忠诚、疾恶如仇，在民间文化中代表了机智、勇敢……，但无论描述得多么详细，在不同艺术家笔下他的形象都是不同的。

图1-18　渲染示例

但是计算机语言可以精确地"描述"图像。例如，图像上任意一点的颜色可以通过红（R）、绿（G）、蓝（B）三个数值共同定义，这三个数值都由8个二进制数组成，每位都只有0和1两种可能，那么8位就有2^8种可能，也就是256种可能。通过三个值，计算机能够精确描述256*256*256=16 777 216种颜色。虽然这离大自然的颜色数量还差得远，但却几乎包括了人类眼睛所能感知的所有颜色。这仅仅是8位图像所带来的精度，实际上现在已经出现了16位和32位的图像。计算机语言应该是迄今为止最为精确的语言了，人眼几乎无法区别相邻数值的两个颜色的差别。

在位置描述方面则更为简单，平面图像由平面坐标来精确定义，三维图像由三维坐标定义。当空间中任意一个点都可以被精确定义时，再复杂的造型都可以由无数的空间中的点来定义。这样无论形和色（这是视觉的两个基本构成要素）都可以被精确地"描述"了。当然，我们大多数时候无需一个点一个点地去和计算机"沟通"，软件工程师们为我们提供了符合人类直觉的工具来和计算机"沟通"。比如，在三维软件中定义颜色，可以通过各种直观的"拾色器"来快速完成；还有强大的"材质系统"和"贴图系统"来帮助我们定义某个颜色应该在空间中或造型上的哪个位置出现、如何被灯光影响等。我们根据作用和特点将这些与计算机"沟通"的过程分类，于是有了三维软件的不同模块。

二、建模

建模就是动画创作者根据"想要创造什么样的造型、环境、布局"与计算机进行精确沟通（见图1-19）。沟通的媒介就是软件在其视图中所提供的点、边、面元素。我们使用这些基本元素可以直观地塑造形象，而计算机则借由这些元素所在的空间坐标来进

图1-19　建模示例

行进一步的计算。点、边、面是建模时能够使用的基本元素。点的空间位置通过X、Y、Z的坐标来定义，边可以通过其两个端点的X、Y、Z坐标来定义，面是通过其边界线的位置来定义。一个三维物体通常由若干个点、边和面组成，并且可以在软件中通过一个数值列表来描述。图1-20展示了构成一个人物头部模型的所有点的构造顺序和X、Y、Z的坐标数值。一切建模命令都可以被理解为按照某种规则对点、边、面进行添加、删减或更改其位置坐标。

点	X	Y	Z
0	143.098 cm	-71.458 cm	-48.038 cm
1	272.009 cm	-8.739 cm	-35.003 cm
2	264.527 cm	-7.899 cm	-42.044 cm
3	163.547 cm	-38.723 cm	-77.298 cm
4	262.351 cm	37.694 cm	-51.023 cm
5	248.604 cm	23.252 cm	-68.932 cm
6	182.626 cm	-81.755 cm	-45.576 cm
7	223.259 cm	66.888 cm	-57.101 cm
8	217.588 cm	46.973 cm	-82.765 cm
9	190.637 cm	46.973 cm	-79.349 cm
10	183.12 cm	75.615 cm	-50.296 cm
11	186.365 cm	49.76 cm	-83.512 cm
12	222.359 cm	-78.828 cm	-39.205 cm
13	143.406 cm	63.631 cm	-52.183 cm
14	156.56 cm	40.524 cm	-82.53 cm
15	216.371 cm	-39.736 cm	-76.772 cm
16	107.161 cm	37.751 cm	-54.083 cm
17	133.025 cm	28.066 cm	-73.674 cm
18	257.821 cm	-48.005 cm	-37.9 cm
19	98.396 cm	-27.202 cm	-58.722 cm
20	96.807 cm	-13.171 cm	-75.144 cm
21	242.281 cm	-30.196 cm	-67.163 cm
22	110.399 cm	-46.085 cm	-55.859 cm
23	136.909 cm	-26.782 cm	-71.74 cm
24	147.991 cm	-80.407 cm	-76.734 cm

图1-20　人物头部模型

建模一般都是从一张或一些设计图开始的，靠凭空想象开始创作并不是明智的选择。即使现在的建模工具已经相当便利，但是其灵活性依然无法和草图相比。当然，在一个团队中，这些设计图往往来自于角色设计及场景设计环节（见图1-21）。

图1-21　根据角色设计图创建的模型

三维动画项目中建模的任务通常根据类型场景来划分。在大型项目中比较通用的是，将主要角色和次要角色分配给一个人或一个团队来完成；为道具和环境建模也叫做置景，这一工作就分配给其他人。

在建模环节，除了要关注造型，模型的点、边、面、结构还会对材质贴图、装备、动画等环节产生影响。因此在学习建模时，也要了解相关环节的信息。

三、材质贴图

该环节设置模型的表面信息，如颜色、粗糙程度以及光线如何作用于表面等。这些表面信息常常使用贴图来定义（见图1-22、图1-23）。

图1-22　贴图的信息（1）

图1-23　贴图的信息（2）

四、装配

装配可以理解为为模型安装控制装置，是一个极为复杂的技术环节，通常由技术人员完成。通常要为角色安装骨骼系统以对模型进行控制（见图1-24、图1-25）。装配环节没有统一的流程，要根据动画的具体要求来实现，同时也要考虑动画师的使用习惯。因此在装配前要与动画师进行细致的沟通。

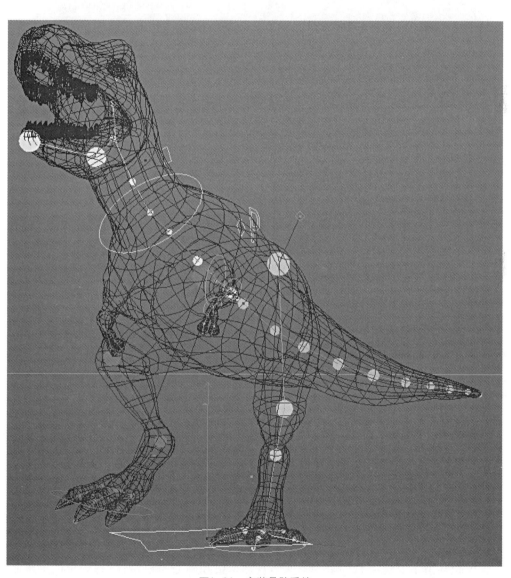

图1-24 安装骨骼系统

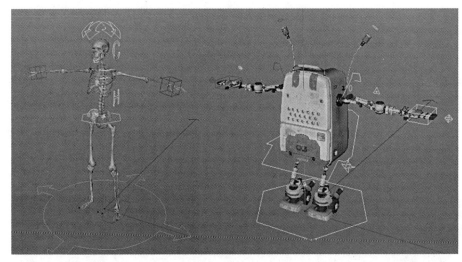

图1-25 不同角色的不同装配效果

五、动画

装配完成后的文件就可以提交到动画环节了,这可以算是三维流程中最有趣的部分了,装配好的角色犹如虚拟的玩偶,可以用来实现各种表演(见图1-26)。但是,在该环节的实际工作中并不会这么随意。一般整个动画的制作会分为几个阶段来进行:第一阶段是使用简化的角色,又被称为占位几何体,来设置主要姿势和动作,此时的"动画"像一张张定格的图像,通过这一步能确定每个关键帧的时间间隔,也就是确定动作的节奏;第二阶段是添加次级动作和面部动画;第三阶段是对细节和交叠动作时间设定进行微调。

图1-26 虚拟的角色玩偶

六、模拟

模拟环节主要解决风、雨、水、火等自然现象和碰撞、破碎等物理现象的动画制作。制作这些特效类型动画往往需要编写脚本的技术,因此这一环节也被称为技术动画。

七、灯光

　　灯光和材质、渲染环节虽息息相关，但在较大的团队中常常由不同的小组完成。灯光包括每个镜头所有光源的放置与微调。三维动画中的光源性质与传统的摄影布光非常接近（见图1-27）。在许多项目的制作过程中，当场景里的所有模型放置完成后，需要先搭建灯光舞台。在合成阶段，灯光常常需要微调或者润色，如果灯光师和合成师不是同一人，那么这两个环节的沟通就变得很重要。

图1-27　灯光的作用

思考与练习题

1.分镜（故事板）在三维动画流程中的作用？

2.导演如何与各环节沟通？

>>>> **本章知识点**

为什么选择Cinema 4D

Cinema 4D界面布局

Cinema 4D自定义界面

>>>> **学习目标**

了解Cinema 4D界面的构成特点及其组成区域的名称和作用，为进一步学习打好基础

掌握Cinema 4D各种自定义布局的方法和使用情境

　　Cinema 4D是德国MAXON公司的旗舰产品，是业界领先的次世代3D动画、图形、特效、可视化和渲染软件。Cinema 4D为创意人士提供了易用、稳定、完整、高效、强大的3D创作平台，帮助3D艺术家快速而轻松地做出无与伦比的效果。无论是初学者还是经验丰富的专业人士都可以利用Cinema 4D多而灵活的工具集来创作令人惊讶的作品。

第一节　为什么选择 Cinema 4D

Cinema 4D是德国MAXON公司的旗舰产品，是业界领先的次世代3D动画、图形、特效、可视化和渲染软件。Cinema 4D为创意人士提供了易用、稳定、完整、高效、强大的3D创作平台，帮助3D艺术家快速而轻松地获得无与伦比的效果。无论是初学者还是经验丰富的专业人士都可以利用Cinema 4D多而灵活的工具集来创作令人惊讶的作品。Cinema 4D提供高级渲染器、网络渲染、卡通渲染、多边形建模、雕刻、BodyPaint 3D、运动图形、角色系统、粒子系统、动力学、毛发系统、布料系统、运动跟踪等模块，用于满足电视、电影、游戏、建筑、广告和设计等数字化产业的各项挑战。

1.易用性

Cinema 4D的易用性对于初学者来说是个福音，许多在其他三维软件中需要大费周折才能实现的效果，在Cinema 4D中都能轻松实现。

2.稳定性

与其他三维软件相比，Cinema 4D的稳定性也颇高。如果在学习的过程中软件出现莫名的崩溃或不知原因的错误会非常打击学生的学习积极性，但是这些状况在Cinema 4D中极少出现。

3.完整性

经过多年的发展，Cinema 4D已经发展为一个完整性极高的创意实现平台。这种完整性体现出另外一个特点：一致性。由于软件的各个模块较为完整，所以开发者能够用一套思维逻辑整合所有的模块，这就保证了使用逻辑上的一致性，从而让使用者通过一定的学习后掌握自学的能力。

> **延伸阅读**
>
> MAXON是一家具有超过20年历史的研究开发公司，总部位于德国，公司拥有近200名员工，其中80%以上是具备多年三维软件应用研发经验的工程师。
>
> MAXON在美国、日本、英国设有直属分公司。经过多年的研发和推广，Cinema 4D

已经成为在欧美日最为受欢迎的三维动画制作工具，并且赢得了无数的奖项。

MAXON的程序设计师极具敬业创新精神，他们能虚心接受全球用户的意见和建议，不断改善软件性能，这使得他们的发展速度飞快。

MAXON公司为全球用户提供快速有效的免费技术支持。

MAXON公司的技术支持人员还喜欢在在线社区的论坛中提供帮助，他们非常乐于回答您在学习中所遇到的各种各样的问题。

MAXON Cinema 4D 特别为苹果电脑而设计。

Cinema 4D 在苹果电脑平台一直有着最优异的表现。

4.高效性

Cinema 4D的高效性得益于其流程的稳定性和完整性，也得益于非破坏性的编辑思路。Cinema 4D将大量的功能标签化，这种标签化的处理方法带来了极大的便利，使较复杂的场景也保持极高的可编辑性和清晰的逻辑，这大大提高了用户的工作效率。

5.强大的功能

Cinema 4D强大的功能与目前任何一款3D软件相比都是有过之而无不及的，甚至在许多方面都达到了业界领先水平。这些先进而强大的工具能为我们的每一次创意"保驾护航"。

第二节　Cinema 4D 界面布局

Cinema 4D的界面一直以来都保持着简洁高效的特点。无论版本的升级带来多少新功能，Cinema 4D的界面始终保持着简洁的外观和极高的易用性。其图标按钮在保证辨识度的基础上也做出了令人赏心悦目的视觉效果。

Cinema 4D的默认界面由标题栏、菜单栏、工具栏、编辑模式工具栏、视图窗口、动画编辑栏、材质窗口、坐标窗口、对象/场次/内容浏览器/构造窗口、属性/层窗口和提示栏11个区域组成（见图2-1）。

图2-1　Cinema 4D r17界面

一、标题栏

标题栏位于界面最顶端，它显示了软件名称、版本号和当前编辑文件名。值得注意的是，当前编辑文件如果存在未保存内容，其名称后面会以"*"号提示，保存文件后"*"号消失（见图2-2）。

图2-2　标题栏

二、菜单栏

菜单栏包含主菜单和窗口菜单，其中主菜单位于标题栏下方，绝大多数的命令都可以在这里找到；窗口菜单分布在每个视图和功能窗口上方，用于管理各自所属视图和窗口（见图2-3）。

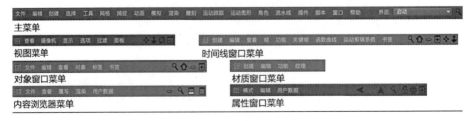

图2-3　菜单栏

1.界面布局切换

点击主菜单右侧的按钮可以切换界面的布局。"启动"为默认的界面布局，其他界面布局还包括动画、三维绘画、UV编辑、模型、运动追踪、雕刻、标准和可视化等。同时，Cinema 4D还允许用户在同一界面布局下切换不同菜单，如Cinema 4D（默认）菜单、BodyPaint 3D（三维绘画）菜单以及用户菜单，这既考虑了制作流程中团队分工的规范性，又给用户的个人化需求提供了极大的自定义空间，大大提高了软件界面的效率（见图2-4）。

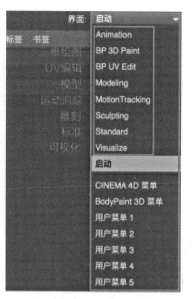

图2-4　界面布局切换

2.子菜单

在Cinema 4D的菜单中，如果命令后面带有 ▶ 按钮，则表示该命令带有子菜单（见图2-5）。

图2-5　子菜单

3.隐藏菜单

Cinema 4D界面的灵活性使得每个窗口在不同界面布局中的显示范围是不一样的，因此当显示范围较小、不足以显示窗口中所有菜单时，软件会自动把余下的菜单隐藏在 ▶ 按钮下，单击该按钮即可展开菜单（见图2-6）。

图2-6　隐藏菜单

4.窗口菜单右端快捷按钮

视图菜单右端的快捷按钮 主要用于视图操作，其功能分别是： 平移视图、 缩放视图、 旋转视图和 切换视图。

对象窗口菜单右端的快捷按钮 主要提供便于管理对象的功能，其功能分别是： 搜索对象，点击后菜单下方会出现输入栏，通过输入名称进行搜索； 查看对象层级，点击打开层级栏，将包含子对象的对象拖拽到栏内，可以单独显示该对象及其子对象； 分类显示/隐藏，单击 按钮使其变成 ，可以按对象、标签和层的类别来显示/隐藏对象，默认为全部显示； 为当前窗口建立新窗口。

三、工具栏

菜单栏下方为工具栏，包含类型众多的常用工具，是实际工作中经常使用的区域之一（见图2-7）。

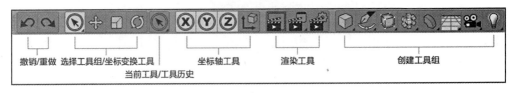

图2-7　工具栏

撤销/重做按钮，可撤销上一步操作和返回撤销的上一步操作。默认的撤销深度为30步，可以根据需要和内存情况调节撤销深度，操作方法为"主菜单>编辑>设置>内存>撤销深度"，之后修改相应数值即可。快捷键分别是Ctrl/Command+Z和Ctrl/

Command+Y，也可执行"主菜单>编辑>撤销/重做"。

为选择工具组，长按图标可以显示所有选择工具，也可以执行"主菜单>选择"（见图2-8）。

为坐标变换工具，从左到右依次为：移动工具、缩放工具、旋转工具。也可以执行"主菜单>工具"来进行选择。

坐标变换工具右侧显示了当前使用工具，长按可弹出之前使用过的工具。按空格键可以在当前使用工具和上一次使用工具间切换。

为坐标轴工具。为锁定/解锁X、Y、Z轴的工具，默认为激活状态。如果单击关闭某个轴向的按钮，则该轴向的操作无效。为全局/对象坐标切换工具，单击可在全局坐标系统和对象坐标系统之间切换。

为渲染工具，从左到右依次为：渲染活动视图、渲染到图片查看器和编辑渲染设置。长按渲染到图片查看器按钮，在弹出菜单里可以选择多种类型的渲染（见图2-9）。编辑渲染设置按钮用于打开"渲染设置"窗口以进行渲染参数的设置（见图2-10）。

图2-8　选择工具　　　　　图2-9　渲染工具

图2-10　渲染设置

可以创建各种对象，长按每个按钮都可以弹出相应类别的对象创建按钮，详见第一章。

四、编辑模式工具栏

编辑模式工具栏位于Cinema 4D界面的最左侧，用于切换不同的编辑工具（见图2-11）。

五、视图窗口

图2-11　编辑模式工具栏

视图窗口是通过模拟摄像机观察三维世界，视图的移动、旋转和缩放就是摄像机的移动、旋转和推拉。视图窗口也可以作为渲染窗口，是三维软件的最重要工作区域。默认的视图为透视视图，按鼠标中键或视图菜单右端的按钮可切换到4视图显示，分别是透视视图、顶视图、右视图和正视图。把鼠标放在任意视图中按中键或按相应视图菜单的按钮可放大该视图（见图2-12）。

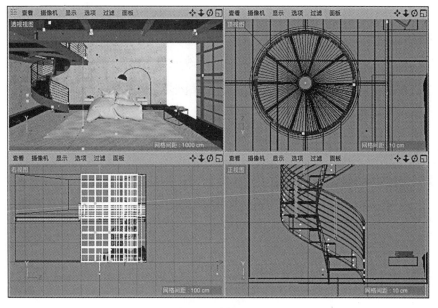

图2-12 视图显示

六、动画编辑栏

Cinema 4D的动画编辑窗口位于视图窗口下方，其中包含时间线、时间范围、播放按钮组、关键帧按钮组、关键帧类别开关按钮组和方案设置按钮（见图2-13）。

图2-13 动画编辑栏

1.时间线

时间线是做动画的必备配置，时间线的默认单位是"帧"（Frame=F），时间线上的绿色光标表示当前帧，可以通过鼠标左键在时间线上单击或拖拽改变当前帧。时间线右侧的数字表示当前帧数，即绿色光标所在的位置的帧数。

2.时间范围

时间范围决定了时间线的时长和显示范围。两端的数字分别表示当前工程文件的最短时长和最长时长，最短时长和最长时长决定了当前可编辑的时长，表示当前工程文件可编辑时长为90帧。可通过输入数值来改变时间线的时长范围，中间的范围滑块决定时间线的显示范围。通过拖拽两端的箭头或双击滑块上的数值进行输入来改变显示的范围，从而便于动画的编辑操作。显示了当前可编辑时长为0~100F，时间线的显示范围为29~69F。

3.播放按钮组

播放按钮组中间的绿色按钮为播放/暂停按钮，从中间向外依次为：转到上一帧/转到下一帧、转到上一关键帧/转到下一关键帧、转到开始帧/转到结束帧。

注意：转到开始帧/转到结束帧指的是当前可编辑时长的开始点和结束点，而不是显示范围的开始点和结束点。

4.关键帧按钮组

关键帧按钮用于控制不同的记录关键帧的方式。从左至右依次为：

记录活动对象：当场景中存在动画对象时，该按钮可用。用于记录位置，缩放、旋转以及活动对象点级别的动画。

自动关键帧：当打开时，可以自动记录活动对象的关键帧，默认为关闭。

关键帧选集：用于设置关键帧选集对象。

5.关键帧类别开关按钮组

这组按钮决定不同类别的属性是否能被记录为关键帧。打开状态则表示该类别可被记录为关键帧。从左至右依次为：

位置：开/关记录位置动画。

缩放：开/关记录缩放动画。

旋转：开/关记录旋转动画。

参数：开/关记录参数级别动画。

点级别动画：开/关记录点级别动画。

6.方案设置按钮

长按可在弹出菜单里选择播放帧率，即决定时间线以每秒多少帧的速度播放。

七、材质窗口

材质窗口位于动画编辑栏下方,用于创建、编辑和管理材质(见图2-14)。双击空白处可以创建新材质,也可使用材质窗口"菜单>创建>新材质"或使用快捷键Ctrl/Command+N来创建,新建的材质默认排在列表的第一个。双击材质列表中的材质图标会弹出材质编辑器,通过材质编辑器可以简单轻松地编辑材质。

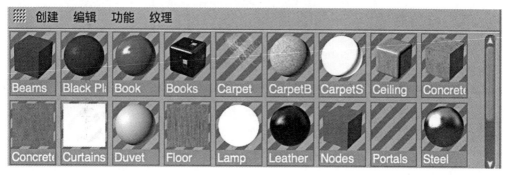

图2-14　材质窗口

八、坐标窗口

坐标窗口位于材质编辑窗口右侧,用于显示和编辑对象在场景中的位置、尺寸和旋转的坐标,同时也能显示和编辑对象点、边、面等元素的坐标。坐标窗口底部有三个按钮,长按左边两个按钮可以选择对象(相对)坐标、对象(绝对)坐标和世界坐标以及缩放比例、绝对尺寸和相对尺寸(见图2-15)。

图2-15　坐标窗口

九、对象 / 场次 / 内容浏览器 / 构造窗口

该区域位于Cinema 4D默认界面的右上方,是4个窗口的集合。对象窗口用于显示、管理和编辑场景中的所有对象及标签;场次窗口用于管理和编辑同一场景中的不同场次的内容;内容浏览器窗口用于管理和浏览各类文件;构造窗口用于显示某个对象的构造参数(见图2-16至图2-19)。

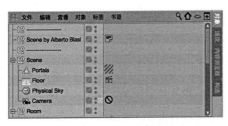

图2-16　对象窗口

图2-17　场次窗口（1）

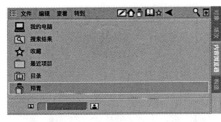

图2-18　内容浏览器窗口（1）

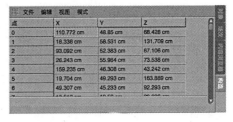

图2-19　构造窗口

1.对象窗口

对象窗口用于显示、管理和编辑场景中的对象和标签，是工作中最常使用的窗口之一。对象窗口会显示场景中所有对象，如果要编辑某个对象可以直接在场景中选择，也可以在对象窗口中选择，建议使用对象窗口进行选择。选中的对象名称呈高亮显示。如果选择的对象是子级对象或父级对象，其父级对象或子级对象的名称也将亮显，但颜色会稍暗一些（见图2-20）。

为了方便管理，对象窗口分为4个区域，分别是菜单区、对象列表、层/隐藏/显示区和标签区（见图2-21）。

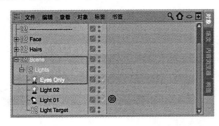

图2-20　选中对象后高亮显示

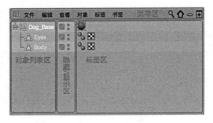

图2-21　对象窗口的4个区域

2.场次窗口

场次系统是Cinema 4Dr17版本加入的核心新功能，它是一种全新的渲染层系统。场次系统提供了弹性的场景管理，让艺术家能直观地、非破坏性地调整任何参数，从而创建同一场景的不同"场次"，而这些场次都保存在一个场景文件里，避免了复杂烦琐的文件管理、节省了可观的制作时间和硬盘空间。场次窗口就是场次系统的查看和管理窗口（见图2-22）。

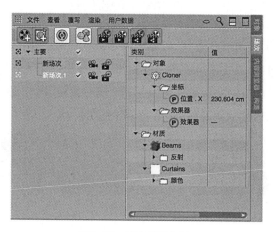

图2-22　场次窗口（2）

3.内容浏览器窗口

在内容浏览器窗口中可以浏览Cinema 4D文件、材质、图像、程序着色器、模型文件和Cinema 4D的各种预置文件。Cinema 4D在"预置"文件夹中预置了各种文件，通过双击或直接拖拽到场景中即可使用。查看和分析预置文件能有效帮助初学者学习（见图2-23）。

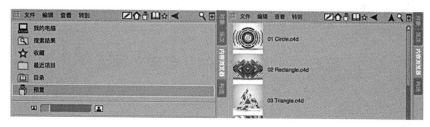

图2-23　内容浏览器窗口（2）

4.构造窗口

构造窗口显示了可编辑模型的每个点的序号和对象（绝对）坐标，可以对其进行编辑，这就为制作点级别的动画提供了基础。图2-24显示了模型中某个点的坐标与坐标窗口中的对象（绝对）坐标一致。

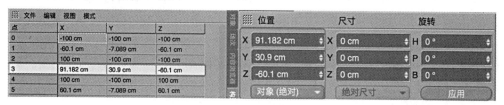

图2-24　构造窗口

十、属性/层窗口

属性/层窗口位于对象窗口下方，也是工作中不可或缺的窗口。默认情况下，属性窗口会自动加载所选对象、工具等的属性，可在此对属性进行编辑。

层窗口则用于对对象的分层操作进行管理。在对象窗口中右键选择对象，可以实现"加入到层""加入新层""从层移除"等操作（见图2-25）。

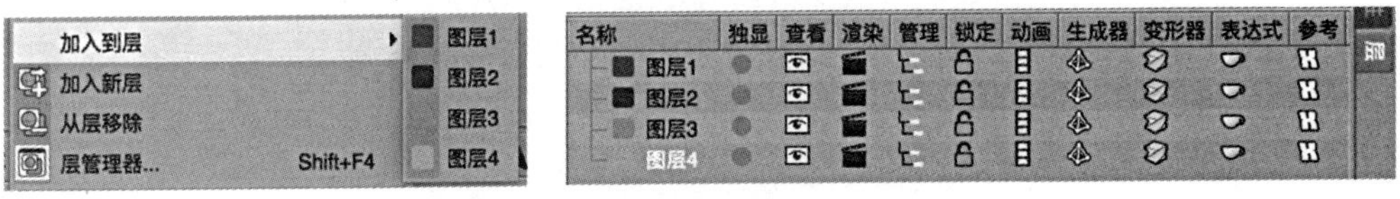

图2-25　层窗口

十一、提示栏

提示栏位于Cinema 4D默认界面的最下方，它根据光标所指位置来显示相应的信息，如工具使用提示、对象名称、快捷键等；在场景出错时也会有相应的提示（见图2-26）。

实时选择：点击并拖动鼠标选择元素。按住 SHIFT 键增加选择对象；按住 CTRL 键减少选择对象。

图2-26　提示栏

第三节　Cinema 4D 自定义界面

一、折叠窗口与全屏显示模式

1.折叠窗口

在Cinema 4D的界面中，每个窗口的左上角都有一处由密集小点组成的方形▓或条形▬，"Ctrl+鼠标左键"单击此处可以将相应窗口折叠起来。被折叠的窗口呈细条状，见图2-27，左键单击可以再次恢复窗口。"Alt+鼠标左键"单击可以将窗口横向或纵向最大化。

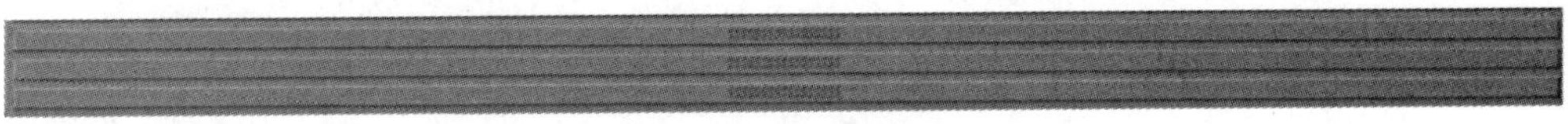

图2-27　窗口折叠后的效果

2.全屏显示模式

左键单击▦会弹出相应的窗口显示菜单（见图2-28）。点击"全屏显示模式"或"全屏组模式"可以最大化相应的窗口并隐藏其他窗口，快捷键为Ctrl+Tab或Ctrl+Shift+Tab，再次执行该命令可回到原界面。

图2-28　全屏模式命令及快捷键

二、更改界面布局

1. 更改窗口位置

Cinema 4D的界面是灵活、可定制的，只需鼠标左键点击▦并拖拽即可更改窗口的位置。在弹出菜单中选"解锁"则可以使窗口独立于界面，如当我们有双显示器时，可以将视图窗口独立出来，放到另一显示器上，从而扩大工作区域。

2.菜单变成工具栏

Cinema 4D的主菜单和窗口菜单顶部都有一个带密集点的横杠，点击横杠可以将菜单"撕"下来。在"撕"下来的菜单中执行"右键>显示>文本"，将菜单窗口命令的文本关闭，只显示图标，再将菜单窗口拖拽到界面中停放，这样菜单中的常用命令就变成界面的工具栏了（见图2-29）。

图2-29　将菜单变为工具栏的操作

3.自定义命令窗口

通过"主菜单>窗口>自定义布局>自定义命令"打开自定义命令窗口,快捷键为Shift+F12。在自定义命令窗口里可对所有的界面布局进行更改,也可以自定义快捷键(见图2-30)。

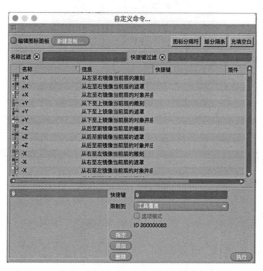

图2-30　自定义命令窗口

4.编辑图标面板

当勾选此项时,整个界面及所有菜单的图标位置都处于可编辑状态,通过拖拽即可改变图标位置。另外也可以在自定义命令窗口的命令列表中将图标拖拽到界面的工具面板中。如果想删除某个图标,只需在勾选此项时双击它即可。

5.新建面板

单击"新建面板"按钮,可以创建新的工具面板。可以从自定义命令窗口的命令列表中找到想要的命令,将其拖拽到新建的工具面板中(见图2-31)。在自定义命令窗口的命令列表中,可使用"名称过滤"和"快捷键过滤"进行查找。另外,将菜单撕下来后,也可把菜单中的命令拖拽到新建工具面板中。新建的工具面板可以停靠在界面的任何地方。

图2-31   将命令拖拽到新建面板

6.图标分隔符/组分隔条/填充空白

这三个按钮是用于增加图标摆放间隔的,不同的间隔可以提示图标的分类关系。使用方法是:在勾选"编辑图标面板"项时,按住相应的按钮并将其拖拽到想要分隔开的图标之间,双击分隔处即可删除(见图2-32)。

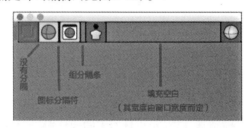

图2-32   图标分隔符、组分隔条及填充空白的使用效果

7.自定义快捷键

在"自定义命令"窗口的命令列表中选中某个命令,并在快捷键一栏中输入想要的快捷键,即可对快捷键进行指定、添加和删除(见图2-33)。

指定:为选定的命令指定某个快捷键,"指定"操作会覆盖已有快捷键。

添加:为选定的命令添加一个快捷键,"添加"操作不覆盖已有快捷键,可添加多个。

删除:删除该命令快捷键,如该命令有多个快捷键,可在左下列表中选择想要删除的快捷键。

限制到:在"限制到"的下拉菜单中可以选择快捷键的适用范围。

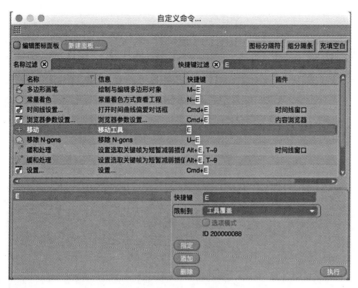

图2-33 自定义快捷键

三、保存界面布局

执行"主菜单>窗口>自定义布局>另存布局为…",将更改的布局和快捷键进行保存,以便在其他设备上执行"主菜单>窗口>自定义布局>加载布局…",加载常用布局和快捷键。

第四节　Cinema 4D 视图导航

Cinema 4D的视图导航灵活高效,可以针对不同的情况设置不同的操作方法。

1. 界面按钮导航

在视图右上角有4个按钮，分别对应的视图操作为:移动、推拉、旋转和切换视图。前3个按钮通过鼠标点按并拖拽实现。单击"切换视图"按钮可切换到四视图,单击不同视图的视图切换按钮可放大相应的视图。这种方法的优点是可以单手操作,缺点是旋转视图时无法实时控制旋转轴心。

2. 三键鼠标导航

使用三键鼠标进行视图操作是最常用的一种方式,也是大多数三维艺术家所熟悉的方式。具体方法见表2-1。

表2-1　三键鼠标导航

效果	旋转视图	平移视图	推拉(缩放)视图
方法	alt/option+左键拖拽	alt/option+中键拖拽	alt/option+右键拖拽
图示			

　　在使用三键鼠标进行旋转操作时,鼠标指示箭头所在的位置即旋转轴心和推拉的焦点,这样就可以根据需要实时地调整旋转轴心和推拉镜头的焦点,这也体现了Cinema 4D视图操作的灵活性。

　　3.单键鼠标(压感笔)导航

　　Cinema 4D是一款特别为苹果电脑所设计的软件,1996年MAXON就推出Cinema 4D for Mac版本。Cinema 4D在视图操作上就体现了这种特别设计,它专门为苹果的单键鼠标制定了操作模式,这种模式也与压感笔的操作相契合。虽然很多压感笔都有可定制的中键和右键,但是在握笔的同时点按笔杆上按键的操作总是显得不太流畅,因此可以说压感笔的操作与单键鼠标的原理是一样的。具体方法见表2-2。

表2-2　单键鼠标(压感笔)导航

效果	方法	图示
平移视图	·按住数字键1,再按下鼠标键拖拽 ·按住数字键1,压感笔点击并滑动	
推拉视图	·按住数字键2,再按下鼠标键拖拽 ·按住数字键2,压感笔点击并滑动	
旋转视图	·按住数字键3,再按下鼠标键拖拽 ·按住数字键2,压感笔点击并滑动	

　　4.视图导航模式

　　在"视图菜单>摄像机>导航"中,还准备了4种不同的视图导航模式,分别是光标模式、中心模式、对象模式、摄像机模式,以满足不同的视图导航需求。4种导航模式的区别主要体现在旋转视图操作时旋转轴心不同。

　　光标模式:以光标所在位置为轴心,这种模式的交互性较好,是默认的导航模式。

　　中心模式:以视图中心为轴心。

　　对象模式:以所选对象为轴心,当场景中没有选择对象时则以视图中心为轴心。

摄像机模式：以摄像机自身为轴心，此模式可理解为摄像机的"自转"（前3种可理解为摄像机围绕视图某个位置"公转"）。

第五节　Cinema 4D 视图显示

Cinema 4D为用户提供了完善的视图显示效果，用于帮助用户在工作中进行准确而高效的操作。切换视图显示的功能集中于视图菜单的"显示"和"选项"2个菜单中（见图2-34至图2-36）。

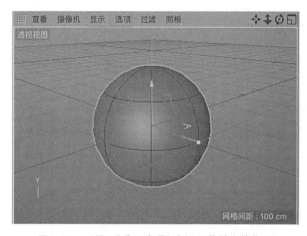

图2-34　"显示"和"选项"在视图菜单中的位置

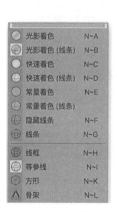

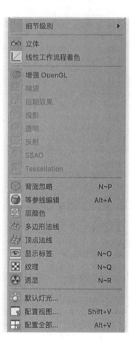

图2-35　"显示"菜单功能及快捷键　　图2-36　"选项"菜单功能及快捷键

一、显示菜单

在显示菜单中的各种显示效果，因在工作中需要经常切换，所以都设置了默认的快捷键，方便我们快速切换。直接按下键盘上的N键，就会在鼠标箭头所在位置的下方弹出临时显示菜单（见图2-37），再按相应的按键就可以切换到对应显示效果。使用熟练后就可以快速连按从而提高效率。

Keys: N

A ... 光影着色
B ... 光影着色（线条）
C ... 快速着色
D ... 快速着色（线条）
E ... 常量着色
F ... 隐藏线条
G ... 线条
H ... 线框
I ... 等参线
K ... 方形
L ... 骨架
O ... 显示标签
P ... 背面忽略
Q ... 纹理
R ... 透显

图2-37 临时"显示"菜单

（1）光影着色、光影着色（线条）、快速着色、快速着色（线条）、常量着色、常量着色（线条）、隐藏线条这7个显示模式都能显示实体，线条模式只能显示线框效果，它们的显示效果如表2-3所示。

表2-3 不同模式的显示效果

光影着色：显示实体、贴图和光影。当场景中没有创建灯光时显示默认灯光的光影效果，此时效果与快速着色一致。

三维动画基础

光影着色（线条）：在光影着色的基础上显示模型的布线效果。

· 52 ·

快速着色：显示实体、贴图和光影。无论场景中有没有灯光，都显示默认灯光的光影。

快速着色（线条）：在快速着色基础上显示模型布线效果。

常量着色：显示实体和贴图，没有光影效果，可以用来查看贴图效果或模型形状等。

常量着色（线条）：在常量着色基础上显示模型布线效果。

隐藏线条：在常量着色（线条）基础上隐藏贴图效果。此种效果能够清晰地显示模型的布线情况。

隐藏线条：不显示实体，只显示布线，这种模式能显示模型背后的布线。

（2）线框模式和等参线模式决定了光影着色（线条）、快速着色（线条）、常量着色（线条）、隐藏线条和线条5种线框显示模式的显示效果。线框模式显示模型的实际线框效果，当模型使用细分曲面进行光滑处理后，由于面数的增加，模型线框显示的线会过于密集，此时可以切换到等参线显示，等参线模式只显示模型光滑前的线框（见图2-38）。

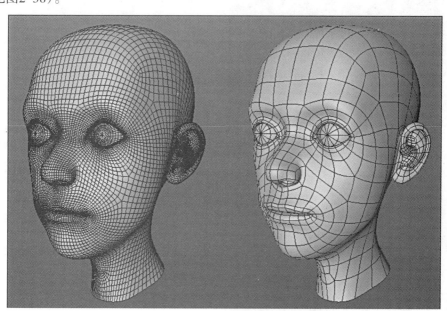

线框显示效果　　　　　　　　　　等参线显示效果

图2-38　线框和等参线显示效果对比

方形：该模式以边界框模式显示对象（见图2-39）。

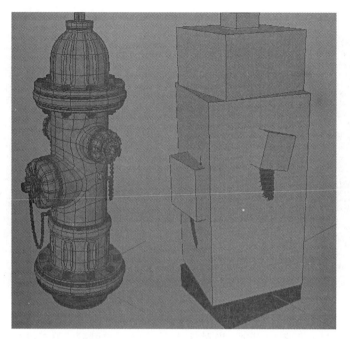

图2-39　模型正常显示和方形显示对比

骨架：该模式会以点边结构显示对象，点与点之间以层级结构连接（见图2-40）。

图2-40　骨架显示效果

二、选项菜单

选项菜单中与视图显示相关的命令还有背面忽略、显示标签、纹理和透显。

背面忽略：在线框模式下打开背面忽略可以实时隐藏背对摄像机的面（见图2-41）。

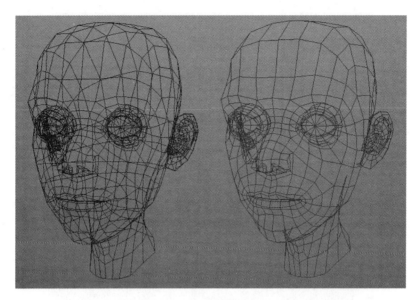

图2-41　关闭和打开忽略背面的显示效果对比

显示标签：显示标签打开时，当对象使用了"显示标签"，可以单独控制该对象的显示效果，默认为开启状态。显示标签关闭时，则所有对象按显示菜单中的设置效果显示（见图2-42）。

显示标签打开　　　　　　　　　　显示标签关闭

图2-42　眼球使用了显示标签

纹理：控制是否显示纹理。

透显：该选项打开时，被选中的对象呈现半透明状态。

思考与练习题

1.探索内容浏览器中的预置文件并记录你的发现。

2.列举改变默认界面的方法。

>>>> **本章知识点**

参数化几何体及其属性详解

6种自由绘制样条曲线

样条的绘制技巧

15种原始样条曲线及其属性详解

编辑对象元素

>>>> **学习目标**

掌握参数化几何体的属性并探索不同参数对参数化对象造型的影响

掌握不同样条的绘制及编辑方法，熟悉5种样条类型的特点和属性

识记各参数样条的基本形态和变体形体

熟练掌握点、边、面等对象元素的选择、编辑方法

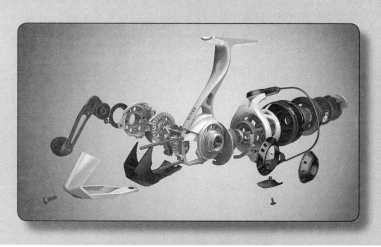

　　模型是三维动画各种视觉效果得以呈现的依据，而建模是学习三维动画软件的必经之路，其重要程度不言而喻。世间万物，千变万化，但万变不离其宗。任何复杂造型都可以理解为各种简单几何体的有机组合，而参数化几何体和样条正是软件开发者基于这样的思路为我们准备的。在实际的建模工作中，模型师也是从参数化几何体开始打造不同模型的。本章对参数化几何体、样条等参数对象的创建和编辑进行详细的讲解，为初学者进一步学习建模打下基础。

第一节 对 象

Cinema 4D中的参数化对象是建模的起点,其功能强大,灵活运用它能使我们的工作事半功倍。

创建参数化几何体的方法有2种:

(1)长按 🔲 键不放,展开参数几何体工具栏,左键单击想要创建的参数化对象(见图3-1)。

图3-1 参数化对象

(2)执行"主菜单>创建>对象",选择相应的几何体(见图3-2)。

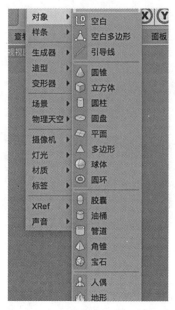

图3-2 在主菜单中创建参数化对象

一、立方体

立方体是建模时最常用的几何体，能够变换出许多其他基本体。现实中以立方体为基本型的造型很多，比如柜子、门、电话亭等。执行"主菜单>创建>对象>立方体"，创建一个立方体对象，此时在属性面板中会显示该立方体的参数设置（见图3-3）。

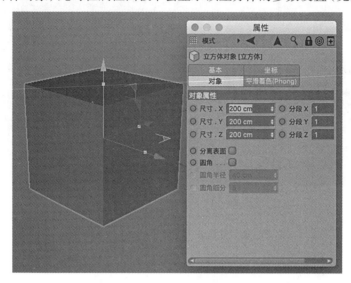

图3-3　立方体及其属性

尺寸.X/尺寸.Y/尺寸.Z：默认创建的立方体尺寸为200cm，通过这3个参数可以调节立方体的长(X)、宽(Y)、高(Z)，通过修改可以实时看到立方体尺寸的改变。

分段X/分段Y/分段Z：用于增加立方体的分段数。分段数越多则可编辑的点越多。

分离表面：勾选该项后，并没有任何效果，要按快捷键C使参数化对象转换为多边形对象，再使用选择工具选择其中一个面，之后将其拖拽出来，这时立方体的面已经被分开了（见图3-4）。

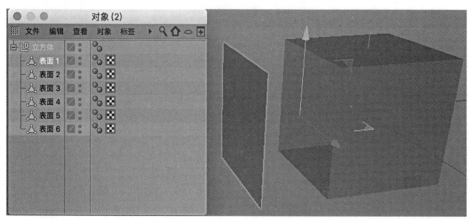

图3-4　转换多边形时勾选分离表面的效果

· 59 ·

圆角：勾选该项可以直接对立方体进行倒角，此时"圆角半径"和"圆角细分"被激活。"圆角半径"控制圆角大小，"圆角细分"控制圆角的光滑度（见图3-5）。

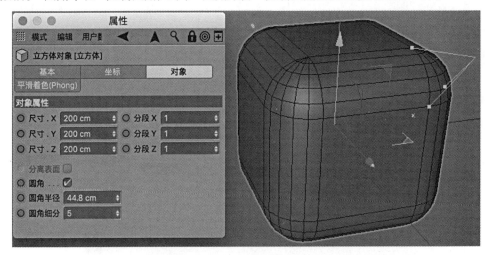

图3-5　在立方体属性中勾选圆角

注意：调节参数时，单击右键，可以恢复到默认数值。

二、圆锥

执行"主菜单>创建>对象>圆锥"，创建一个圆锥体对象。

1.圆锥属性面板>对象

顶部半径/底部半径：设置圆锥顶部和底部半径。默认的圆锥"顶部半径"为0，当圆锥顶部半径和底部半径一样时，圆锥变成了圆柱（见图3-6）。

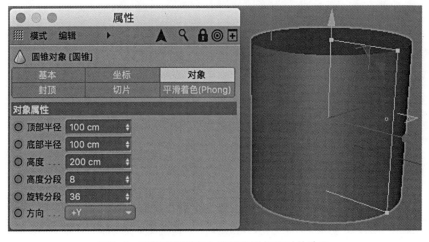

图3-6　圆锥顶部半径与底部半径相等时的效果

高度：设置圆锥的高度。

高度分段：设置圆锥的纵向分段。

旋转分段：设置圆锥的横向分段。

方向：设置圆锥y轴正方向朝向世界坐标对应的正方向。

2.圆锥属性面板>封顶

圆锥属性面板中的"封顶"项如图3-7所示。

封顶/封顶分段：勾选"封顶"后，可以对"封顶分段"进行设置，图3-7是勾选与不勾选"封顶"的区别。

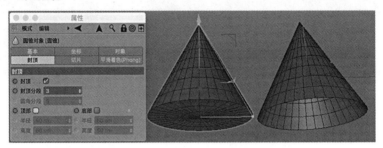

图3-7　圆锥勾选封顶与不勾选封顶的效果

圆角分段：只有勾选了"顶部"选项或"底部"选项才能使用。用于设置封顶横向分段。

顶部/底部：勾选后激活"半径"和"高度"两个选项。用于设置封顶的半径和高度。图3-8为圆锥各部位对应的名称。

·61·

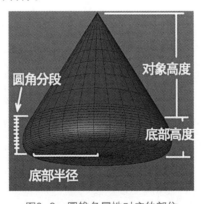

图3-8　圆锥各属性对应的部位

三、圆柱

执行"主菜单>创建>对象>圆柱"创建一个圆柱对象。圆柱和圆锥的参数类似，这里不再赘述。

四、圆盘

执行"主菜单>创建>对象>圆盘"创建一个圆盘对象。

圆盘的对象选项卡如图3-9所示。

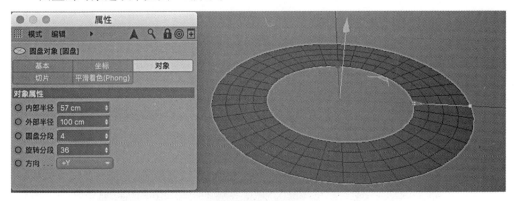

图3-9　圆盘及其属性

内部半径/外部半径：圆盘的"内部半径"默认为0，当增大内部半径时，圆盘会变成空心。

五、平面

执行"主菜单>创建>对象>平面"创建一个平面对象。

平面的属性较直观，不赘述（见图3-10）。

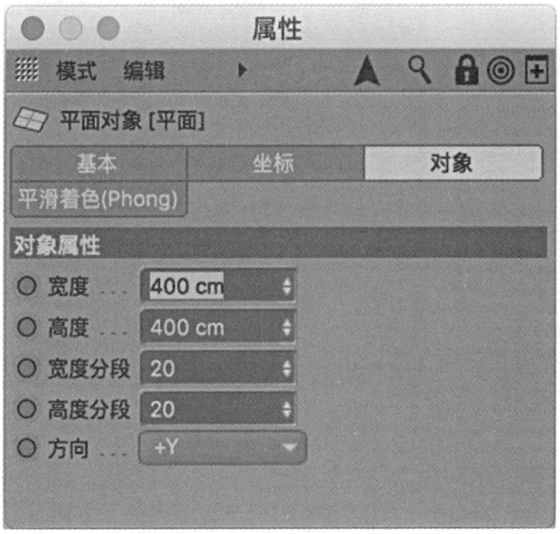

图3-10　平面对象的属性

注意：在实际的工作中，平面经常被用作地面或反光板。

六、多边形

执行"主菜单>创建>对象>多边形"创建一个多边形对象。

多边形属性面板跟平面类似，相比多了"三角形"选项，勾选后，原方形平面变成三角形，增加分段后的四边面也变成三角面（见图3-11）。

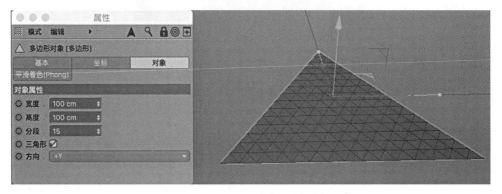

图3-11　勾选三角形选项的效果

七、球体

执行"主菜单>创建>对象>球体"创建一个球体对象，其属性面板中的"对象"项如图3-12所示。

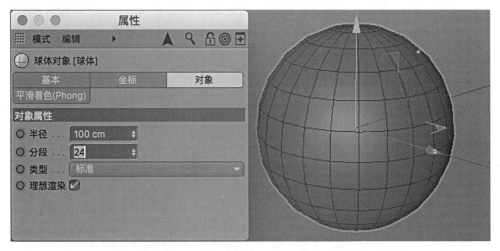

图3-12　球体及其属性

半径：设置球体大小。

分段：同时设置球体经线和纬线上的分段，控制球体光滑程度。

类型：球体包括六种类型，分别是"标准"、"四面体"、"六面体"（制作排球的基本几何体）、"八面体"、"十二面体"、"半球体"（见图3-13）。

图3-13　球体的6种类型

理想渲染：勾选后，无论场景中显示的球体分段如何，最终的渲染效果都是完美的，因此在编辑大量球体的时候能有效节约内存。如图3-14所示，即使将球体的分段数调到最低，其渲染结果依然是光滑的球体。

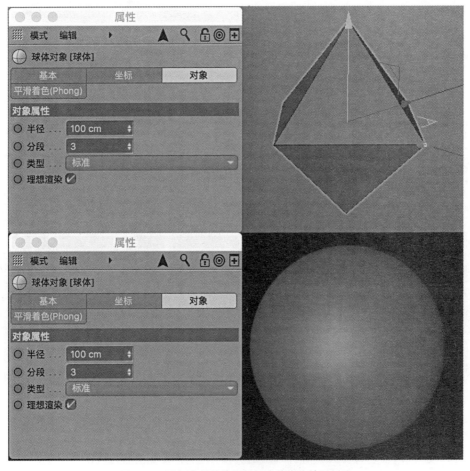

图3-14　不勾选理想效果与勾选的渲染效果对比

注意：如果按下C键将参数化对象转换成多边形对象，"理想渲染"就失效了。

八、圆环

执行"主菜单>创建>对象>圆环"创建一个圆环对象（见图3–15）。

1.圆环属性面板>对象

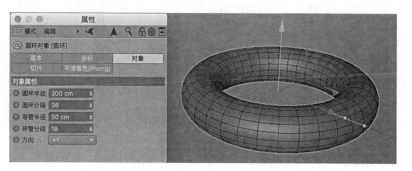

图3–15　圆环对象及其属性

圆环半径/圆环分段："圆环半径"用于设置整个圆环的大小，"圆环分段"用于设置圆环分段数。将"圆环分段"设置为4，可以得到一个方形环状（见图3–16）。

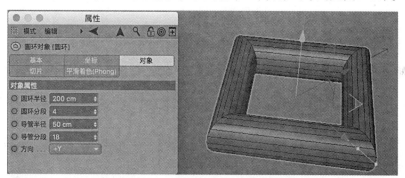

图3–16　圆环分段设置为4的效果

导管半径/导管分段："导管半径"用于设置圆环截面的大小，"导管分段"用于设置圆环截面的分段。将"导管半径"设置为0，可以看到圆环曲线（见图3–17）。

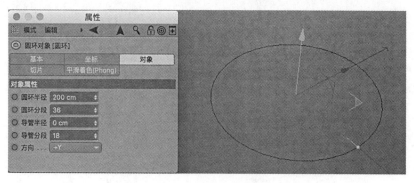

图3–17　圆环半径设为0的效果

2.圆环属性面板>切片

切片:勾选该项后,圆环变成不闭合状态(见图3-18)。

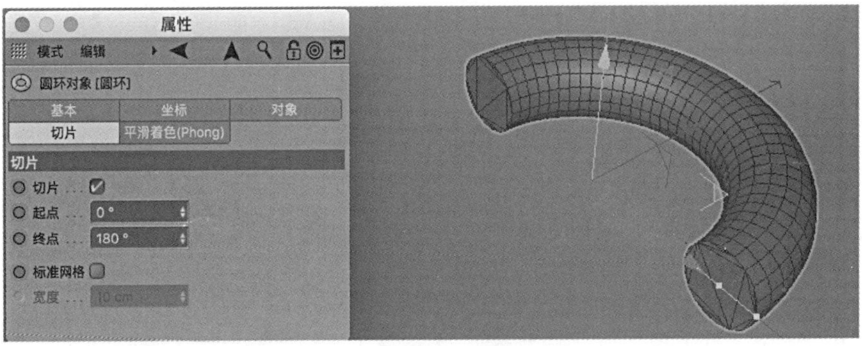

图3-18　设置圆环对象切片效果

起点/终点:控制圆环不闭合切口位置。

标准网格:勾选该项后,圆环切口的网格变成规则的三角形。

宽度:勾选"标准网格"后激活,用于设置标准网格的密度。

九、胶囊／油桶

胶囊/油桶的对象选项卡参数与圆锥、圆柱类似,切片选项卡参数与圆环类似。学习时可以将这几种参数几何体进行比较调节,以加深理解。在特定参数下,这几种参数几何体可以被设置成一样的形体(见图3-19)。

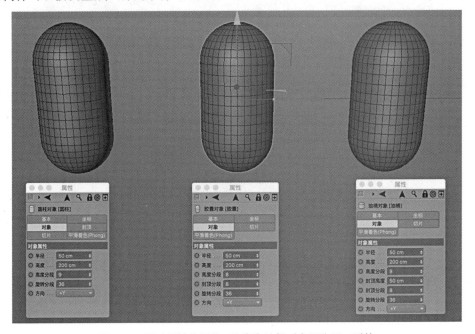

图3-19　通过属性将圆柱、胶囊和油桶对象调为同一形体

十、管道

执行"主菜单>创建>对象>管道"创建一个管道对象。

管道也可设置对象和切片选项卡,其功能与其他同类参数一致,这里不再赘述(见图3-20)。

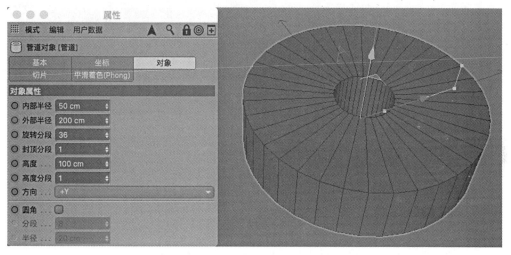

图3-20　管道对象及其属性

学习时可以尝试将管道调成完全不同的形体,如将管道的参数调为图3-21所示的参数,可以得到一个画框的形状。

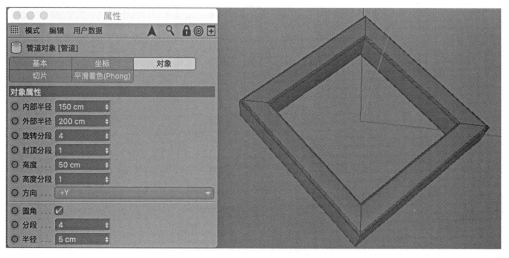

图3-21　将管道对象调节为画框

十一、宝石

执行"主菜单>创建>对象>宝石"创建一个宝石对象。

宝石对象选项卡参数见图3-22。

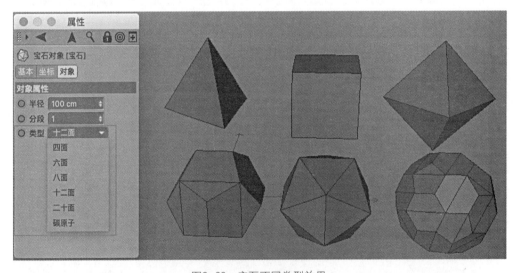

图3-22　宝石对象及其属性

分段：增加宝石的细分。

类型：提供了6种不同类型，分别是"四面体""六面体""八面体""十二面体""二十面体""碳原子"（见图3-23）。

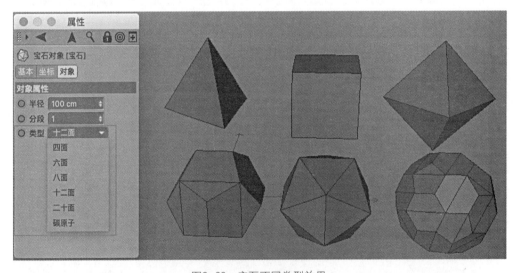

图3-23　宝石不同类型效果

十二、人偶

执行"主菜单>创建>对象>人偶"创建一个人偶对象。

人偶对象选项卡参数见图3-24。

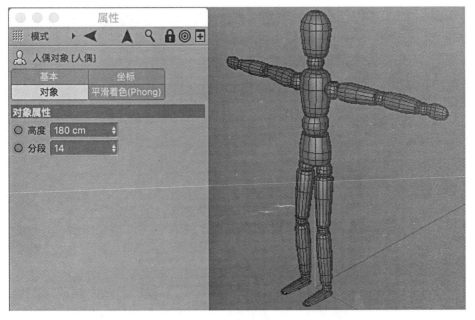

图3-24　人偶对象及其属性

　　按快捷键C将人偶转换成多边形对象后，可以单独对人偶的每个部分进行操作。如先选择人偶的头、躯干或四肢（注意不是选择球形关节）等部位，再使用旋转工具就可以通过调节相应的部位来为人偶摆动作（见图3-25）。

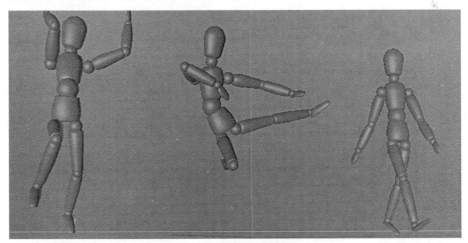

图3-25　利用人偶摆出参考动作

十三、地形

　　执行"主菜单>创建>对象>地形"创建一个地形对象。

　　地形对象选项卡见图3-26。

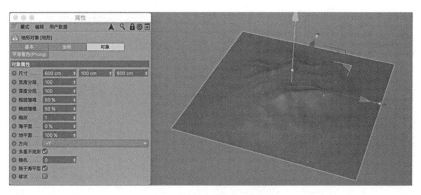

图3-26 地形对象及其属性

尺寸：设置地形的宽度、高度和宽度，图3-27为增加高度的效果。

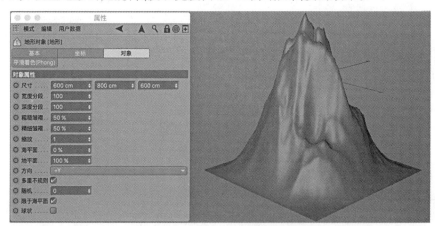

图3-27 增加地形对象的高度

宽度分段/深度分段：设置地形宽度（X轴）和深度(Z轴)的分段，值越高，模型越精细（见图3-28）。

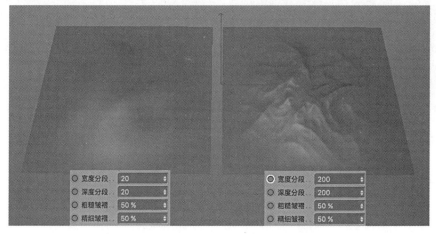

图3-28 低分段与高分段的效果对比

粗糙褶皱/精细褶皱："粗糙褶皱"用于设置地形中大的地形脉络，"精细褶皱"用于设置地形中的细节纹理（见图3-29）。

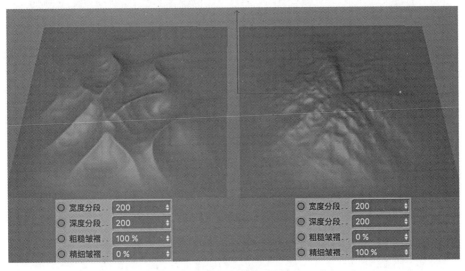

图3-29　粗糙褶皱与精细褶皱的效果对比

缩放：设置地形纹理的大小（见图3-30）。地形实际上是软件通过一张程序纹理来控制的，该参数就是对这张程序纹理进行缩放。

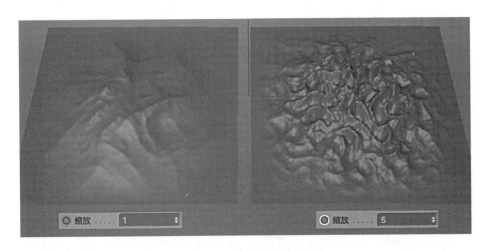

图3-30　不同缩放程度效果对比

海平面/地平面：海平面默认值为0%，用于模拟海水淹没山谷的状态；地平面的默认值为100%，用于模拟山顶削平的状态，效果见图3-31。

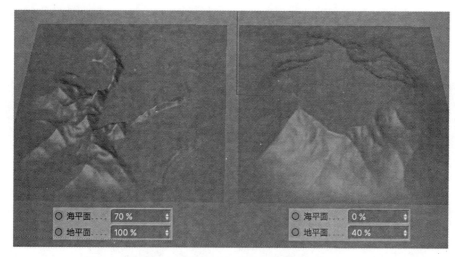

图3-31　海平面与地平面对地形的影响效果

多重不规则：用于产生不同的形态（见图3-32）。

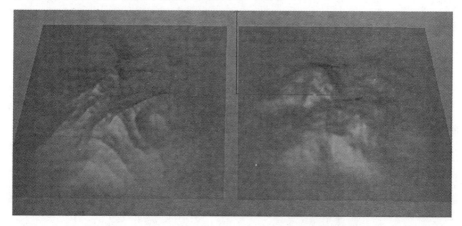

图3-32　多重不归则效果

随机：用于产生随机效果。

限于海平面：默认勾选，去掉勾选后，效果如图3-33右侧所示。

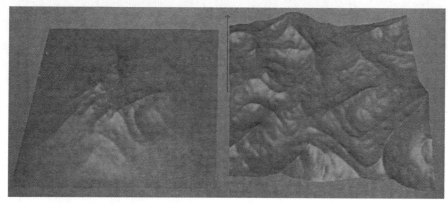

图3-33　限于海平面选项勾选与不勾选效果对比

球状工具：勾选后可以形成一个球形的地形结构，用于制作小星球模型（见图3-34、图3-35）。

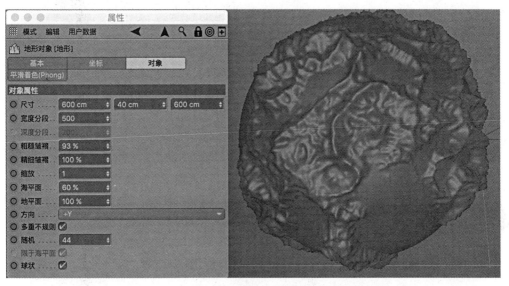

图3-34　勾选球状选项效果（1）

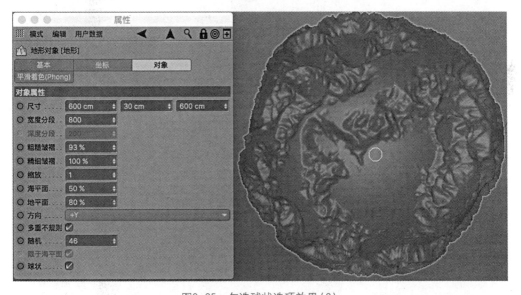

图3-35　勾选球状选项效果（2）

十四、地貌

执行"主菜单>创建>对象>地貌"创建一个地貌对象。

地貌对象选项卡见图3-36。

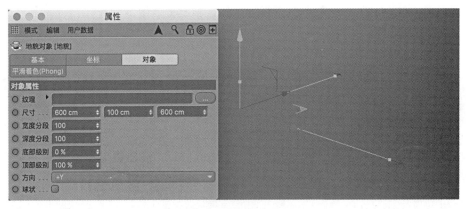

图3-36　地貌对象及其属性

纹理：地貌可以理解为地形的自定义模式，需要加载一张纹理贴图才能显示。点击纹理最右侧的按钮，选择一张贴图，效果见图3-37。

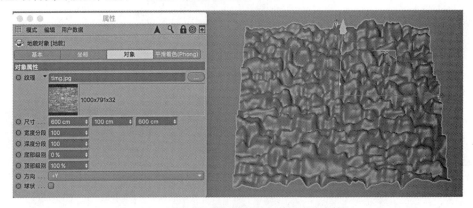

图3-37　地貌对象的形态由贴图的明度信息控制

宽度分段/深度分段：用于设置宽度和深度的分段，值越高，模型精度越细（见图3-38）。

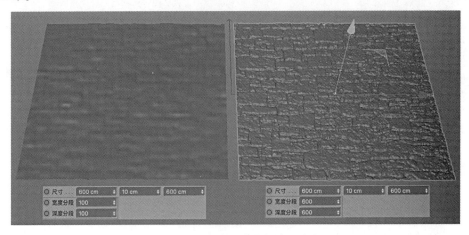

图3-38　低分段与高分段效果对比

底部级别/顶部级别：其效果类似于地形的海平面和地平面（见图3-39）。

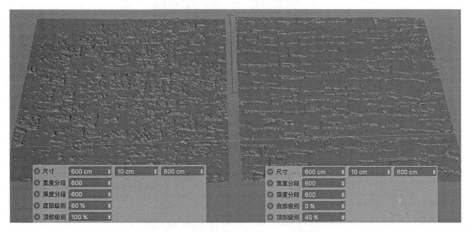

图3-39　顶部级别与底部级别的控制效果

第二节　样　条

样条是Cinema 4D中用途广泛的元素，通过绘制的点生成样条，再通过这些点来控制样条。样条结合其他命令生成三维模型，是一种基础的建模方法。

创建样条的方法有两种：

（1）长按 ![]按钮不放，打开创建样条工具栏菜单，点击相应的图标创建（见图3-40）。

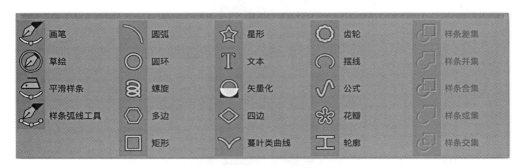

图3-40　样条创建工具及参数样条

（2）执行"主菜单>创建>样条"，选择相应的样条（见图3-41）。

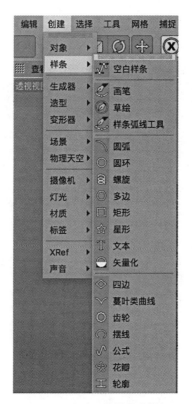

图3-41 通过主菜单创建样条

一、自由绘制样条

Cinema 4D r18版本中更新了样条绘制工具，图3-42为4种绘制和编辑样条的工具。

图3-42 样条绘制工具

1.画笔

执行"主菜单>创建>样条>画笔"，选择"画笔"工具。通过在视图窗口中点击创建样条，这样创建的样条是线性的，也就是点与点之间是由直线连接的（见图3-43）。如果点击时按住不放并拖拽可以绘制曲线（见图3-44）。

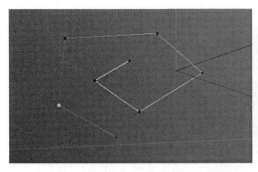

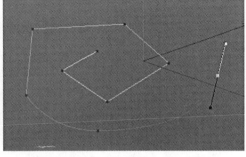

图3-43　点击创建样条　　　　　　　　图3-44　点击并拖拽创建

在绘制前或绘制过程中可以对"画笔"工具的"对象属性"进行设置（见图3-45）。

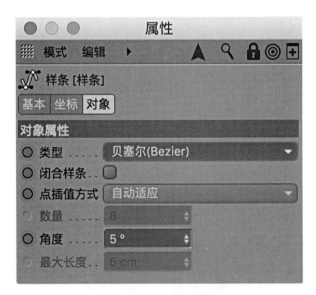

图3-45　画笔对象属性

类型：设置样条类型，共有5种类型（见图3-46）。

线性
立方
阿基玛(Akima)
B-样条
贝塞尔(Bezier)

图3-46　样条类型

5种类型的样条本质上是一样的，区别在于控制点和样条之间的关系不同（见图3-47）。线性：点与点之间为直线连接；立方：点与点之间为曲线连接，控制点在线上；阿基玛：与立方类似，曲线更圆滑；B-样条：曲线连接，控制点与曲线分离；贝塞尔：曲线连接，控制点上有控制手柄，可以对样条进行更精细的编辑。默认为贝塞尔类型。

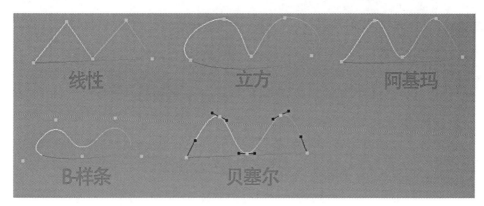

图3-47　样条类型及对应效果

　　闭合样条：勾选后样条自动闭合，去掉勾选，样条又会恢复不闭合状态。

　　点差值方式：设置样条曲线的差值计算方式，包括"无""自然""统一""自动适应""细分"5种方式。

　　2.草绘

　　执行"主菜单>创建>样条>草绘"，选择"草绘"工具。"草绘"工具可以像铅笔一样在视图窗口中绘出样条曲线（见图3-48）。

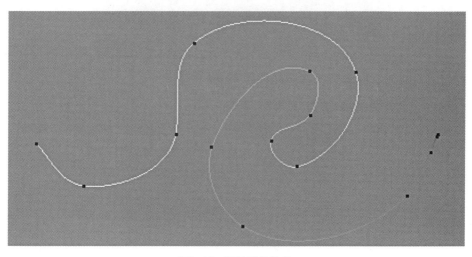

图3-48　草绘样条效果

3.样条弧线工具

执行"主菜单>创建>样条>样条弧线工具",选择"样条弧线工具"。在视图中左键点按并拖拽可以创建一条直线样条,再将指针移到直线中间,左键点按并拖拽,直线就变成了一段圆弧,再在空白处点击并拖拽可以继续创建弧线(见图3-49)。

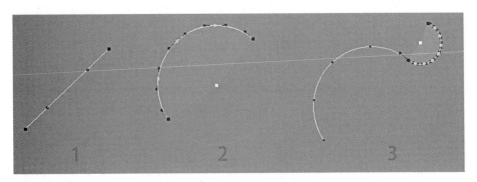

图3-49　样条弧线工具创建过程

注意:创建过程中点按并拖拽扇形区域可以在圆面上旋转弧线;点按并拖拽灰色弧线可以缩放弧线的弧度;点按首尾的点可以改变弧线的角度。

二、参数样条

Cinema 4D提供了许多参数样条,例如圆环、矩形、星形等,通过执行"主菜单>创建>样条",选择相应的参数以创建样条(见图3-50)。

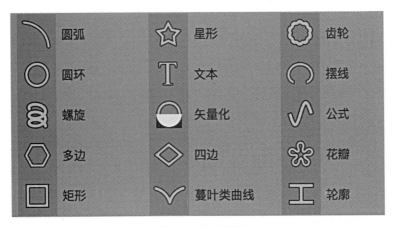

	圆弧		星形		齿轮
	圆环		文本		摆线
	螺旋		矢量化		公式
	多边		四边		花瓣
	矩形		蔓叶类曲线		轮廓

图3-50　参数样条

创建后还可以通过样条的"对象属性"进行调节,从而产生更多的样条形状。

1.矢量化

执行"主菜单>创建>样条>矢量化",创建"矢量化"样条。

2.对象属性

"矢量化"样条需要转换成贴图纹理才能使用。

纹理:点击"纹理"最右边的按钮,选择一张图片。软件会根据图片的灰度差别来计算出样条,因此导入的图片最好黑白分明(见图3-51)。

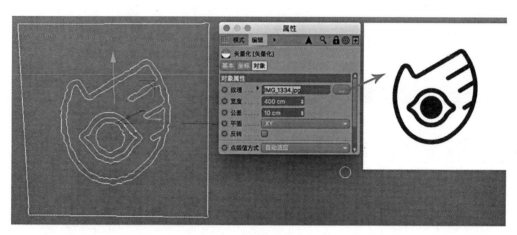

图3-51　矢量样条加载纹理

宽度:设置生成样条的大小。

公差:设置生成样条与图片的误差范围,值越小则样条越接近图片,但同时样条上会产生很多控制点。

平面:设置生成样条所在的平面。

反转:反转样条的起始位置。

其他参数样条的对象属性较简单,通过调节相应参数就可以实时看到效果,这里不再赘述。

注意:按C键将参数样条转换为可编辑样条后,还可以继续使用自由绘制工具接着绘制和修改。

第三节　编辑对象元素

无论是参数化几何体还是参数化样条，除了对其整体使用移动、旋转、缩放工具进行编辑，还可对其元素进行编辑。

一、转为可编辑对象

下面以立方体为例（见图3-52）。

（1）执行"主菜单>创建>对象>立方体"。

（2）按"编辑模式工具栏"上的"转为可编辑对象" 按钮，或按快捷键C键，将立方体转换为可编辑对象。

（3）点击"编辑模式工具栏"上的"点" 按钮，选择相应的点进行编辑。

（4）点击"编辑模式工具栏"上的"边" 按钮，选择相应的边进行编辑。

（5）点击"编辑模式工具栏"上的"面" 按钮，选择相应的面进行编辑。

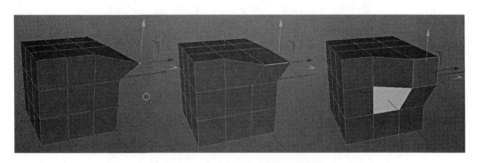

图3-52　对点、边、面进行编辑

二、选择菜单

进行有效而精准的建模操作离不开对对象元素准确而灵活的选择，Cinema 4D 为我们提供了大量高效的选择工具，这些工具都集中在"主菜单>选择"中，如图3-53所示。

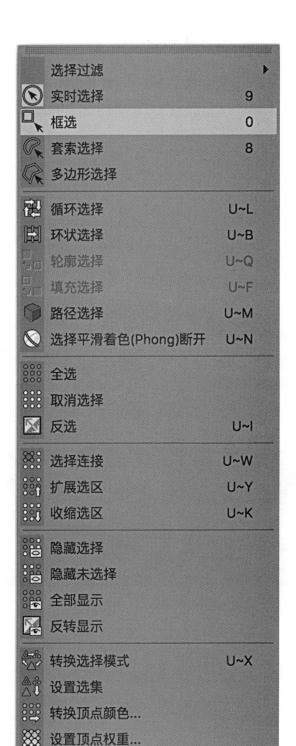

图3-53　选择菜单

1.实时选择

"实时选择"是最常用的选择工具。"实时选择"又可以理解为笔刷选择,白色圆圈为笔刷大小。当场景中的对象转换为可编辑多边形后,激活"实时选择"工具,可以通过点按并拖拽进行涂抹选择,白色圆圈接触到的元素(点、边、面)都会被选中。

加选:按住Shift键涂抹。

减选:按住Ctrl/Command键涂抹。

实时选择的选项见图3-54。

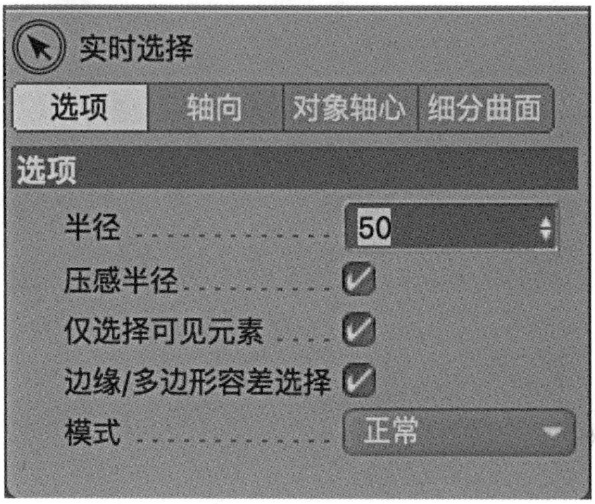

图3-54   "实时选择"属性面板

半径:设置"实时选择"笔刷的大小。

压感半径:勾选后可以通过使用压感笔的力度控制笔刷大小,在选择时更为灵活准确。

仅选择可见元素:勾选该项后,只能选择视图中可见的元素,可以防止误操作。取消勾选,可选择视图中所有元素。

边缘/多边形容差选择:该项主要针对面的选择。勾选时,只要接触到的面都会被选择;不勾选时,刷到面的中心才能选到。

模式:设置选择的模式,默认为"正常"。可切换为"柔和选择",此模式在操作大量元素时非常有用(见图3-55)。

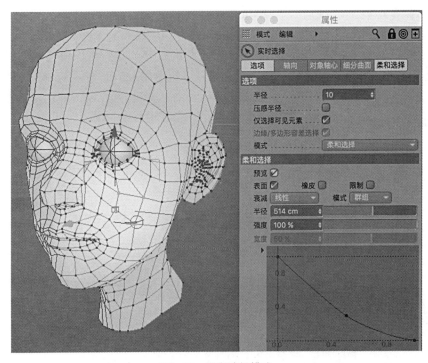

图3-55　柔和选择模式

2.框选/套索选择/多边形选择

框选：通过拖拽出来的矩形区域进行选择（见图3-56）。

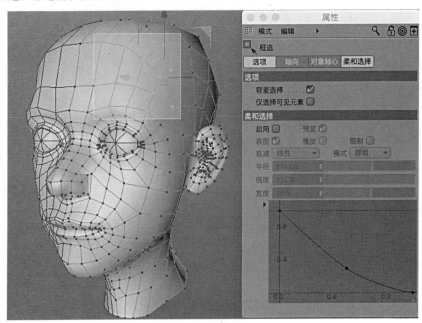

图3-56　框选工具及其属性

套索选择：通过绘制不规则区域进行选择（见图3-57）。

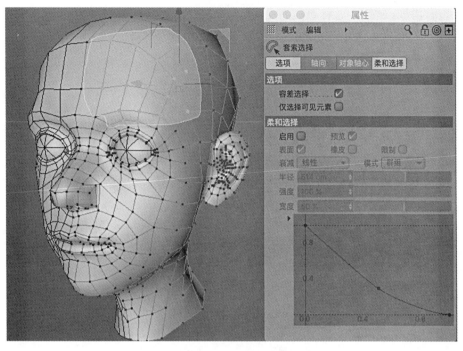

图3-57　套索选择工具及其属性

多边形选择：通过绘制多边形区域进行选择（见图3-58）。

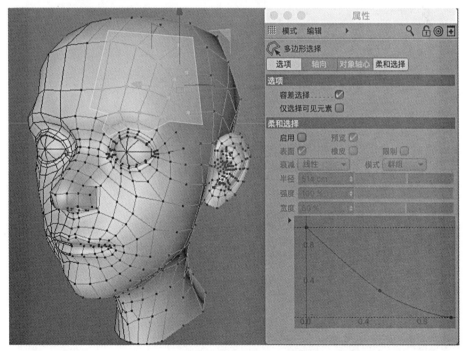

图3-58　多边形选择工具及其属性

（1）框选/套索选择/多边形选择>选项

容差选择：该项主要针对面的选择。勾选时只要接触到的面都会被选择；不勾选时，刷到面的中心才能选到。

仅选择可见元素：勾选该项，只能选择视图中可见的元素，可以防止误操作。取消勾选，可选择视图中所有元素。

（2）框选/套索选择/多边形选择>柔和选择

启用：勾选该项，开启柔和选择，取消勾选关闭柔和选择。

预览：勾选该项，柔和选择的范围可见，取消勾选则不可见。

表面/橡皮/限制：以不同模式影响柔和选择的效果，其差别比较细微，常用的是"表面"模式。

衰减：提供了"线性""圆顶""领状""圆环""针状""顶点贴图""样条"7种衰减模式，用于更为精细地调节。

3.循环选择/环状选择

循环选择的选项见图3-59。

图3-59　循环选择选项

执行"循环选择"，可以选择连续的点、边、面（见图3-60）。

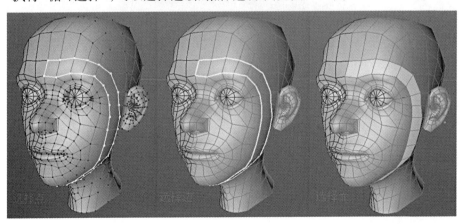

图3-60　循环选择点、边、面

停止在边界边：勾选该项，循环选择的查找范围会在模型边界停止。取消勾选，则会从在边界处绕回来（见图3-61）。

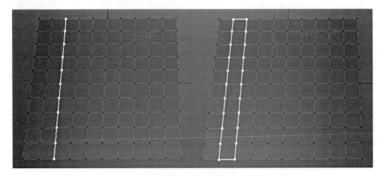

图3-61　停止在边界边选项勾选与不勾选的效果对比

选择边界循环：勾选该项，循环选择功能只能查找模型边界的循环元素（见图3-62）。

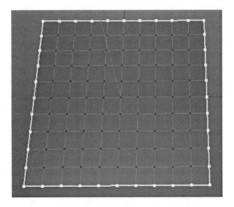

图3-62　选择边界循环勾选后的效果

尽量查找：勾选该项，尽可能查找可连续的元素（见图3-63）。

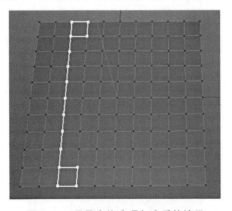

图3-63　尽量查找选项勾选后的效果

环状选择：可以选择并列的点、边、面（见图3-64）。

三维动画基础

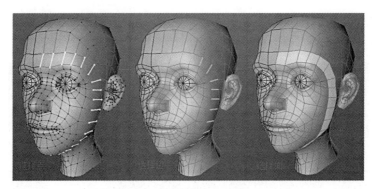

图3-64 环状选择点、边、面

4.轮廓选择

用于从面到边的转换。在选中面的状态下执行该命令，可以快速选择面集合的外轮廓边（见图3-65）。

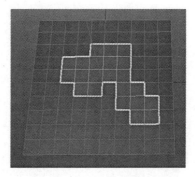

图3-65 轮廓选择

5.填充选择

该命令用于边到面的转换。在选中闭合边的情况下执行该命令，可以快速选择闭合边里面或外面（取决于鼠标的位置）的面。如果选择的边没有闭合，则会选择整个对象的面（见图3-66）。

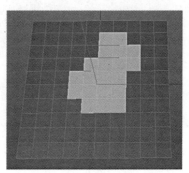

图3-66 填充选择

6.路径选择

选择该命令，按住鼠标左键拖拽，鼠标指针经过的路径上的元素都会在各自对应的模式下被选择（见图3-67）。

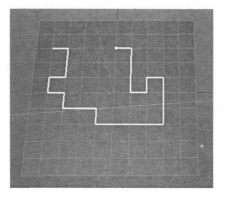

图3-67　路径选择

7.选择平滑着色（phone）断开

当模型上存在断开的平滑着色边的时候，可用该命令快速选择。选择对象的边，执行"主菜单>网格>法线>断开平滑着色(phone)"命令，再选择"选择平滑着色（phone）断开"命令，就可以看到模型上用蓝色边显示断开平滑着色的边（见图3-68）。

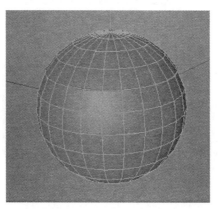

图3-68　选择平滑着色（phone）断开

8.全选/取消选择/反选

全选：全部选择。

取消选择：全部取消选择。

反选：反向选择。

9.选择连接/扩展选区/收缩选区

选择连接:选择对象上所有连接的元素(点、边或面)。

扩展选取:在选择点、边或面的情况下执行该命令,可以向外扩展选择一圈的相应元素。

收缩选区:扩展选区的反命令。

10.隐藏选择/隐藏未选择/全部显示/反转显示

隐藏选择:用于隐藏选择的元素。

隐藏未选择:用于隐藏未选择的元素。

全部显示:使隐藏的元素恢复显示。

反转显示:反转显示和隐藏的元素。

11.转换选择模式

在选择点、边或面的情况下,执行该命令,在弹出的转换选择对话框中指定转换的对应模式,并执行转换。

12.设置选集

在选择点、边或面时,执行该命令为元素创建选集,在对象标签栏中会出现一个选集标签。如需再次选择这些点、边或面,只要双击该标签即可(见图3-69)。

图3-69 选集在对象窗口中的显示效果

13.转换顶点颜色

将顶点颜色标签转换为顶点贴图标签或将顶点贴图标签转换为顶点颜色标签(见图3-70)。

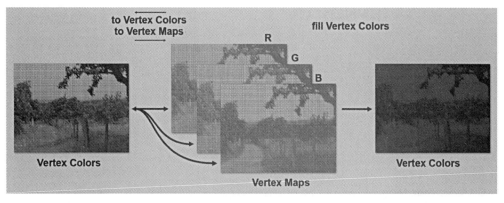

图3-70 转换顶点着色

14.设置顶点权重

该命令一般要和变形器配合使用,作用是通过对点的权重设置来限制变形器对对象的影响范围和程度。图3-71中,黄色部分为权重100%,红色部分为权重0%,变形器只对黄色部分有影响。

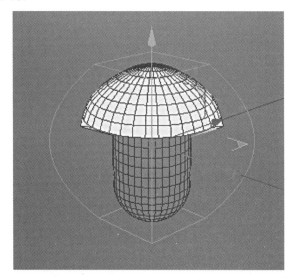

图3-71 设置顶点权重

操作步骤:

(1)创建"胶囊",按C键将其转化为可编辑对象。

(2)选择胶囊上半部分的点,执行"主菜单>选择>设置顶点权重",对象编辑器中的胶囊对象生成一个"顶点贴图"标签。

(3)在对象编辑器中选择胶囊,按住Shift键创建"膨胀"变形器,在"膨胀"的对象属性中将"强度"调节为80%。

（4）在对象编辑器中选择"膨胀"变形器，在右键菜单中选择"Cinema 4D标签>限制"。

（5）选择"限制"标签，将"顶点贴图"标签拖拽到"限制"标签的"名称"一栏中。

思考与练习题

1.观察并思考每个参数化几何体及其变体的造型与现实生活中造型的相似性。

2.练习本章所介绍的选择对象元素的技巧。

>>>> **本章知识点**

生成器的创建和使用方法

文本样条的创建和调节

样条与生成器的综合使用

多边形建模的基本思路与方法

>>>> **学习目标**

掌握各种样条与生成器结合的建模思路与方法

掌握多边形建模的基本操作

熟悉对象窗口在建模中的使用方法

　　本章通过5个不同类型的建模案例，带领读者由浅入深地体验 Cinema 4D的建模操作。其中"音响"的建模过程还使用了Cinema 4D 中独特的、用于动画的"运动图形"模块来加快建模效率。该案例会打 破初学者对于建模的固有认知，便于其宏观地理解Cinema 4D的建模 思路，具有一定的启发性。

第一节 创建高脚杯

一、导入参考图片

（1）执行"主菜单>文件>新建"（快捷键为Ctrl/Command+N），新建一个文件。

（2）使用快捷键F4切换到正视图。执行"视图菜单>选项>配置视图"（快捷键为Shift+V），打开"背景"选项卡。点击"图像"右侧的按钮，导入参考图片（见图4-1）。

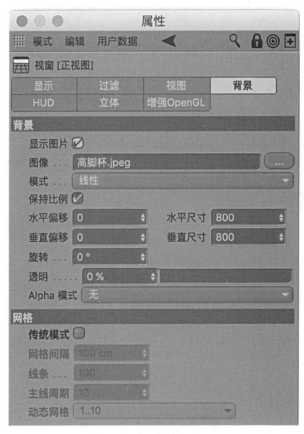

图4-1 在试图配置中导入参考图

（3）使用"背景"选项卡中的"水平偏移"和"垂直偏移"调节图片位置，使高脚杯的中线对准Y轴，杯底在X轴之上（见图4-2）。

图4-2　高脚杯参考图

二、创建高脚杯剖面曲线

（1）执行"主菜单>创建>样条>画笔"，从杯底中心开始绘制样条，绘制完成后按空格键结束。

（2）再次按空格键切换到"画笔"工具，调整样条。可以通过直接拖拽样条和控制点进行调节，还可以点选控制点显示控制手柄，再使用控制手柄进行细调。调节的过程中为了能够更清楚地看到样条，可以再次按Shift+V进入"配置视图>背景"，使用"透明"参数将参考图调为半透明状态（见图4-3）。

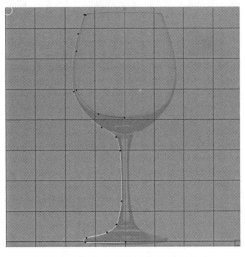

图4-3　将参考图设置为半透明状态

三、生成高脚杯模型

（1）执行"主菜单>创建>生成器>旋转"，创建一个"旋转"生成器。

（2）在"对象"编辑器中，拖拽"样条"对象到"旋转"生成器上，当光标变成"白色向下箭头+方框"时放开鼠标，使"样条"对象成为"旋转"生成器的子对象（见图4-4）。

图4-4　旋转与样条的层级关系

提示：

以上两步可以简化为一步：在执行"主菜单>创建>生成器>旋转"时按住Alt键，就可以在创建"旋转"生成器的同时将"样条"作为"旋转"生成器的子对象。也就是说，创建时按住Alt键可以使所创建的对象作为所选对象的父对象，这个方法适用于所有创建的对象。

（3）按F1键切换到透视图，此时高脚杯已经创建完成。继续调节样条可以对模型进行进一步调整（见图4-5）。

图4-5　高脚杯模型完成效果

图4-6显示的是"旋转"生成器属性面板的"对象"选项卡。

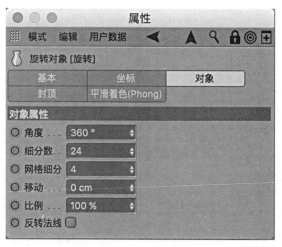

图4-6　旋转对象属性

角度：设置旋转角度，当角度小于360度时，生成的杯子是不完整的（见图4-7）。

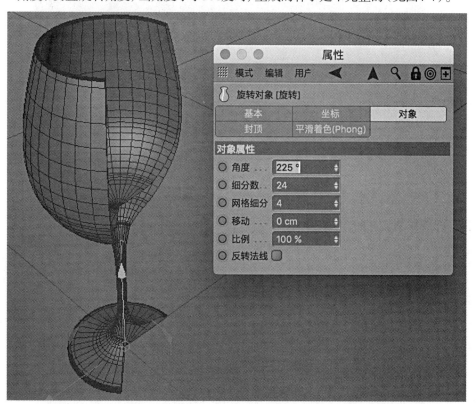

图4-7　角度属性调节效果

细分数：设置旋转分段数，值越高，模型越精细。

网格细分：设置横向分段。此项一般被"样条"的点差值方式控制，调节无效。

移动：设置样条在旋转终点的位移，调节效果见图4-8。

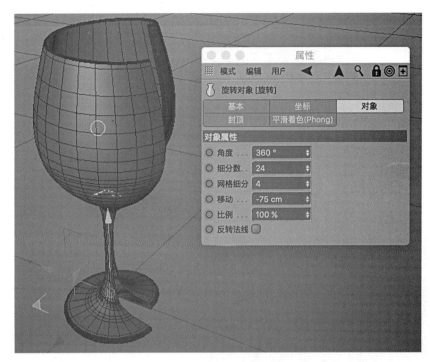

图4-8　移动属性调节效果

比例：设置样条在旋转的终点时的比例，调节效果见图4-9。

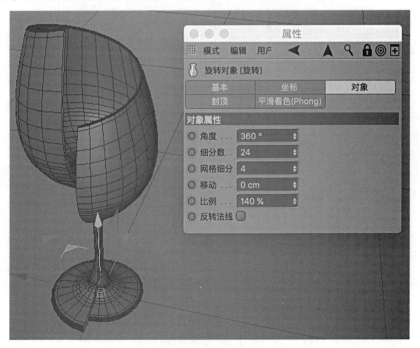

图4-9　比例属性调节效果

反转法线：反转生成多边形的正反面。

第二节　创建文本模型

一、创建文本样条

（1）执行"主菜单>创建>样条>文本"，创建一个"文本"样条。

（2）在"文本"对象属性的"文本"一栏中输入想要的文字，本例使用"YPCY"。

注意："文本"样条不支持中文。

（3）通过"文本"对象属性调节"文本"样条。

字体：设置字体样式。

对齐：设置文本左对齐、中对齐、右对齐。

高度：设置文本大小。

水平间隔：设置文本字间距。

垂直间隔：当输入的文本为多行时，设置文本的行距。

字距>显示3D界面：勾选该项，在视图中显示更多编辑文本的控制器，可以对每个字母进行单独调节（见图4-10）。点击该项前的小三角可展开对应的参数设置（见图4-11）。

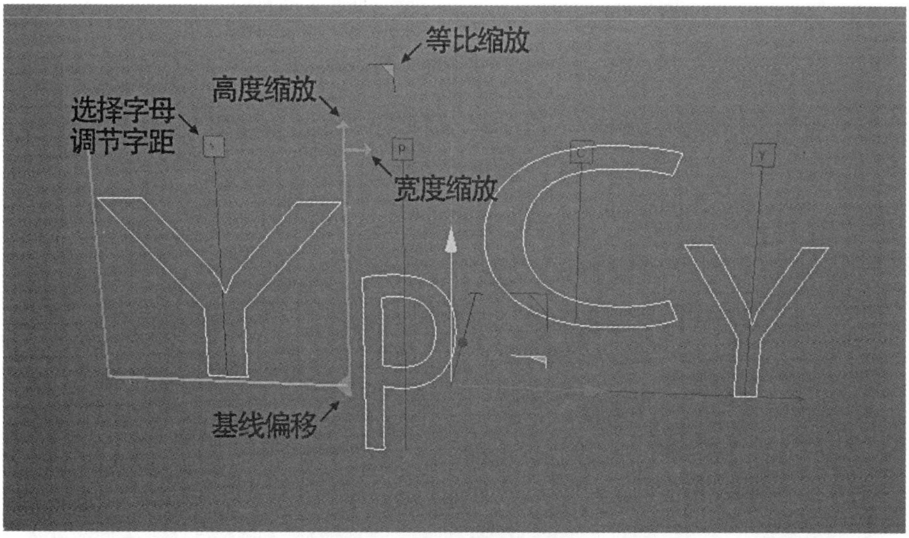

· 99 ·

图4-10　在视图中调节文本

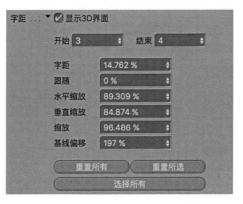

图4-11 勾选显示3D界面

二、生成文字模型

（1）选择"文本"样条，按住Alt键执行"主菜单>创建>生成器>挤压"，生成文字模型。

（2）调节"挤压"生成器的对象属性（见图4-12）。

4-12 挤压对象属性

移动：设置挤压的距离，分为X/Y/Z轴。根据样条的方向设置相应轴向上的距离才能得到正确的挤压效果。

细分数：设置挤压的分段（见图4-13）。

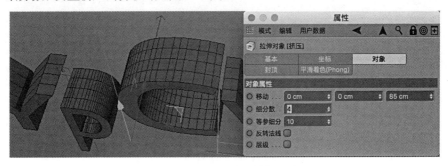

图4-13 设置细分数及其相应效果

等参细分：此项受样条控制，调节无效。

封顶圆角如图4-14所示。

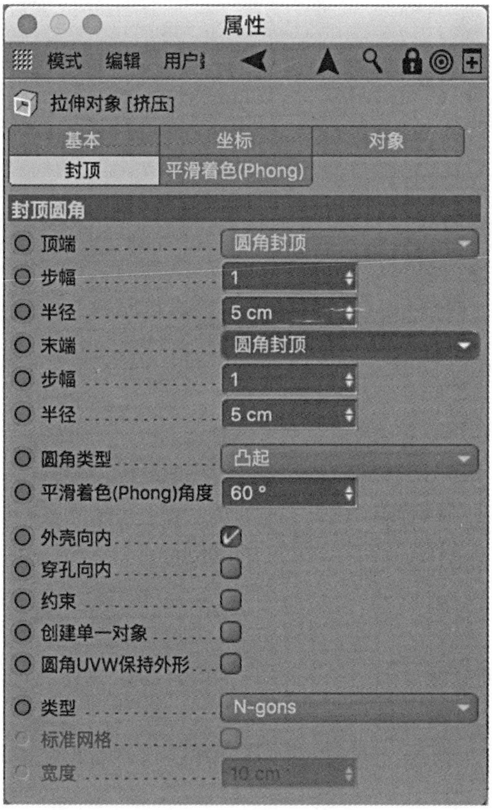

图4-14　封顶圆角属性

封顶区域如图4-15所示。

图4-15　封顶区域

圆角区域如图4-16所示。

图4-16　圆角区域

步幅：设置圆角分段。

半径：设置圆角大小。

圆角类型：设置圆角的类型（见图4-17）。

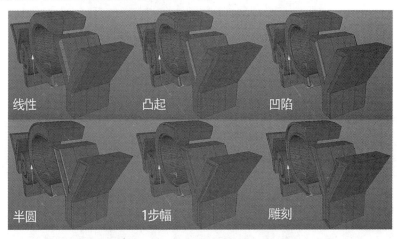

线性　　　　凸起　　　　凹陷

半圆　　　　1步幅　　　　雕刻

图4-17　各种圆角类型及其对应效果

外壳向内：该项默认勾选，取消勾选后效果见图4-18。

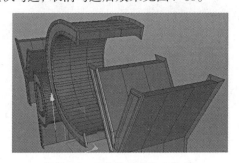

图4-18　不勾选外壳向内选项

穿孔向内：设置样条孔洞的圆角状态。图4-19中，左边为未勾选的效果，右边为勾选的效果。

图4-19　穿孔向内选项

约束：勾选该项，圆角约束在原文本内部；取消勾选，圆角在原文本外部。

创建单一对象：勾选该项，按C键转化为可编辑对象后，封顶、圆角和侧面合为一个对象；取消勾选，转变为可编辑对象后，封顶、圆角和侧面为独立对象。

第三节　创建标志模型

一、导入参考图

（1）执行"主菜单>文件>新建"（快捷键为Ctrl/Command+N），新建一个文件。

（2）使用快捷键F4切换到正视图。执行"视图菜单>选项>配置视图"（快捷键为Shift+V），打开"背景"选项卡。点击"图像"右侧的按钮，导入参考图片。

（3）执行"主菜单>创建>样条>圆环"，创建一个圆环样条。让参考图中的"眼珠"的位置与圆环对齐（见图4-20）。

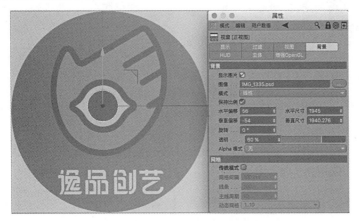

图4-20　创建圆环并根据参考图调节位置

二、创建眼珠

（1）将上一步中创建的样条重命名为"眼珠样条"。

（2）选择样条，按住Alt键执行"主菜单>创建>生成器>挤压"，生成眼珠模型。将"挤压"生成器重命名为"眼珠"。

（3）调节参数见图4-21。

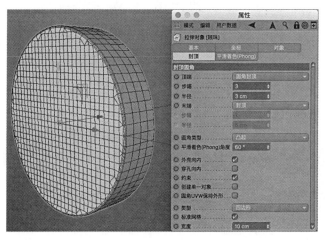

图4-21　"眼珠"模型及其挤压对象的属性

三、创建眼白部分

（1）执行"主菜单>创建>样条>画笔"来创建样条，围绕参考图中黄色部分进行绘制（见图4-22）。

（2）选择样条，进入点模式，选择"眼角"的2个点，执行"主菜单>网格>样条>倒角"，使"眼角"具有一个极小的弧度，图4-23为视图放大后"眼角"的效果。

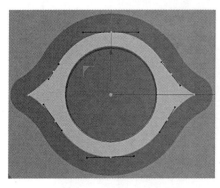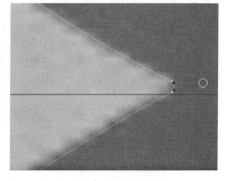

图4-22　创建"眼阔"样条　　　　图4-23　眼角细节

（3）将"样条"重命名为"眼白样条"，复制"眼白样条"为"眼白样条.1"，以备下一步使用。

提示:

复制对象时,在对象编辑器中按住Ctrl键并拖拽对象,当光标旁出现带加号的小方框时放开即可复制对象。在场景中按住Ctrl键,使用"移动""旋转"和"缩放"工具操作也可以复制对象。

(4)选择"眼白样条",按住Alt键执行"主菜单>创建>生成器>挤压",生成眼白模型。将"挤压"生成器重命名为"眼白"。调节参数及效果见图4-24。

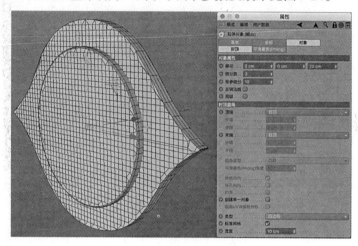

图4-24　模型及其属性

四、创建眼眶部分

(1)将上一步复制的"眼白样条.1"重命名为"眼眶样条"。

(2)选择"眼眶样条",执行"主菜单>网格>样条>创建轮廓",在场景中拖拽,使"眼眶样条"向外拓展一圈,效果见图4-25。

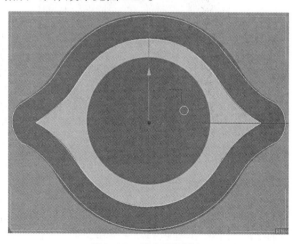

图4-25　创建眼眶样条

（3）选择"眼眶样条"，按住Alt键执行"主菜单>创建>生成器>挤压"，生成眼眶模型。将"挤压"生成器重命名为"眼眶"。调节参数及效果见图4-26。

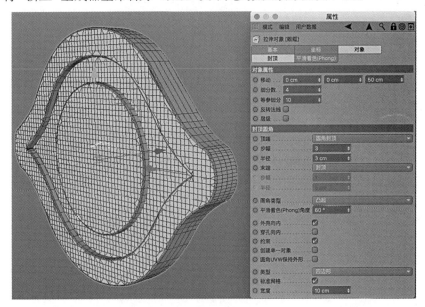

图4-26　　"眼眶"模型及其属性

五、创建手掌部分

（1）执行"主菜单>创建>样条>画笔"来创建样条，围绕图中绿色部分进行绘制（见图4-27）。

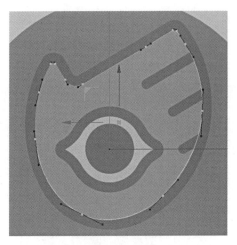

图4-27　创建手掌样条

（2）将样条重命名为"手掌样条"。复制"手掌样条"为"手掌样条.1"，以备下一步使用。

（3）选择"手掌样条"，按住Alt键执行"主菜单>创建>生成器>挤压"，生成手掌模型。将"挤压"生成器重命名为"手掌"。调节参数及效果见图4-28。

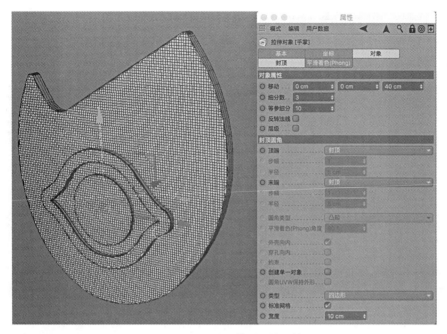

图4-28 "手掌"模型及其属性

六、创建手掌轮廓

（1）将上一步复制的"手掌样条.1"重命名为"手廓样条"。

（2）选择"手廓样条"，执行"主菜单>网格>样条>创建轮廓"，在场景中拖拽，使"手廓样条"向外拓展一圈，效果见图4-29。

（3）创建指缝的3条黑线。先分别创建一个圆环和矩形，将矩形的"世界坐标"Y轴改为"-200cm"，再同时选择圆环和矩形，执行"主菜单>网格>样条>样条并集"，合并圆环和矩形为圆环，效果见图4-30。

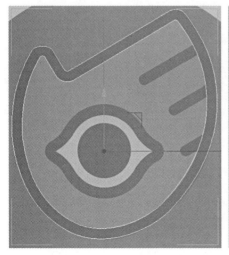

图4-29 创建"手掌"轮廓

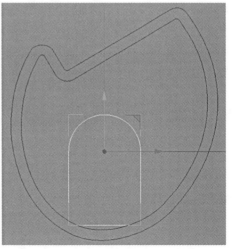

图4-30 创建"黑线"样条

（4）按快捷键W切换为使用对象坐标系统 XYZ，通过"移动""缩放"和"旋转"工具调节"圆环"位置，再进入点模式，调节样条形状（见图4-31）。

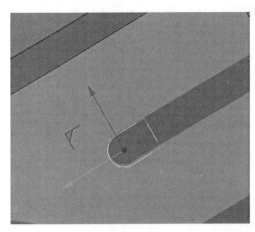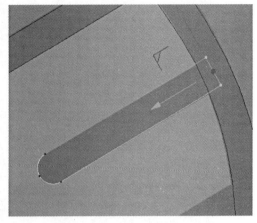

图4-31 创建"黑线"样条

（5）复制圆环并进入点模式调节，效果见图4-32。切换为模型模式，同时选择"圆环""圆环.1""圆环.2"和"手廓样条"，执行"主菜单>网格>样条>样条并集"，将它们合并为"手廓样条"（见图4-33）。

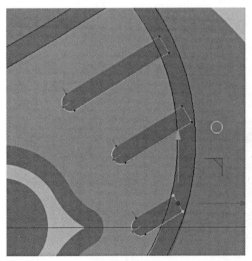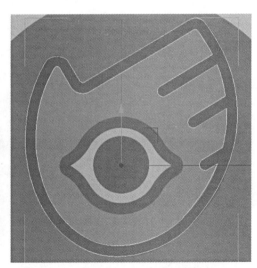

图4-32 复制并调节"黑线"   图4-33 合并样条

（6）选择"手廓样条"，按住Alt键执行"主菜单>创建>生成器>挤压"，生成手掌轮廓模型。将"挤压"生成器重命名为"手掌轮廓"。调节参数及效果见图4-34。

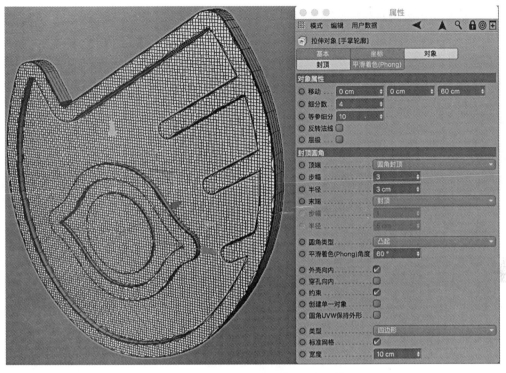

图4-34   "手掌轮廓" 模型及其属性

七、创建文字及背景

（1）执行"主菜单>运动图形>文本"，创建文字，效果和参数见图4-35。

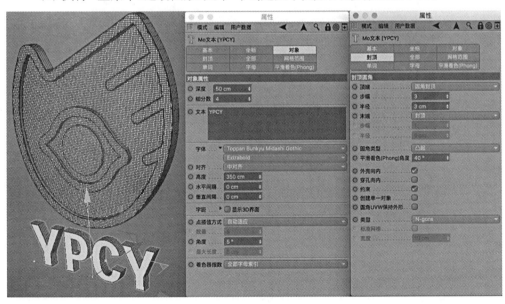

图4-35   创建文字

（2）创建圆形背景并调节位置（见图4-36），最终效果见图4-37。

图4-36　创建底板并调节位置

图4-37　最终标志效果

第四节　创建中文字模型

创建字体的步骤如下:

（1）在Photoshop中打开有文字的图片, 将文字选中, 创建工作路径（见图4-38）。

图4-38　在Photoshop中建立路径

（2）在Photoshop中执行"主菜单>文件>导出>路径到Illustrator…", 将路径保存为Ai文件。

（3）在Cinema 4D中按Ctrl/Command+N键打开上一步保存的路径, 弹出Adobe Illustrator导入窗口, 点"确定"完成导入。查看对象编辑器发现所有的路径是分开的（见图4-39）。

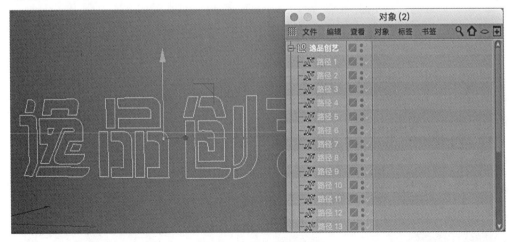

图4-39　导入文字路径

（4）合并路径。选择需要合并的路径执行"主菜单>网格>样条>样条并集"，本例将按单字合并，就是每个字为一个样条（见图4-40）。

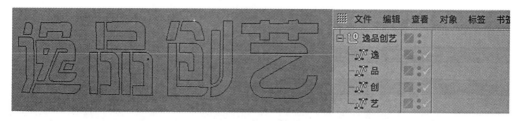

图4-40　按单字合并路径

（5）分别为每一个字的样条添加"挤压"生成器，生成模型并调节参数（见图4-41），完成效果见图4-42。

图4-41　使用挤压生成器创建文字模型

图4-42　完成效果

第五节　创建多边形音响

本节以Echo音响为原型制作多边形模型。Echo音响造型简洁、细节丰富,建模过程不但使用了传统的多边形建模工具和方法,还需要结合变形器、生成器等多种技术(见图4-43)。对于初学者而言,学习本案例时不需要过多分心于造型的塑造,能够集中体会和理解Cinema 4D的建模思路和方法,是一个很好的起点。

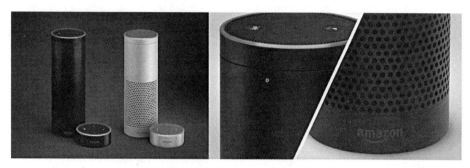

图4-43　音箱实物

一、创建音响音孔

(1)按Ctrl/command+N键新建一个文件。

(2)执行"主菜单>创建>对象>平面",创建一个"平面"对象。

(3)按快捷键N~B切换为"光影着色(线条)"显示,调节参数(见图4-44)。

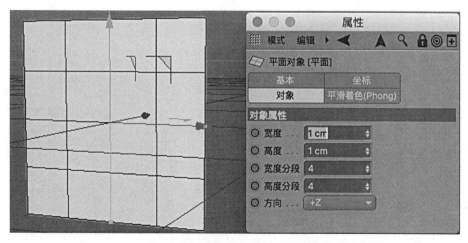

图4-44　创建平面并调节属性

（4）按快捷键C将平面切换为可编辑对象，重命名为"小孔"。先切换到点模式，选择中间的点并删除，再分别选择4个直角的3个点，执行"右键菜单>焊接"（快捷键M~Q），效果见图4-45。

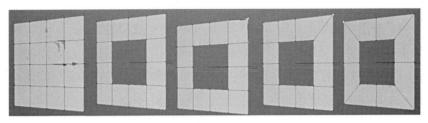

图4-45　创建孔洞

（5）选择方孔边上的4个点，用"缩放"工具放大，将方孔调成圆孔，再选择圆孔的整个边，执行"右键菜单>挤压"，拖拽挤压出圆孔的边缘（见图4-46）。

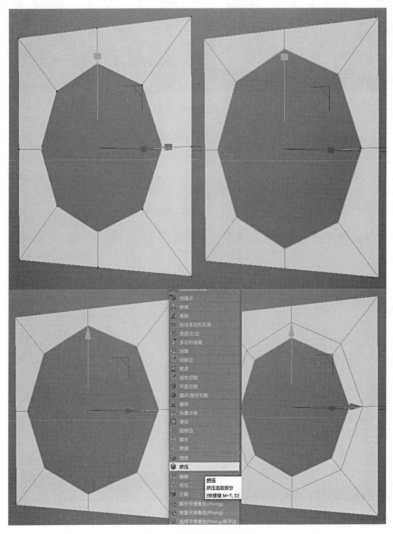

图4-46　创建孔洞边缘

（6）选择"小孔"，按住Alt键执行"主菜单>运动图形>克隆"，为"小孔"创建"克隆"对象。调节"克隆"参数（见图4-47）。

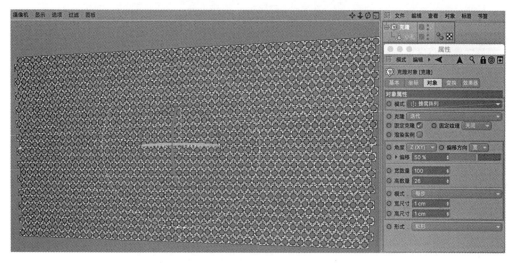

图4-47　使用克隆复制孔洞

（7）选择"克隆"，按住Alt键执行"主菜单>创建>空白"，为"克隆"创建"空白"对象，再选择"空白"，按住Shift键执行"主菜单>创建>变形器>扭曲"，创建完成后，对象编辑器中的对象层级关系如图4-48所示。

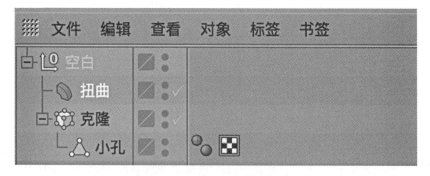

图4-48　层级关系

（8）选择"扭曲"变形器，调节坐标和参数（见图4-49）。

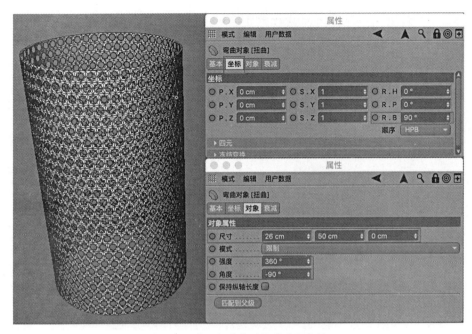

图4-49　使用扭曲将孔洞卷成圆柱状

（9）对比参考图，发现目前的音孔所围成的主体太细了，需要调粗一些。先将"扭曲"的尺寸Y轴改为"55"，再将"克隆"的宽数量改为"110"（见图4-50）。

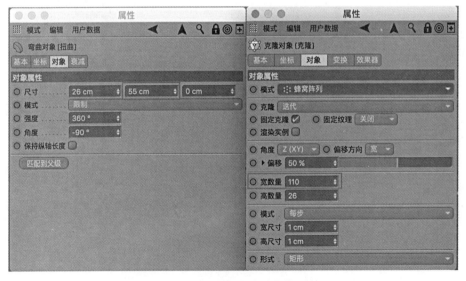

图4-50　调节扭曲、克隆对象的属性

（10）复制"空白"为"空白.1"，将"空白"重命名为"音孔备份"。选择"空白.1"中的"克隆"，按C键将其转换为可编辑对象。同时选择"空白.1""扭曲"和"克隆"，执行"右键>连接对象+删除"。再将生成的多边形对象"空白"重命名为"音孔"（见图4-51）。

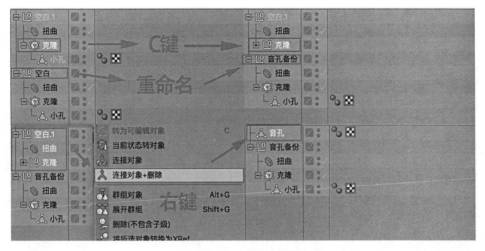

图4-51　整理场景

二、创建音响主体

（1）优化模型。执行到这一步，得到了一个带有许多小孔的圆柱形，但是这个圆柱形是由一个小孔复制而成的，小孔之间的边界点还是分开的。执行"主菜单>网格>命令>优化"，这样所有分离的边界点就被修复了（见图4-52）。

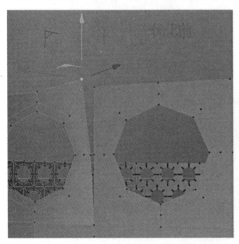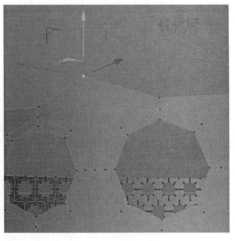

图4-52　优化模型前后对比

（2）切换到"边模式"，按快捷键U~L激活"循环选择"，在"循环选择>选项"里勾选"选择边界循环"。按住Shift键选择上下两圈的边界，按快捷键D激活"挤压"工具，通过拖拽进行挤压。再选择上面一圈的边，继续挤出音孔。再按快捷键K~L激活"循环/路径切割"工具，插入作为倒角边的循环边（见图4-53）。

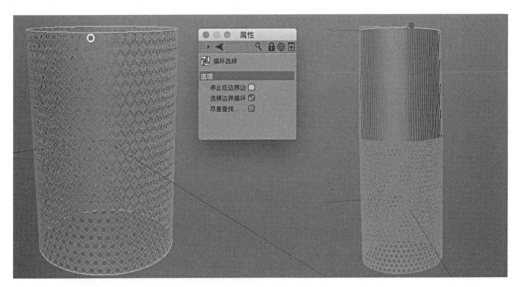

图4-53　选择边并挤出

（3）切换到"面模式"，双击模型上任何一个面可以全选所有的面；按快捷键D激活"挤压"工具，拖拽挤压，向外挤压两次，形成模型厚度（见图4-54）。

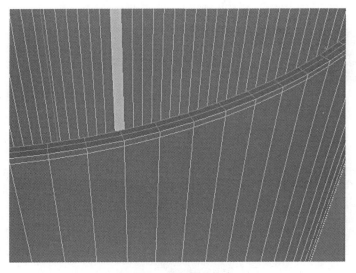

图4-54　选择面并挤出

（4）按快捷键K~L激活"循环/路径切割"工具，在模型上点击插入循环边，使用加号和减号增加或减少分段（见图4-55）。

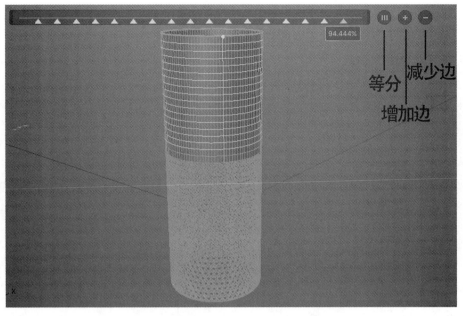

图4-55　插入循环边

（5）选择模型"音孔"，按住Shift键执行"主菜单>创建>生成器>细分曲面"，对其模型进行光滑处理，注意检查模型每个转折处的倒角是否完美。

三、创建音响的顶部和底座

（1）进入"边模式"，选择"音孔"，激活"循环选择"工具，选择模型顶部的一圈边界边，再激活"挤压"工具并挤出顶部的高度。由于顶部边的方向是横向的，所以默认为向内挤出，需要将"挤压>选项"中的"边缘角度"改为"-90°"才能得到正确的效果（见图4-56）。

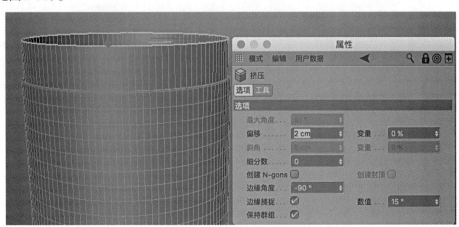

图4-56　修正挤出角度

（2）进入"面模式"，选择上一步挤出的面，执行"右键菜单>分裂"，将其分裂为独立对象"音孔.1"，在对象编辑器中将"音孔.1"拖拽到"细分曲面"上并重命名为"顶部"（见图4-57）。

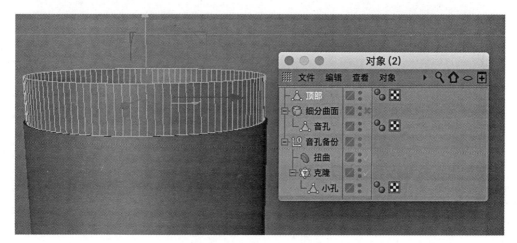

图4-57　创建音响顶部模型

（3）选择"顶部"所有的面，向外挤出两次。为了方便对齐，可以按F2键切换到顶视图来操作。

（4）添加上下倒角边（见图4-58）。

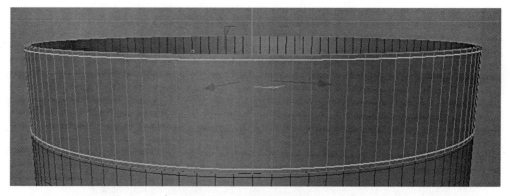

图4-58　为顶部添加倒角边

（5）继续使用"挤压""内部挤压"和"循环/路径切割"工具做出顶部造型，再使用"封闭多边形孔洞"工具封闭顶面小孔，最后使用"挤压"工具挤出顶面的凹孔（见图4-59）。

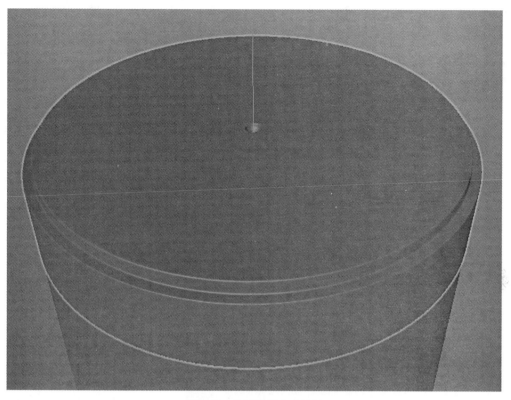

图4-59　顶部模型完成效果

（6）使用同样方法完成底座的建模。在图4-60中，左边为底座正面，右边为底座背面。

·121·

注意：底座分为内外两层制作。

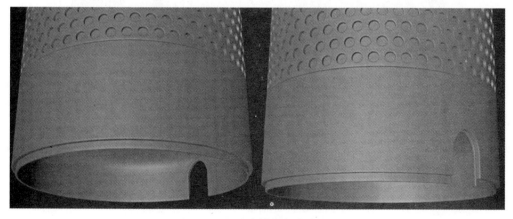

图4-60　底座模型完成效果

（1）创建一个圆环作为参考，放到顶部按钮所在的位置，将圆环与顶部接触的面删除（见图4-61）。

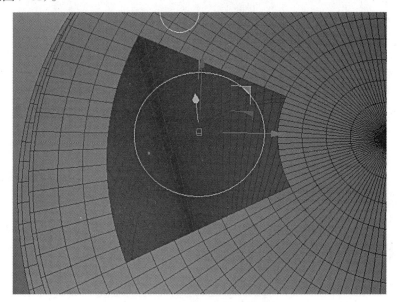

图4-61　删除面以便制作按钮孔洞

（2）选择孔洞的边界边，挤出一圈面（见图4-62）。

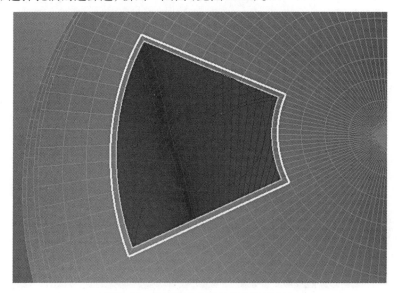

图4-62　使用挤出工具创建孔洞倒角边

（3）根据圆环将孔洞边界的点调为圆形，快捷方法是：选择边界的点，执行"主菜单>网格>移动工具>笔刷"，将"笔刷>选项"中的"模式"改为"平滑"，在场景中拖拽，可以使选中的点趋向圆形排列。最后，使用"主菜单>网格>移动工具>磁铁"工具进行微调，使孔洞呈圆形（见图4-63）。

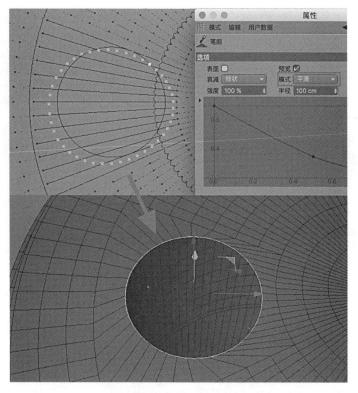

图4-63　使用笔刷平滑模式将边缘点调整为圆形

（4）继续使用"挤压"工具完成按钮凹槽的创建，注意倒角的设置（见图4-64）。

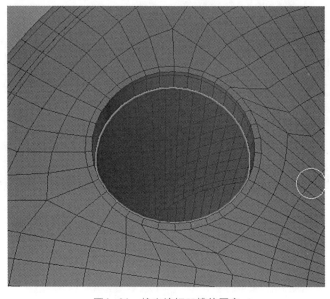

图4-64　挤出按钮凹槽的厚度

（5）使用"圆环"和"挤压"生成器创建按钮，效果见图4-65。最终渲染效果见图4-66。

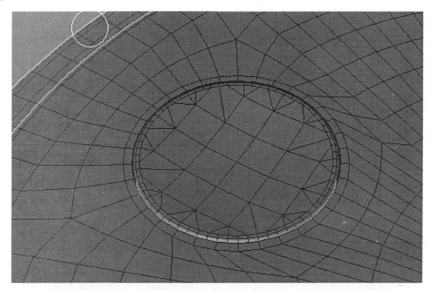

图4-65　创建按钮

图4-66　音响渲染效果图

思考与练习题

1.生成器的使用特点。

2.生成器与运动图形的共同点。

第五章 建模实例

　　本章通过多部件硬表面模型——漂浮的瞭望台和规则复杂单体模型——足球的建模实例，讲解了常用建模工具以及变形器的使用方法和技巧，展示了工具的拓展性及应用思路。

第一节　漂浮的瞭望台

一、创建瞭望台大形

（1）经过对美术设计图的分析不难看出，瞭望台的主体是由不同比例、略微变形的立方体组合而成的，因此可以以立方体为基本型开始建模（见图5-1）。

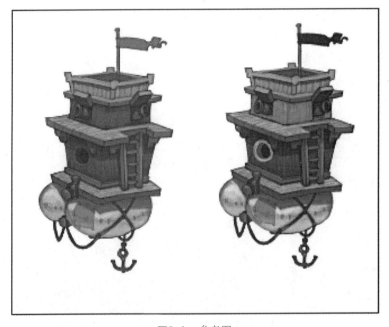

图5-1　参考图

（2）创建一个立方体对象，并调节比例，再复制出更多的立方体，通过"移动""旋转"和"缩放"工具对其进行简单的调节，按照大的比例关系进行组合（见图5-2）。

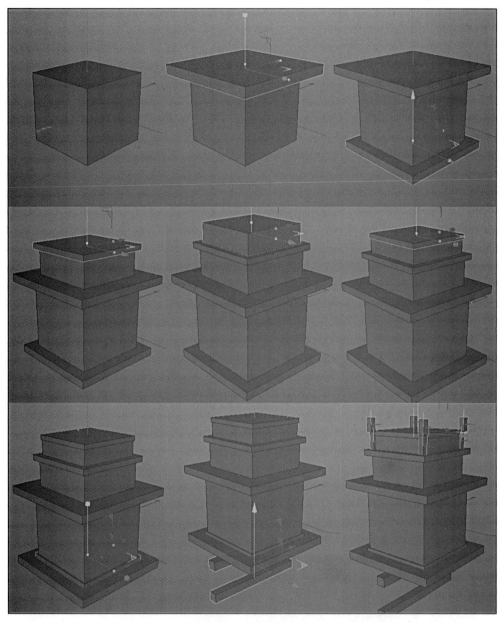

图5-2　创建瞭望台大形

（3）选择所有立方体，按快捷键C将所有立方体转换为可编辑对象。

二、创建气球

（1）创建一个立方体，调节比例和分段参数，效果见图5-3。

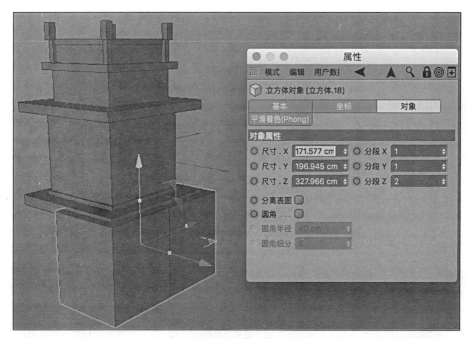

图5-3 创建制作气球的立方体

（2）按住Alt键，为立方体创建一个"细分曲面"生成器，并将"细分曲面"的"编辑器细分"和"渲染器细分"中的数值都改为"1"，效果见图5-4。

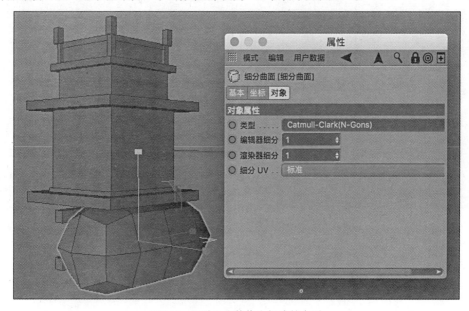

图5-4 细分立方体作为气球基本形

（3）按快捷键C转换"细分曲面"为可编辑对象，并重命名为"气球.1"。复制"气球.1"并重命名为"气球.2"，效果见图5-5。

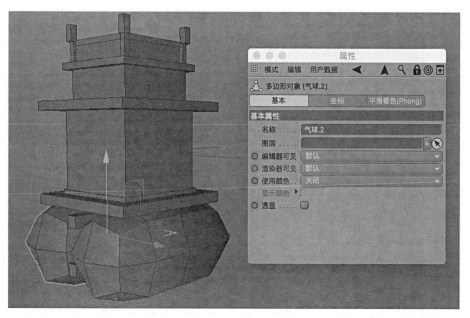

图5-5　复制气球

三、创建造型细节

（1）选择中间平台，进入边模式，应用"循环/路径切割"增加分段（见图5-6）。

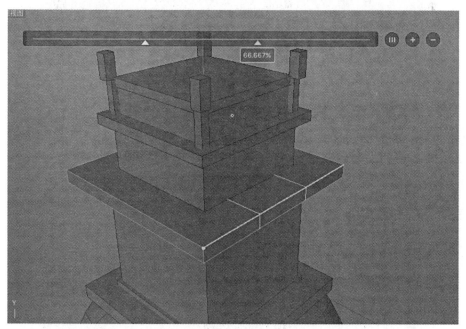

图5-6　循环/路径切割工具使用效果

（2）进入面模式，选择相应的面，使用"挤压"工具挤出，并调节比例（见图5-7）。

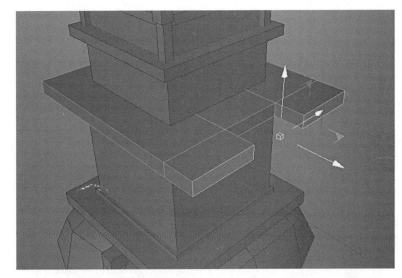

图5-7 挤出相应造型

（3）为窗户开孔。先选择中间最大的立方体，进入边模式，使用"循环/路径切割"增加分段；再进入点模式，删除中间的点，这样就可以将中间的4个面一并删除；最后选择方孔的4个角向内缩放（见图5-8）。

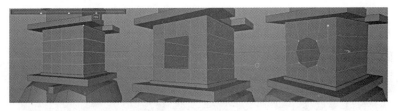

图5-8 制作圆形窗户孔洞

（4）选择主体，打开"视窗单体独显"，使所选对象单独显示，其他未选对象隐藏。删除被遮挡的面（见图5-9）。

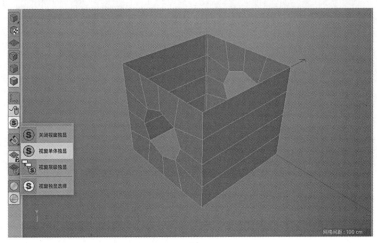

图5-9 单体独立显示效果

（5）由于之后会将模型进行整体的扭曲变形，所以要为各部分增加相应的分段。使用"主菜单>网格>创建工具>循环/路径切割"工具增加分段，但增加的分段不宜太多，整体看上去均匀即可（见图5-10）。

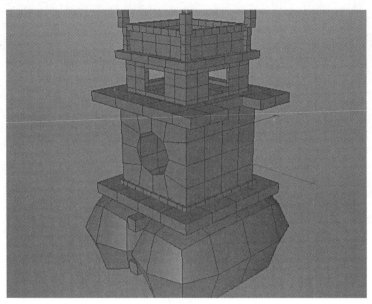

图5-10　瞭望台大形完成效果

四、创建配件

（1）简单配件。本案例中，许多配件都是由基本几何体组合而成的，这里不再赘述（见图5-11）。

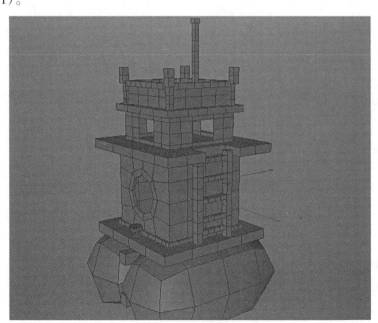

图5-11　创建配件

三维动画基础

（2）放置窗户挡板。首先创建一个挡板并将其放到相应的位置（见图5-12）。

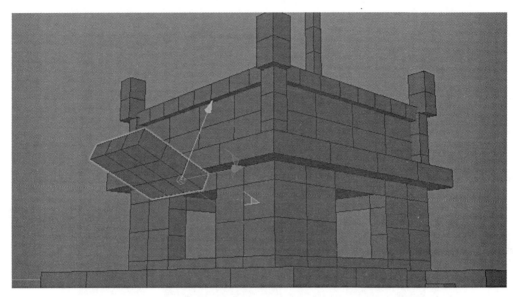

图5-12　创建并放置窗户挡板

然后点击"启用轴心"，将挡板坐标移到世界坐标中心（见图5-13）。

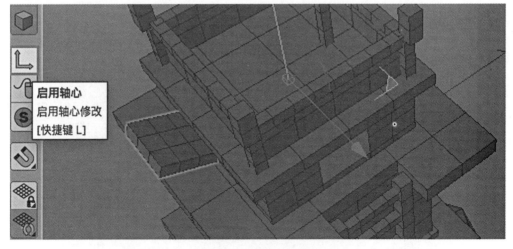

图5-13　调节轴心位置

为了能够准确地对齐轴心，可以打开"启用捕捉"，并切换到"顶视图"进行操作（见图5-14）。

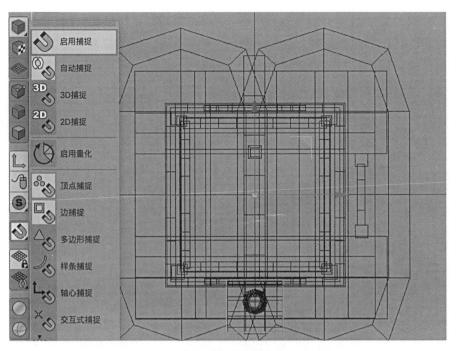

图5-14　启用捕捉

　　确定目前使用的是"全局坐标"，按住Ctrl键，使用"旋转"工具旋转窗户挡板从而复制出挡板（见图5-15）。

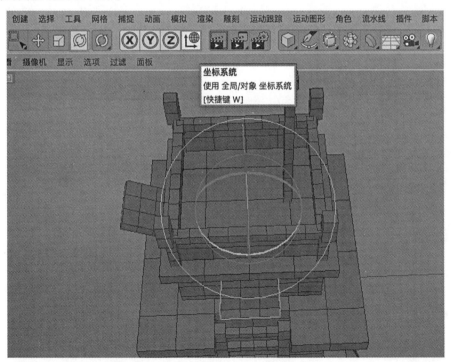

图5-15　设置全局坐标并复制其他窗户挡板

（3）制作大炮。①先创建一个立方体并将其转换为可编辑对象。②使用"挤压"工具挤出大炮的大体形状。③使用"循环/路径切割"工具在炮口转折位置添加倒角（见图5-16）。

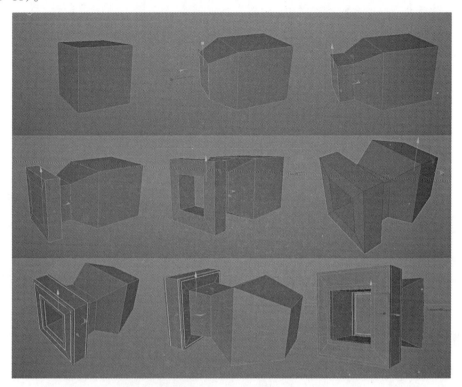

图5-16　大炮模型创建过程

④为大炮创建"细分曲面"生成器，并将"编辑器细分"和"渲染器细分"改为"1"。在该状态下调节造型，最后将"细分曲面"转换为可编辑模型（见图5-17）。

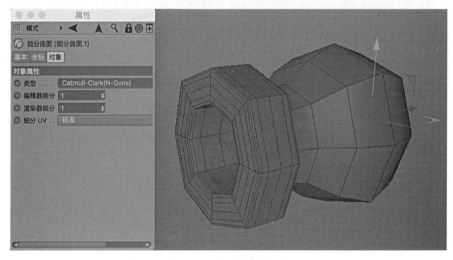

图5-17　细分大炮模型

（4）创建拱托。①创建一个立方体并将其转换为可编辑对象。②使用"挤压"工具将其调整为L型。③使用"主菜单>网格>创建工具>内部挤压"将两侧的面向内挤出，形成倒角边。④再将中间的面向内挤出，形成倒角边。⑤使用"主菜单>网格>创建工具>多边形画笔"修改倒角边的走向。⑥点击"主菜单>网格>命令>细分"右侧的齿轮按钮，在弹出窗口中设置"细分"为"1"，将模型进行1次细分是为了将没有倒角的直角变成圆角（见图5-18）。

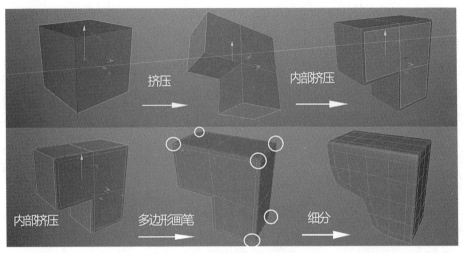

图5-18　拱托模型创建过程

（5）将拱托放到对应的位置并复制，效果见图5-19。

图5-19　拱托模型放置位置

（6）创建船锚。①创建一个管道对象，点击"视窗单体独显"，隐藏其他对象。②调节管道参数（见图5-20），并转换为可编辑对象。③选择管道圆环中轴线上的面，执行"主菜单>网格>创建工具>向内挤压"。④使用"挤压"工具挤出5次，注意比例关系。⑤执行"主菜单>网格>创建工具>循环/路径切割"，在中间切割。⑥进入点模式，删除左半边的点。⑦进入面模式，使用"内部挤压"和"挤压"工具挤出锚钩，注意预留倒角。在挤出时要调整方向，使锚钩自然弯曲。⑧按住Alt键，执行"主菜单>创建>造型>对称"。⑨按C键将"对称"转换为可编辑对象，并执行"主菜单>网格>命令>细分"（见图5-20）。

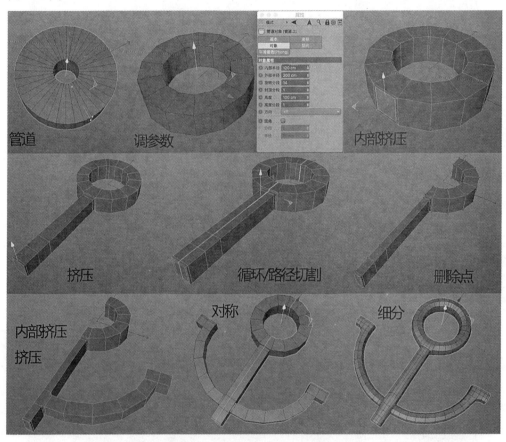

图5-20　船锚模型创建过程

五、创建缆线

（1）垂挂缆绳。①创建一个立方体并将其形状调整为细长型，把它移动到相应的位置，并转换为可编辑对象。②使用"挤压"工具挤出绳环。③执行"主菜单>网格>创建工具>焊接"，将绳环进行焊接（见图5-21）。

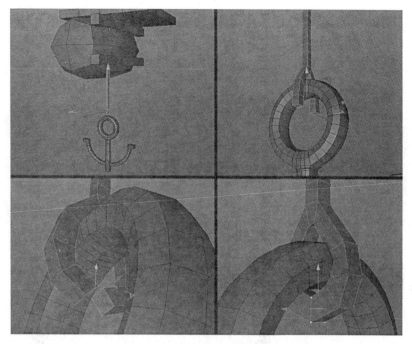

图5-21　缆绳模型创建过程

（2）缠绕缆绳。①分别为"气球.1"和"气球.2"创建"细分曲面"。②分别选择"气球.1"和"气球.2"，进入点模式，使用"主菜单>网格>移动工具>磁铁"调整气球造型。③打开"启用捕捉"和"多边形捕捉"，选择两个气球的"细分曲面"，打开"视窗层级独显"，以避免建模时被其他模型干扰。④执行"主菜单>创建>样条>画笔"，将类型改为"Akima"。⑤使用"画笔"在气球上点击以创建曲线。⑥执行"主菜单>创建>样条>多边"，在"多边"的对象属性中将"侧边"改为"8"。⑦选择"样条"和"多边"，按住Alt键，执行"主菜单>创建>生成器>扫描"，生成缆绳模型（见图5-22）。

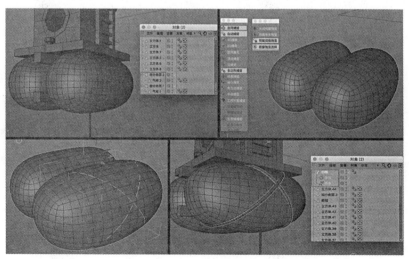

图5-22　缠绕缆绳模型创建过程

（1）分别选择图5-23所示的模型，按Alt+G键分别进行打组，并分别重命名为"顶层""中层""底层"。

图5-23　将模型分类打组

（2）将其余部件模型重命名（见图5-24）。

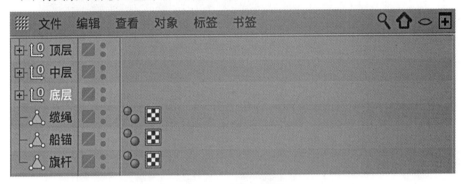

图5-24　重命名模型

七、使用变形器调节造型

（1）执行"主菜单>创建>变形器>FFD"，将"FFD"变形器拖拽到"中层"中，作为"中层"的子对象（见图5-25）。

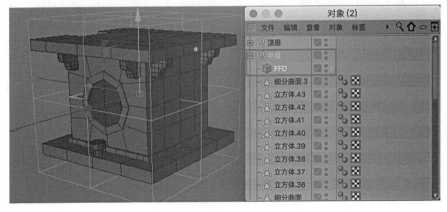

图5-25　使用FFD变形器对模型进行整体调节（1）

（2）选择"FFD"变形器，进入点模式，选择相应的点调节"中层"造型（见图5-26）。

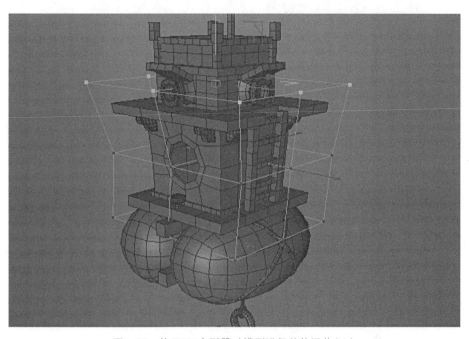

图5-26　使用FFD变形器对模型进行整体调节（2）

（3）使用同样的方法调节"顶层"的造型（见图5-27）。完成效果见图5-28。

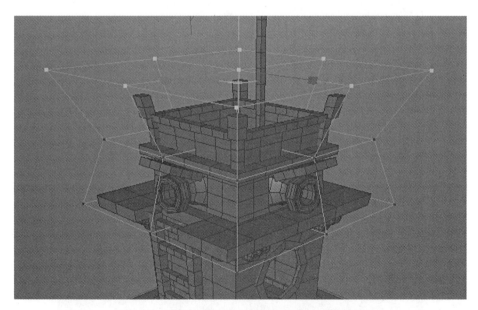

图5-27　使用FFD变形器对模型进行整体调节（3）

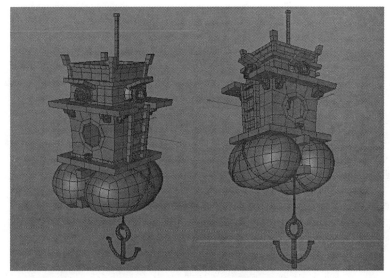

图5-28 瞭望台模型完成效果

（4）创建旗帜。①选择旗杆，进入面模式，选择相应的面（见图5-29），执行"主菜单>网格>命令>分裂"，将所选面分离出去并使之成为新的对象"旗杆.1"。②选择"旗杆.1"，执行"主菜单>网格>重置轴心>轴居中到对象"，并将其X、Z轴稍微放大。③创建一个平面，调节参数（见图5-29），并将其转换为可编辑对象。④按快捷键M~E激活"多边形画笔"工具，切割旗帜造型，并通过删除点来删除多余的面（见图5-29）。完成效果见图5-30。

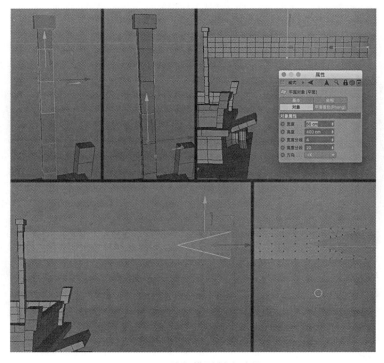

图5-29 旗帜模型创建过程

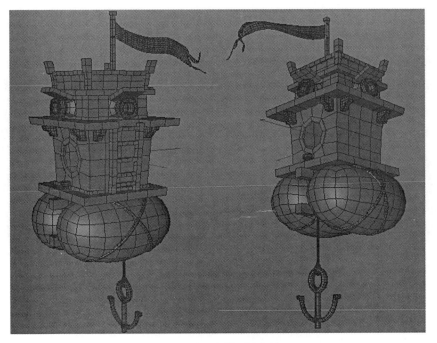

图5-30 瞭望台模型最终效果

第二节 创建足球模型

创建足球模型的步骤如下:

（1）执行"主菜单>创建>对象>宝石"，创建一个"宝石"对象。将宝石的类型改为"碳原子"。选择碳原子的5边形和6边形中间多余的边，按快捷键M~N将其消除（见图5-31）。

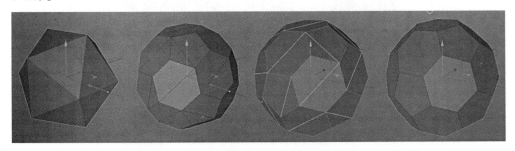

图5-31 创建足球基本形

（2）进入边模式，按Ctrl+A键全选所有的边，执行"主菜单>网格>创建工具>倒角"，在工具选项中将"偏移"改为"1.5cm"，"细分"改为"1"，并按Enter键执行倒角操作（见图5-32）。

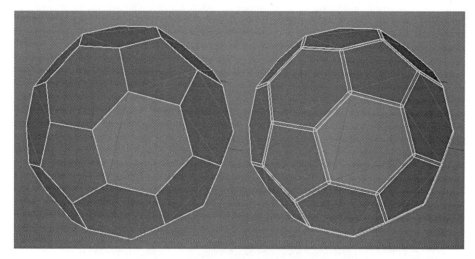

图5-32　增加倒角边

（3）选择宝石，进入面模式，选择除倒角边以外的所有5边形和6边形面，使用"缩放"工具进行整体放大，并为其添加"细分曲面"；复制"细分曲面"作为备份（见图5-33）。

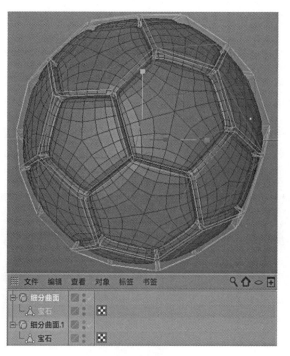

图5-33　添加细分

（4）将复制的"细分曲面"转换为可编辑对象并重命名为"足球"。按住Shift键执行"主菜单>创建>变形器>球化"，为其创建一个"球化"变形器，参数见图5-34。

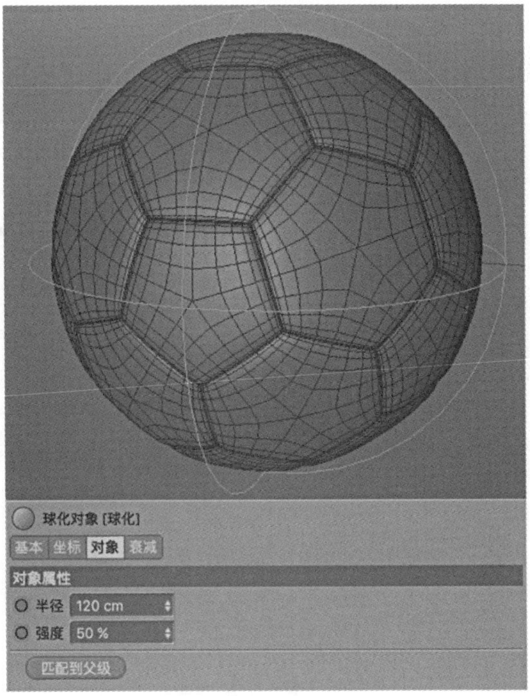

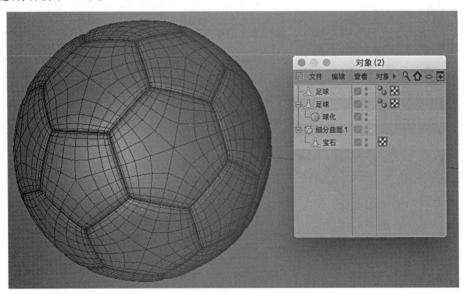

图5-34　使用球化变形器

（5）选择足球，执行"右键>当前状态转对象"，生成一个多边形对象。将其他对象隐藏（见图5-35）。

图5-35　足球模型完成效果及对象窗口效果

（6）进入面模式，分别选择所有5边形面、6边形面和倒角面，执行"主菜单>选择>设置选集"，以方便后续选择操作（见图5-36至图5-38）。

三维动画基础

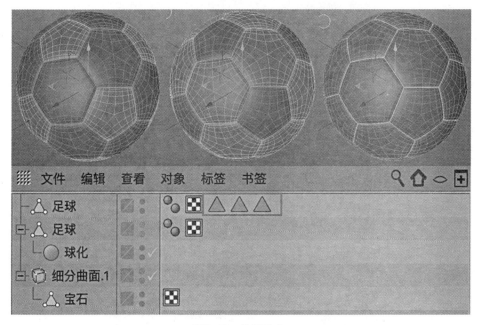

图5-36 设置选集

· 144 ·

图5-37 添加材质后的效果

图5-38 渲染效果

思考与练习题

1.利用轴心与旋转工具制作门、窗的开关及旋转楼梯模型。

2.思考变形器在建模中的作用。

第六章

材质基础

　　材质感是我们认识世界的最直观的感受，是一个虚拟模型是否真实的决定性因素。本章是对Cinema 4D材质系统的概述，旨在向读者展示丰富多彩的材质及其视觉效果是如何通过软件一步步实现的。

第一节　材质系统简介

Cinema 4D提供了快速灵活的材质系统，可通过程序性着色器快速为3D模型定义表面。在Cinema 4D的多层材质中，使用多层反射或独特的效果并结合各种着色器可获得极其写实的材质（见图6-1）。

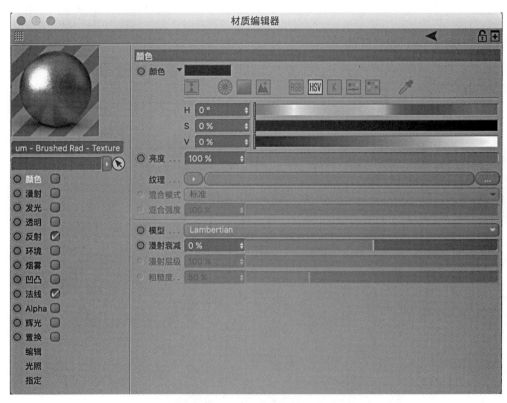

图6-1　易懂、整洁、强大、灵活的材质编辑器窗口

Cinema 4D的材质系统简单、易懂，材质通道通过其名称使窗口组织有序，只需简单地点击各通道即可调节自发光、透明度或置换，载入一张图片或着色器，调节一些滑杆。使用强大灵活的程序性着色器，使制作写实或非写实的纹理变得极其简单。

一、反射通道

在Cinema 4D的反射通道中，使用多层反射可创建具有物理学精度的材质。在漫射层的基础上添加金属粉末、各向异性划痕和清漆层，调节每层的粗糙度和强度，即可让材质全面反映出光源、环境的影响（见图6-2）。

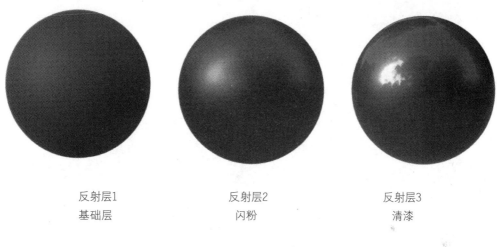

反射层1
基础层

反射层2
闪粉

反射层3
清漆

图6-2 多层材质

二、着色器

Cinema 4D中各具特色的着色器提供了众多选项，例如气泡或油膜表面的彩虹状薄膜、创建具有各种调节选项和预置参数的木纹或砖块。MoGraph与随机着色器使大量对象具有随机颜色和纹理变化成为可能。这些只是Cinema 4D强大灵活的着色器的功能的冰山一角（见图6-3）。

图6-3 逼真的材质效果

利用着色器强大的层选项，将反射与材质本身所提供的无穷无尽的选项结合起来，可创造令人难以置信的高度复杂、高度细节化的材质图（见图6-4）。

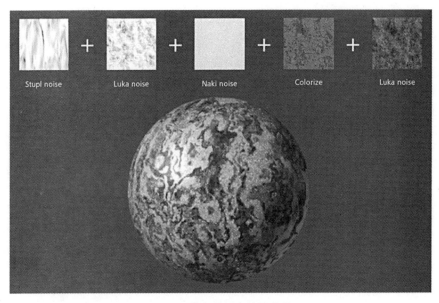

图6-4 着色器强大的层选项

第二节　材质初探

一、创建材质

创建材质的常用方法有以下几种：

方法一：执行"主菜单>创建>材质>新材质"（见图6-5）。

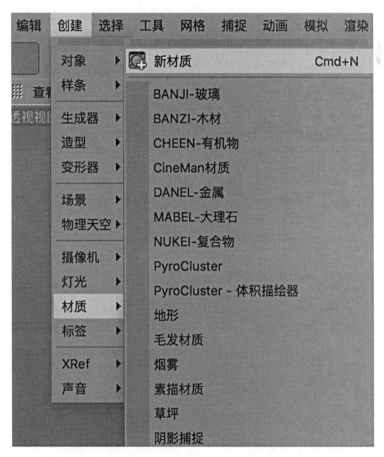

图6-5　通过主菜单创建新材质

方法二：执行"材质窗口菜单>创建>新材质"（见图6-6）。

图6-6　通过材质窗口创建新材质

方法三：在"材质窗口"空白处双击。

方法四：激活或将光标放到"材质窗口"并按Ctrl/command+N键。

二、材质赋予对象

方法一：选择对象，可以同时选择多个对象，再在"材质窗口"相应的材质图标上执行"右键>应用"。

方法二：在"材质窗口"中拖拽材质图标到对象上放开。

方法三：在对象编辑窗口中相应的对象上执行"右键>cinema4d标签>纹理"，为对象添加"纹理"标签。再在"纹理"的"标签属性"中点击"材质"右侧的箭头，然后在"材质窗口"点选需要的材质（见图6-7）。或者将"材质窗口"中的材质图标拖拽到对象编辑窗口中的"纹理"标签上放开即可。

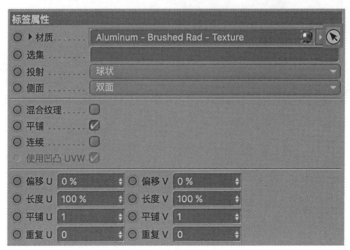

图6-7　通过标签属性赋予对象

在以上方法中，方法三虽有些烦琐，但却揭示了Cinema 4D材质系统的工作原理。材质系统是通过"纹理"标签与对象建立连接的。"纹理"标签不但可以确定哪个材质被应用于对象，还可以通过"选集"决定材质被应用于模型的哪一部分，通过"投射"决定以怎样的方式被应用于对象，通过"侧面"决定材质被应用于对象的正面、反面还是双面等。为一个对象添加多个材质，只需拖拽不同的材质图标到同一对象即可。软件会自动为对象添加多个"纹理"标签，默认最右侧的"纹理"标签为顶层，最右侧"纹理"标签加载的材质会覆盖其他"纹理"标签所加载的材质（见图6-8）。

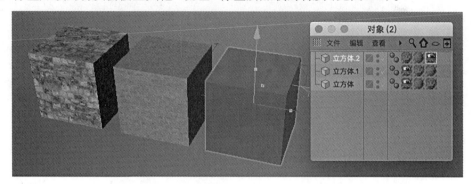

图6-8　多个材质标签作用于对象的效果

三、控制"颜色"通道

（1）打开第四章中的"逸品创艺"标志模型（见图6-9）。

图6-9　标志模型

（2）创建一个新材质，双击材质图标打开"材质编辑器"，如图6-10所示，左边栏为各个通道的名称，右边栏为所选通道的属性。在左边栏中点击相应的通道，右边栏就会显示其属性。勾选相应的通道使其起作用，默认勾选"颜色"和"反射"。

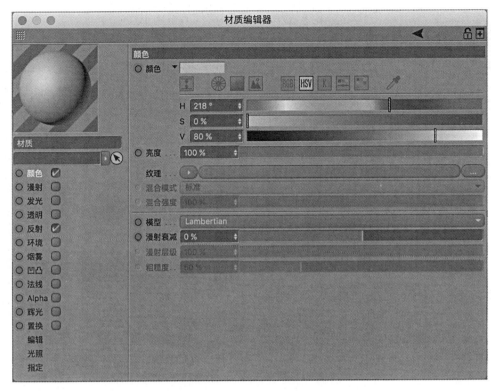

图6-10　材质编辑器

（3）根据设计图中的颜色调节材质颜色（见图6-11）。

图6-11　颜色参考图

在"材质编辑器"中，将颜色的V值调为"5%"，并将材质赋予设计图中所有黑色模型，包括"手框""眼眶""眼珠"3个模型。效果见图6-12。

图6-12　调节黑色

（4）创建标志底色材质，双击"材质窗口"空白处创建一个新材质，打开"材质编辑器"。为了能准确取到设计图中的颜色，单击图6-13中所示的按钮，打开"从图像取色"面板，并点击带"…"的按钮，载入标志的设计图（见图6-14）。

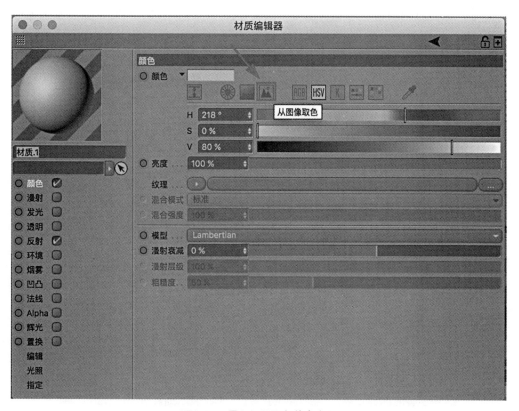

图6-13　导入用于取色的参考图

三维动画基础

图6-14　参考图导入颜色通道的状态

将图中白色圆圈移到想要颜色所在的区域，图6-14中左下角的色块就会变为相应的颜色。

单击左上角的"+"按钮，添加更多的取色圆圈（见图6-15）。

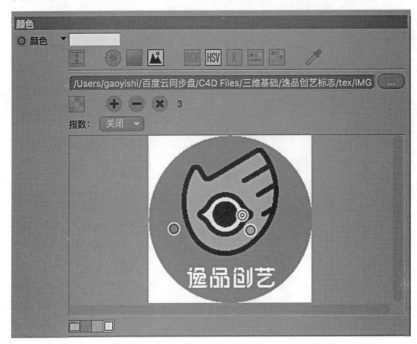

图6-15　在参考图中取色

（5）用同样的方法创建更多的材质，并应用于相应的模型（见图6-16）。

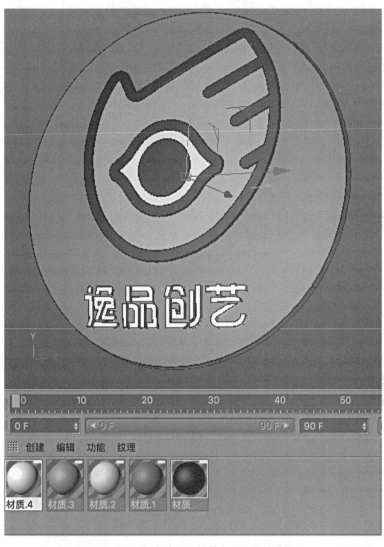

图6-16　完成效果及材质窗口中的材质球

第三节　材质编辑器

双击新建的材质球，打开"材质编辑器"。"材质编辑器"分为三部分，左侧上方为材质预览区，左侧下方为材质通道，右侧为通道属性（见图6-17）。

图6-17　材质编辑器各部分名称

1. 颜色

颜色：是指物体的固有色，可以选择任意颜色作为物体的固有色，Cinema 4D为用户提供了多种灵活而高效的取色方案，点击按钮可以激活相应的拾色面板（见图6-18）。

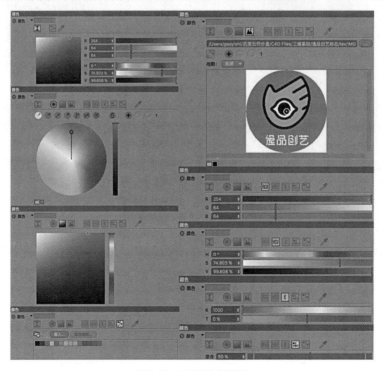

图6-18　不同拾色面板

亮度:亮度属性控制固有色的整体明暗度,可直接输入数值,也可以通过滑动滑块调节。

纹理:允许用户加载程序纹理或者贴图作为物体外表颜色,只要纹理属性加载了内容,就会激活混合模式和混合强度。

混合模式:控制颜色属性和纹理属性以怎样的模式混合。

混合强度:在"标准"混合模式下,值越大,结果越接近纹理属性;值越小,结果越接近颜色属性。

2. 漫射

漫射是指投射在粗糙表面上的光向各个方向反射的现象。其属性调节结果与颜色通道类似。

3. 发光

设置材质自发光的效果,用于模拟自发光物体,如火焰、岩浆等。默认情况下仅模拟自发光,不能像真实的自发光物体那样照亮其他物体。但是如果渲染时开启"全局光照",就可以模拟真正的自发光效果,可以作为光源使用(见图6-19)。

图6-19　发光效果

4. 透明

定义物体的透明度和折射率。透明度由颜色的明度信息和亮度属性定义。当物体全透明时,颜色通道不起作用;想要模拟有色的透明物体需使用"吸收颜色"和"吸收距离"属性来设置。折射是指光线穿过不同介质时其传播方向发生改变的现象,不同的物体有不同的折射率。因此通过设置不同的折射率可以模拟不同的透明物体。可以直接输入数值或在折射率预设中选择(见图6-20)。

图6-20　透明效果

5. 反射

反射是指光线碰到物体表面后方向发生改变的现象。此属性通过颜色明度值和亮度来定义物体的反射强度,也可以通过加载纹理来控制反射的强度和内容,还可以通过添加图层对反射做更为精细的设置。

6. 环境

在环境通道中可以使用各种纹理贴图来模拟物体在不同环境中的反射效果,其渲染速度更快。

7. 烟雾

烟雾通道一般配合环境对象使用,将材质赋予环境对象,可模拟烟雾笼罩的效果。通过颜色和亮度调节雾的颜色和亮度,可通过距离参数设置物体在烟雾中的可见距离(见图6-21)。

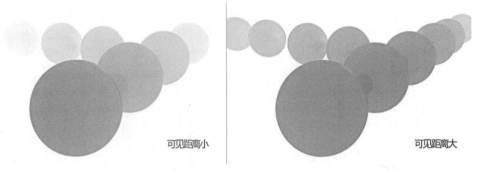

可见距离小　　　　　　可见距离大

图6-21　烟雾通道模拟不同能见度

8. 凹凸

该通道通过纹理贴图的明度信息来模拟物体凹凸不平的状态，表面强度参数定义凹凸的显示强度，加载纹理可以定义凹凸的形状。视差补偿使凹凸更具真实的遮挡关系。但是无论模拟得多真实，凹凸通道制造的依然是"假"凹凸，通过观看物体边缘轮廓即可辨认（见图6-22）。

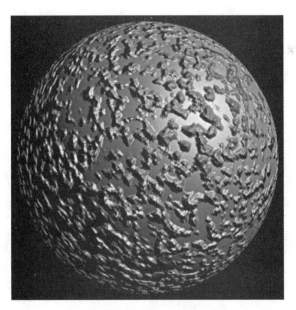

图6-22　凹凸通道效果

9. 法线

在法线通道的纹理项中加载法线贴图，可使低面数模型产生高面数模型的效果。法线贴图是从高精度模型上烘焙生成的带有3D纹理的特殊贴图（见图6-23）。

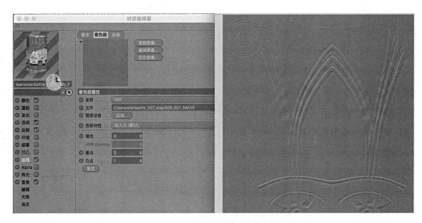

图6-23　法线通道及法线贴图

10. Alpha

Alpha通道通过贴图的黑白信息定义对象的显示和隐藏内容。贴图中全黑区域对应的模型部分隐藏，全白区域则显示。图6-24中，地图边缘残破的形状就是通过Alpha通道来制作的。

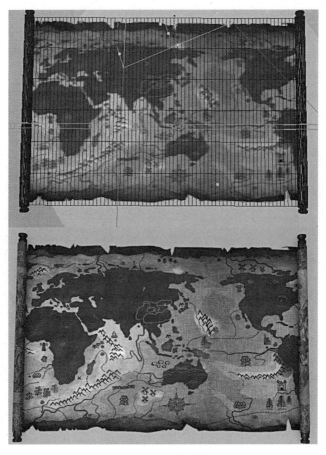

图6-24　Alpha通道效果

11. 辉光

辉光通道一般用于模拟物体发光发热时光向物体外溢出的状态，如霓虹灯、岩浆等。配合发光使用可以得到很好的效果（见图6-25）。

图6-25　辉光通道效果

12. 置换

置换通道通过纹理贴图扭曲模型，从而制造真实的凹凸细节。与凹凸通道相比，置换通道可以极大地改变模型形状，但会耗费更多的计算时间。图6-26为模型效果与加载置换通道后的渲染结果。

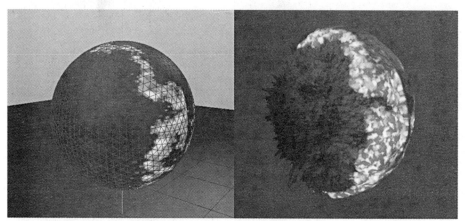

图6-26　置换通道效果

13. 编辑

在编辑面板中，可以对材质预览效果进行设置（见图6-27）。

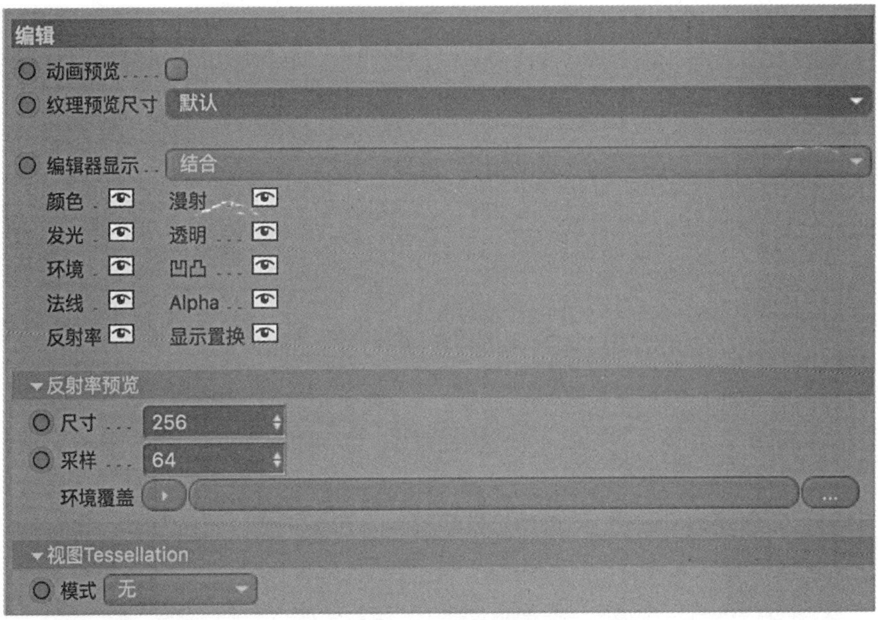

图6-27　编辑面板

动画预览：勾选该项可以在视图中预览带动画的纹理效果。

纹理预览尺寸：设置纹理在视图中的预览精度。

编辑器显示：设置材质通道相应效果是否在视图预览中显示。

反射率预览：设置反射在视图中的精度，需在"视图菜单>选项"中打开"增强OpenGL"和"反射"。"尺寸"控制反射纹理在视图中的显示精度；"采样"控制反射粗糙在视图中的显示精度（见图6-28）。

图6-28　反射率预览中不同尺寸与采样效果

视图Tessellation：设置置换通道的效果在视图中的显示精度，需同时打开"视图菜单>选项"中的"增强OpenGL"和"Tessellation"，如图6-29所示。

图6-29　置换贴图在场景中的显示效果

14. 光照

该属性面板控制场景中光照参与全局光照、焦散的相关设置。

15. 指定

此面板显示该材质所赋予的对象列表。

第四节　纹理标签

当为对象指定了材质后，在对象窗口中相应材质后会出现材质标签；也可以通过"右键>Cinema4D标签>纹理"创建"纹理"标签。如果对象被指定了多个材质，会出现多个纹理标签（见图6-30）。可以说"材质"标签就是"材质"和"对象"的桥梁，"材质"装在"材质"标签中，通过"材质"标签所定义的方式作用于"对象"。

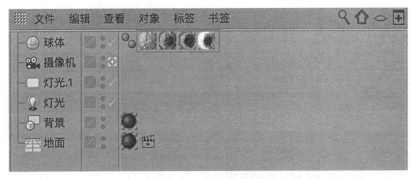

图6-30 多个纹理标签

单击"纹理"标签,"属性窗口"中将显示"标签属性"(见图6-31)。

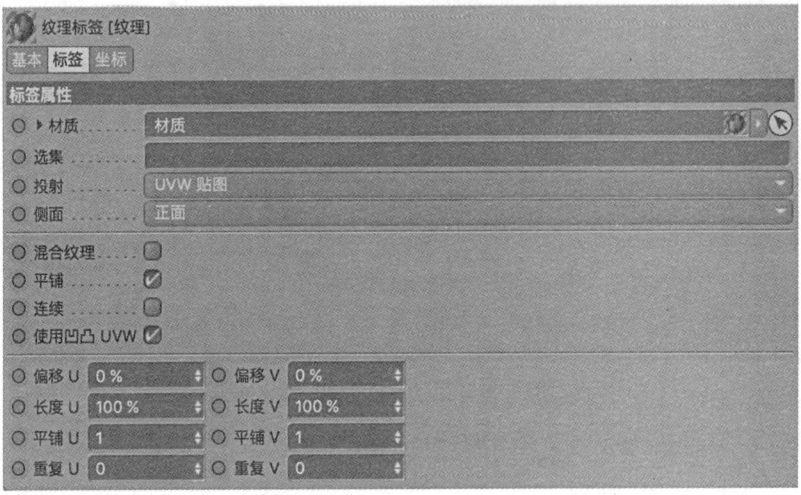

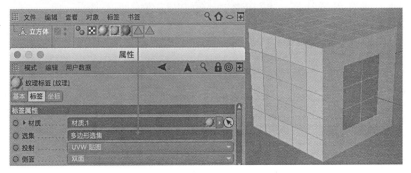

图6-31 标签属性

材质:点击名称左边的黑色小三角,可以展开材质的属性,可以在这里对材质的所有通道及属性进行设置,它相当于一个迷你版的材质编辑器。右边是当前加载的材质名称。单击最右侧的箭头,可以选择其他材质来替换当前材质。

选集:如果对象创建了多边形选集,可以把多边形选集标签拖拽到此栏,这样该标签中所加载的材质就只运用于多边形选集所包含的面(见图6-32)。

图6-32 为材质标签指定不同的选集

提示：选集的特殊用法

（1）在场景中创建一个文本对象，添加一个"挤压"生成器，将"顶端"和"末端"都改为"圆角封顶"（见图6-33）。

图6-33 创建文本模型

（2）创建一个新材质并指定给"挤压"生成器（见图6-34）。

图6-34 为模型指定新材质

（3）再创建一个新材质，将材质颜色设置为蓝色并指定给"挤压"生成器。选择新创建的纹理标签属性，在选集栏输入"C1"，注意字母为大写。此时蓝色材质球被应用于正面封顶，效果见图6-35。

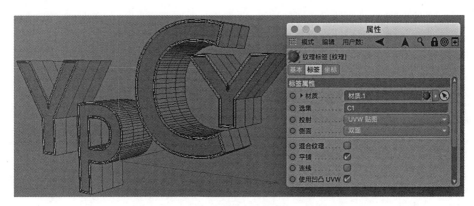

图6-35　创建蓝色材质并指定为封顶区域

（4）再创建一个新材质，将材质颜色设置为绿色并指定给"挤压"生成器。选择新创建的纹理标签属性，在选集栏输入"C2"，此时绿色材质被应用到了背面封顶，效果见图6-36。

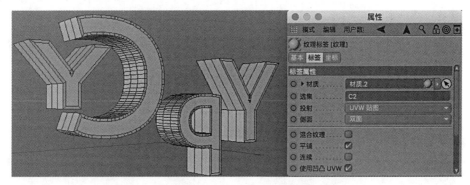

图6-36　创建绿色材质并指定为封顶背面区域

（5）在选集栏中输入"R1"，则材质被应用于前圆角；输入"R2"，则材质被应用于后圆角，效果见图6-37。

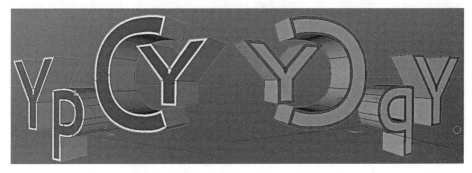

图6-37　创建不同颜色并指定到对应的区域

通过以上操作，可以在没有将"挤压"生成器转换为可编辑对象的情况下为其正面、背面、侧面、正面圆角和背面圆角指定不同的材质。这是因为"挤压"生成器自带了选集，正面选集为"C1"，背面选集为"C2"，正面圆角选集为"R1"，背面圆角选集为"R2"。

投射：当材质中任意属性加载了纹理贴图后，就需要通过"投射"中的选项来定义贴图以何种方式投射到对象上了。可供选择的投射选项有球状、柱状、平直、立方体、前沿、空间、UVW贴图、收缩包裹和摄像机贴图（见图6-38）。

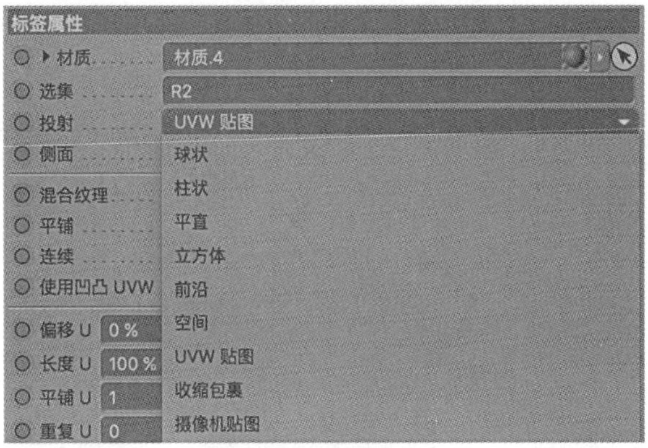

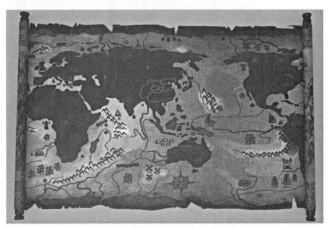

图6-38　投射类型

侧面：可以设置材质被用于正面、背面还是双面。可以在一个对象上应用两个材质，分别设置为正面和背面，实现双面材质效果（见图6-39）。

图6-39　为模型正、背面指定不同材质

第五节　三维绘制简介

程式化的操作与各种软件资源可以快速地带来结果，但是完美往往体现在对细节的操作上，所以如果想得到一个高精度像素级的贴图，没有什么办法可以比直接在三维模型上绘制贴图更加完美了。有了 BodyPaint 3D 和Projection Man工具, 只需简单使用几个笔刷, 就可以得到高质量的自定义贴图。

1.BodyPaint 3D

Cinema 4D提供了终极的控制方案, 其中就包括完整的层系统、滤波器以及数位板支持。这些方案都为在三维场景下的工作做出了优化。仅用一个笔刷就可以绘出一种材质而非单一颜色, 并且还可以在多达10个通道上使用单一描线进行绘画。投影绘景工具可以在UV接缝上绘画, 甚至可以在同一个场景中对不同物体进行贴图绘制的操作 (见图6-40)。

图6-40　贴图效果

2.Projection Man

Projection Man工具既可以优化数字绘景的工作流程, 又可以为数量众多的物体绘制材质贴图。这一工具使得绘画的初始步骤变得简单, 并且使数字绘景工作也变得相当容易。Projection Man工具会计算三维场景中有待数字绘景的基板、几何体与摄像机的位置。可以使用 Cinema 4D 内的绘画工具来进行绘制, 或者使用 Adobe Photoshop 绘制好后将其导入到 Cinema 4D 的相应材质通道。Projection Man工具将会实时地将这些贴图投影至几何体上。

思考与练习题

1.为第四、五章中所建模型创建新材质并调节颜色。

2.思考凹凸、法线和置换通道的不同点。

>>>> **本章知识点**

帧的概念

帧速率及关键帧

记录关键帧

动画曲线

>>>> **学习目标**

理解帧、帧速率及关键帧的概念

掌握记录关键帧的方法

识别不同关键帧状态下的图标

理解动画曲线

　　本章阐述了动画技术的基本单位——帧及其相关概念，并介绍了
Cinema 4D中用于动画的常用界面、记录关键帧的方法以及不同关键帧
状态下的图标样式；同时通过图例讲解了如何使用不同动画曲线控制动
画的匀速、加速、减速和缓入缓出。

第一节　关键帧

一、帧

　　在解释"关键帧"之前，首先要知道什么是"帧"。"帧"的概念来源于摄像机。摄像机是人们为了记录运动而发明的设备，摄像机本质上就是一台能够快速连续拍摄的照相机，其记录的视频的本质依然是静止的图像。这些使用摄像机按照移动的速率拍摄下来的静止图片就是"帧"。当我们将这些静止图片使用另一台设备（放映机等）按照相同的速率进行播放的时候，由于人眼的"视觉暂留"特性，我们就能感受到所记录的运动。

二、帧速率

　　如果将现实中的运动理解为连贯的曲线，那么摄像机通过一定速度所拍摄的静止图片则可以被理解为从曲线上取的点。拍摄速率越高，点就越密集，也就越能精确还原曲线（见图7-1）。帧速率越高，对运动的记录就越精确。

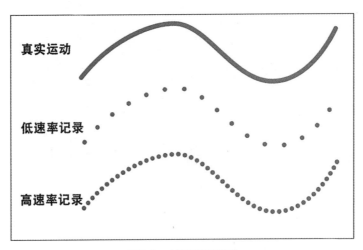

图7-1　帧速率示意图

常见的帧速率有：电影24帧/秒、PAL制式25帧/秒、NTSC制式30帧/秒。要使静止图像产生"连贯"的运动效果，帧速率不能低于8帧/秒。随着技术的发展，摄像机的帧速率也在不断提高，先后出现了48帧/秒、60帧/秒和120帧/秒等帧速率。由李安指导的2016年上映的电影《比利·林恩的中场战事》就是采用120帧/秒的帧速率进行拍摄的（见图7-2）。

图7-2　电影《比利·林恩的中场战事》海报

就拍摄而言，人们只需要通过提高技术来不断提高帧速率，就可以记录越来越精细的影像。但是如果要制作动画，特别是早期的二维动画，因为每帧都需要手工绘制，所以一味地追求高的帧速率显然是不可取的。基于效率的考虑，在制作动画时就需要在画面流畅度（提高帧速率）和成本（降低帧速率）之间取得平衡。比如，通过动画人的实践发现，要使静止图像产生"连贯"的运动效果，帧速率不能低于8帧/秒。Flash播放技术使用的就是8帧/秒的帧速率。

三、关键帧

为了能够更高效地把握现实中的运动，人们通过研究发现，复杂的运动可以被分解为简单的运动，其分界点就是运动性质发生改变的那一瞬间。关键帧记录了运动性质发生改变的一瞬间。例如：小球从A点运动到C点，中途经过B点（见图7-3）。小球在A点的状态记录了从静止到运动的关键变化，小球在B点的状态记录了运动方向发生改变的关键变化，小球在C点的状态记录了从运动到静止的关键变化。从A到B、从B到C，运动的性质没有发生改变，这些帧就被称为中间帧。

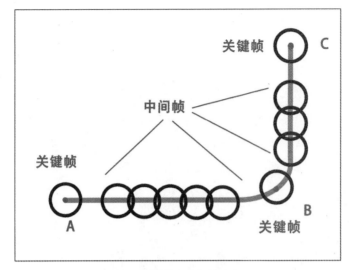

图7-3　关键帧与中间帧示意图

在一个复杂运动中，准确定义关键帧的时间和状态，也就准确定义了运动本身，这在动画制作中至关重要。因此，在2D动画制作的过程中，绘制关键帧的技术难度要高于绘制中间帧，其价格也高于中间帧。而在3D动画中，关键帧的设置是动画创作者与计算机沟通的桥梁。当三维软件中的动画关键帧被设定好后，软件就会自动计算出中间帧，从而提高制作效率。

第二节　动画界面及窗口

在Cinema 4D操作界面的主菜单最右侧，可以从"界面"的下拉菜单中选择"Animation"切换到动画界面，以便进行动画制作（见图7-4）。

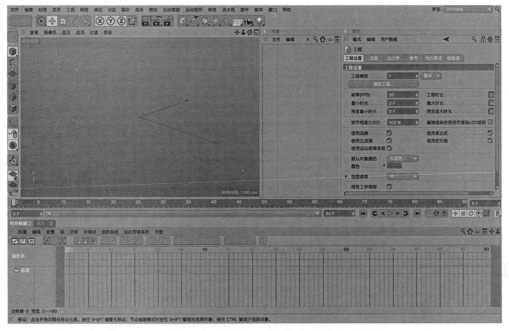

图7-4 Cinema 4D动画界面

动画界面较默认界面多了"时间线窗口",点击时间线窗口右上角的3个按钮可以切换"摄影表""函数曲线模式"和"运动剪辑"3个窗口(见图7-5)。

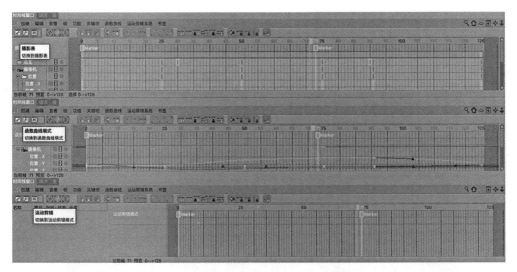

图7-5 摄影表、函数曲线模式和运动剪辑窗口

一、摄影表

　　使用摄影表能够清楚地查看一段动画中所有关键帧的时间间隔，并且能够轻松地对其进行调节，从而重置动画节奏。双击关键帧还可以重置当前数值。通过展开侧面的列表还可以查看和编辑动画曲线（见图7-6）。

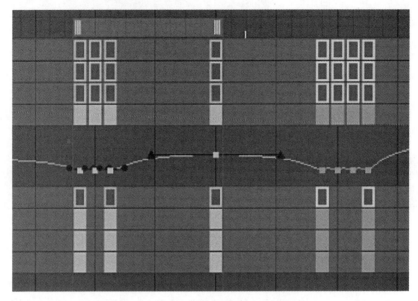

图7-6　关键帧和曲线在摄影表中的显示

二、函数曲线

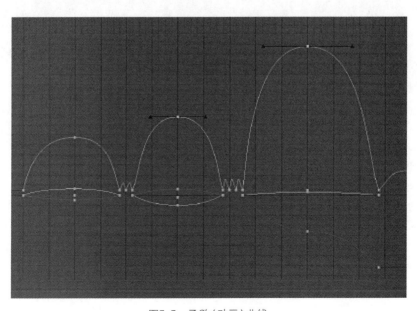

图7-7　函数（动画）曲线

函数曲线窗口是动画制作中最常用的窗口。函数曲线又被称为动画曲线，为动画关键帧插值提供更多细节。在函数窗口中可以检视动画，有经验的动画师可以仅仅通过检查动画曲线就能发现动画的问题所在，还可以通过编辑动画曲线来微调动画效果（见图7–7）。

三、运动剪辑

运动剪辑窗口用于将创作完成的动画进行非线性混合应用，还可以用于重置动画时间和循环播放（见图7–8）。

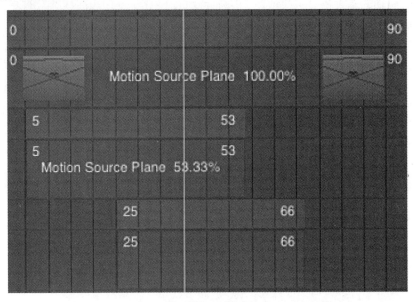

图7–8　运动剪辑

第三节　记录关键帧

常用的记录关键帧的方法主要有5种：

方法一：选择需要创建关键帧的对象，执行"主菜单>动画>记录活动对象"。这种方法可以将所选对象在当前帧的"移动""旋转"和"缩放"的数值记录为关键帧。

方法二：选择需要创建关键帧的对象，按快捷键F9。此操作的效果与方法一一致。

方法三：选择需要创建窗口的对象，在属性窗口中任意属性的左侧，只要有灰色小圆的，该属性就能设置关键帧，方法是按住Ctrl键点击小圆。此时该属性的灰色小圆变成了红色实心圆，说明该属性在当前帧上被记录为了关键帧（见图7–9）。

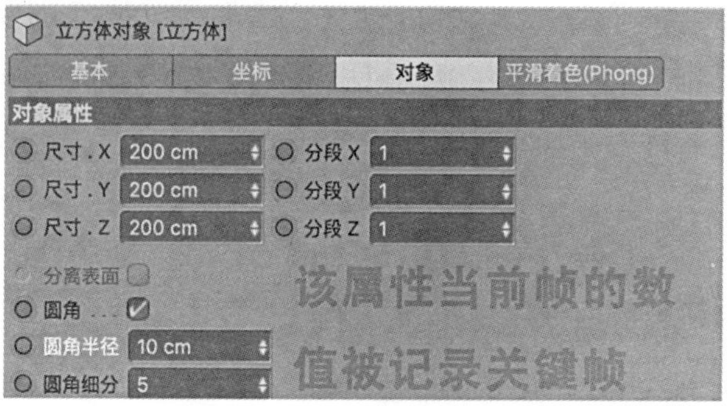

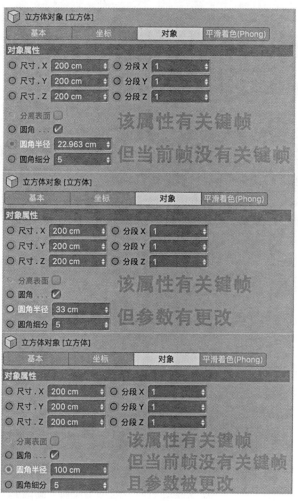

图7-9 该属性当前帧为关键帧

　　当时间轴的指针位置被更改时，小圆会变成红色空心圆；当属性参数被更改时，小圆会变成黄色实心圆；当两者都被更改时，小圆会变成黄色空心圆（见图7-10）。

图7-10 不同关键帧状态

在Cinema 4D中，几乎所有属性参数都能记录关键帧，因此本方法较常用。

方法四：按住Ctrl键，在"时间轴"上点击来创建关键帧。

方法五：在"摄影表"窗口和"函数曲线模式"窗口的相应属性列表中按住Ctrl键后点击。

第四节　理解动画曲线

动画曲线最主要的功能是控制运动速度。关键帧也能控制速度。比如，同样的时间间隔，变化幅度越大则速度越快；同样的变化幅度，所用时间越短则速度越快。通过关键帧控制的速度实际上是平均速度，也就是假设关键帧之间是匀速运动。但现实生活中的运动多为变速运动，即加速运动和减速运动。这就需要通过动画曲线来实现了。

那么，如何快速理解动画曲线呢？

让我们先来理解匀速运动的图表。在图7-11中，纵轴表示数值，横轴表示时间，当对象做匀速运动时，关键帧之间以直线连接。从图中不难看出，1的速度最快，因为在同样的时间中，1的数值变化最大。由此可以推出，倾斜度越接近水平（时间轴），速度越慢；越接近垂直（数值轴），速度越快。

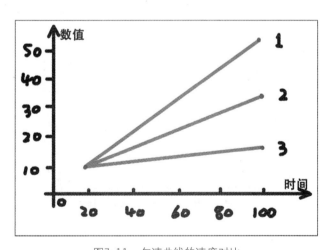

图7-11　匀速曲线的速度对比

图7-12中的曲线可以理解为两段直线。比较两段直线，1更靠近数值轴，速度较快；2更靠近时间轴，速度较慢。因此，1到2就是速度从快到慢的运动，也就是减速运动。图7-13中的曲线表示的是从慢到快的加速运动。

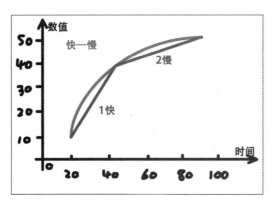

图7-12　由快变慢的曲线

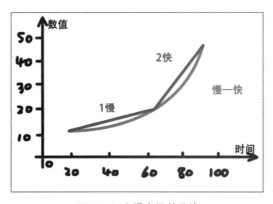

图7-13　由慢变快的曲线

　　同理,图7-14中的曲线可以理解为三段直线。其运动速度为先慢后快再慢,也就是先加速后减速。

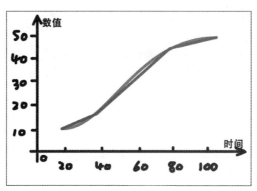

图7-14　缓入缓出曲线

■ **思考与练习题**

1.比较不同记录关键帧的方法在使用中的差别。

2.使用球体分别模拟篮球、乒乓球和铅球自由落体时的弹跳效果。

第八章 写实人物建模

　　在生物体建模中,头部及手是视觉的重点,它们往往也是创建这类模型的难点所在。学习生物建模一般以我们熟悉的人的头及手为起点。熟练掌握这部分的建模方法可以为所有生物类模型的创建打好基础。

第一节　建模方法及步骤分析

本节主要讲解卡通人物头部建模方法。关于人物头部建模的方法有很多，但是其基本思路都大同小异，大致可归为两类：第一类是整体渐细法，即从整体着手，通过不断地加线和调点来细化模型；第二类是局部拓展法，即从某个局部开始不断拓展直至完成整个模型。这两种建模方法各有优缺点，对于成熟的建模师来说，两种建模思路都应该掌握，并且要根据不同的情况来灵活使用。笔者在长期教学实践中发现，大多数初学者对于整体渐细法都感到无所适从。因为初学者往往比较容易注意细节而不容易关注较抽象的整体。针对这种情况，建议初学者使用局部拓展法。针对初学者整体观念不足的问题，可以通过使用参考图的方式来帮助其建立整体感。

本节主要是用局部拓展法建模，同时配合使用 草绘描绘工具来绘制模型拓展思路。在开始建模之前，通过图8-1至图8-3来了解建模的步骤，以保证能在具体而细碎的建模操作中保持清晰的思路。

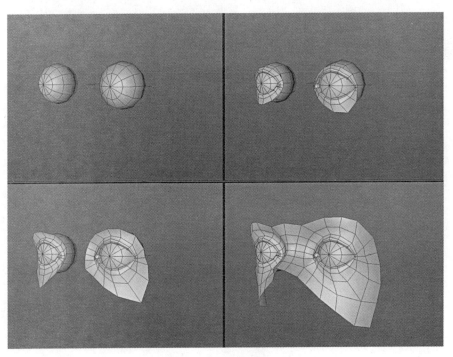

图8-1　头部建模过程(1)

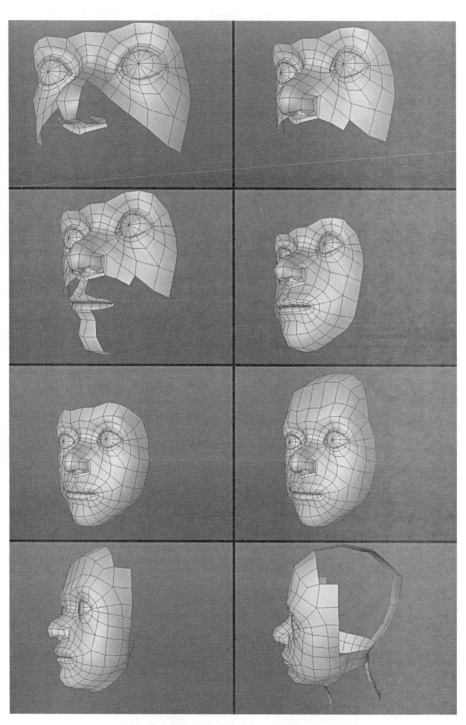

图8-2　头部建模过程（2）

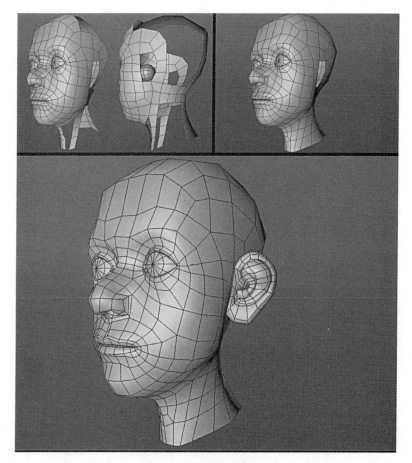

图8-3　头部建模过程（3）

第二节　头部模型创建

一、创建眼球

（1）长按 图标，在弹出窗口中（见图8-4）选择"球体"。

图8-4　参数几何体

（2）在属性栏中将"分段"改成12，在坐标栏中把旋转的P值改成90，这样可以让球体的极点转到前面，有利于用极点的位置来创建眼珠（见图8-5、图8-6）。

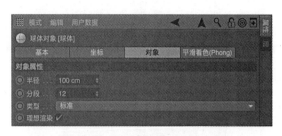

图8-5 调节球体属性

图8-6 将球体P值改为90

（3）长按 图标，在弹出窗口（见图8-7、图8-8）里选择"对称"，并将"球体"作为"对称"的子物体。

图8-7 创建对称   图8-8 对称复制球体

（4）选中"球体"并用"移动工具"向X轴正方向移动，会发现"对称"功能已经将"球体"复制成2个，并且它们的位置是相对X轴对称的。调整"球体"的距离到合适的位置，眼球的距离大约是眼球的直径（见图8-9）。调好距离后将"球体"重命名为"眼球"（见图8-10）。

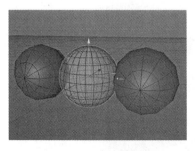

图8-9 眼球放置位置

提示：
图中中间球体为示意参照物，实际操作中可大致确定相应的距离。

图8-10 重命名为"眼珠"

（5）点击图标创建"细分曲面"，并将"对称"作为"细分曲面"的子物体，其层级关系见图8-11。

图8-11 细分"眼珠"

二、创建眼部

（1）长按图标，在弹出窗口中选择"圆盘"，在坐标栏中把旋转的P值改成90，在"圆盘"的"对象属性"中修改"内部半径"为60、"外部半径"为100、"圆盘分段"为1、"旋转分段"为12，并将"圆盘"的位置对准左眼正前方。

（2）将"圆盘"作为"眼球"的子物体（见图8-12），这样"圆盘"就继承了"眼球"的对称属性和细分属性。

图8-12 创建圆盘并将其作为眼珠的子对象

（3）按C键将"圆盘"转为可编辑对象，切换到"点"模式，鼠标在视图中选择磁铁工具，通过调点来塑造眼皮的形状（见图8-13）。

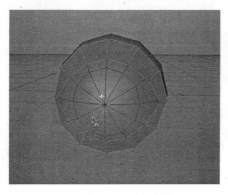

图8-13 创建眼皮造型

（4）切换到面模式，选择所有眼皮的面，鼠标在视图中右键选择 ▣ 挤压工具（勾选"创建封顶"选项），挤出眼皮的厚度（如图8-14所示）。隐藏眼球，将眼皮背后一圈面删除（见图8-15）。

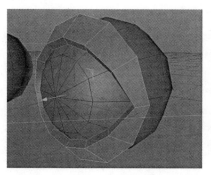 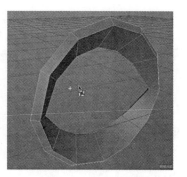

图8-14　挤出眼皮厚度　　　　　　图8-15　删除所选面

（5）切换到边模式，选择眼皮最外一圈的边（见图8-16），使用 ▣ 挤压工具挤出一圈面，并调整造型（见图8-17）。

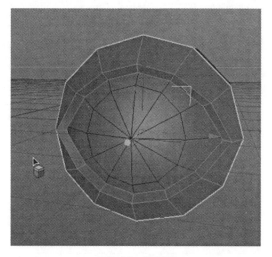

图8-16　选择边

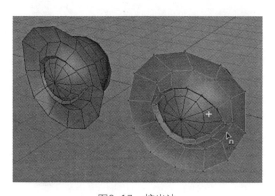

图8-17　挤出边

（6）鼠标在视图中右键选择 ✏ 切刀工具，在内眼角添加边，使用 🧲 磁铁工具调节内眼角造型（见图8-18）。需要注意的是，加边和调点要交替进行，加边让模型有更大可调性，调点能塑造模型细节。另外，在调某个局部造型时要注意其周围的点也要配合着调节，才能塑造出好的造型。建模的大多数时间和功夫都花在调点上。

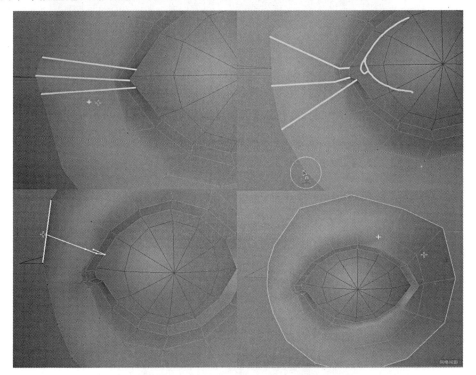

图8-18　调节内眼角布线及造型

（7）制作"泪腺"细节。将内眼角内侧3个面删除（见图8-19），使用切刀工具在眼皮底面增加循环边（见图8-20）。再将眼皮底部的3个面删除（见图8-21）。

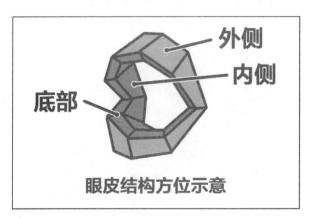

图8-19　眼皮结构方位示意图

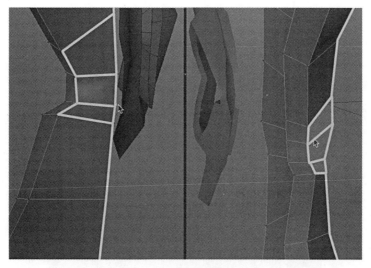

图8-20　调整内眼角布线（1）

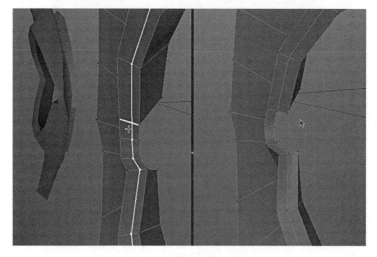

图8-21　调整内眼角布线（2）

（8）切换到边模式，鼠标在视图中右键选择 ▣ 桥接工具，将图8-22所示位置的面依次补上。图8-23为结构的展平示意图。

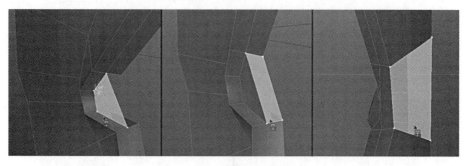

图8-22　创建泪腺造型

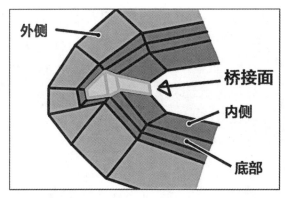

图8-23　内眼角布线示意图

桥接后的效果见图8-24。

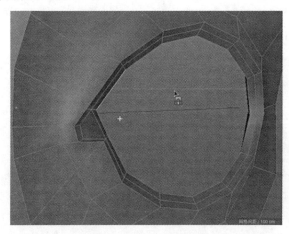

图8-24　眼角完成效果

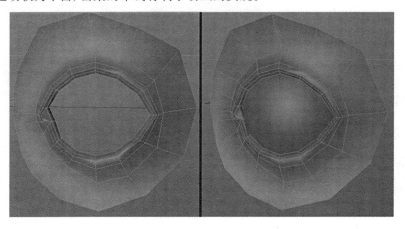

图8-25　增加眼皮周围布线

（9）继续调节眼部造型并使用 切刀工具增加眼眶周围的线。对比图8-24与图8-25可以发现，增加的边集中在眼皮边缘，其目的是塑造饱满的眼皮造型；同时，这个区域的运动较为丰富，密集的布线有利于动画的实现。

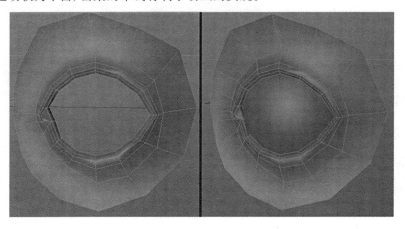

图8-25　增加眼皮周围布线

三维动画基础

（10）切换到边模式，选择图8-26所示的边，使用 ⬚ 挤压工具挤出鼻梁的面。

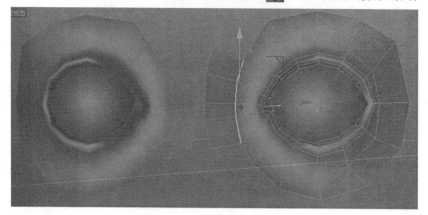

图8-26　挤出鼻梁的面

在坐标栏中把中间的边的"尺寸X"和"位置X"改为0，这样可以使中间的边完全贴合（见图8-27）。

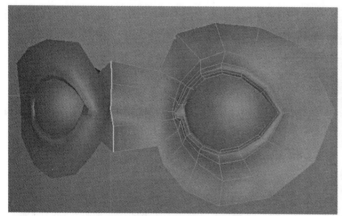

图8-27　调节鼻梁点的X坐标为0

图8-28　设置对称属性

提示：

在"对称"对象属性里勾选"在轴心上限制点"和"删除轴心点上的多边形"选项，可以为我们下面的建模提供很大的便利。其作用分别是：1.把模型中间的点限制在对称平面上；2.当使用挤压工具挤出对称轴两侧的面时，会自动删除对称轴上多余的面（见图8-28）。

（11）继续使用 ⬚ 磁铁工具调整造型，在调整的过程中可以使用菜单中的"工具>草绘>草绘 ⬚ 描绘"来绘出模型的大致效果（见图8-29）。这样可以有效地帮助我们建立模型的整体。

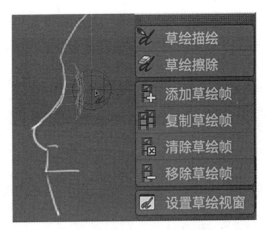

图8-29　使用草绘描绘确定脸的造型

（12）继续使用 挤压工具和 多边形画笔工具向外拓展模型。拓展过程中要注意模型的布线和造型调节。眼部完成效果见图8-30。通过图8-31可以清楚看到眼部模型的布线结构：红色区域是以瞳孔为中心向外扩散的同心圆结构；蓝色区域是从鼻子侧面转到眉弓骨底面、再转到眉弓骨前面、再到脸的侧面的连续4边面，是塑造眼部周围结构的最重要区域；紫色区域既用于塑造颧骨造型，又用于眼部与鼻子、嘴巴布线结构的分界。3条红线是重要的结构线，它们都是从眼球向外延伸、停止于5星点（绿色点）的，5星点一般出现在结构交汇处，如，绿色、蓝色和将要创建的额头区域交汇于1点，红色、紫色和蓝色交汇于2点和3点。

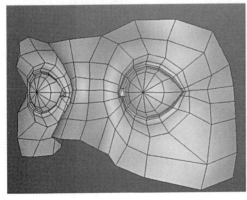

图8-30　眼部完成效果

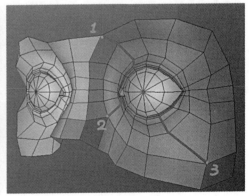

图8-31　眼部布线分析

提示：

为了能清楚地看清布线，可以在"属性栏>模式>工程"中，将"默认对象颜色"改为"80%灰色"，这样模型会显示为灰白色。建模过程中交替使用"蓝灰色"和"80%灰色"，还可以起到缓解眼部疲劳的效果。

鼻子是脸部的中心，在布线和造型中都起到连接眼部和嘴部的作用，因此在制作鼻子模型时要注意它和眼部的关系。随着模型的逐渐扩展，整体感变得越来越重要。初学者在制作过程中往往容易陷入细节而无暇顾及整体。使用 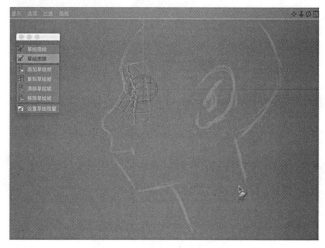 草绘描绘随时对接下来的造型进行"预演"，是帮助初学者建立整体感的有效途径。

（1）绘制模型草图。进入侧视图，使用 草绘描绘，勾勒出卡通角色的侧面效果（见图8-32）。在透视图中也可以使用 草绘描绘对接下来要创建的模型进行"预演"，做到对模型整体胸有成竹（见图8-33）。

图8-32　在侧视图绘制头部整体造型

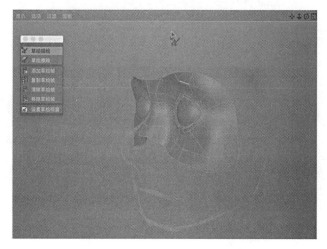

图8-33　在透视图绘制头部整体造型

（2）创建鼻头。选择鼻子正面的边（见图8-34），使用 挤压工具挤出鼻头轮廓（见图8-35）；调整鼻子造型（见图8-36）。

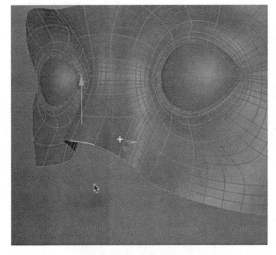

图8-34　选择相应的边

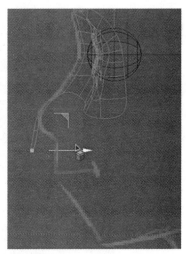

图8-35　挤出鼻头造型

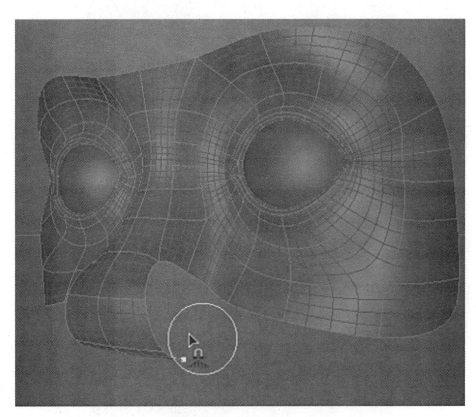

图8-36　鼻头造型

（3）创建鼻孔。选择鼻子底面的边，挤出鼻孔所在的平面（见图8-37）。

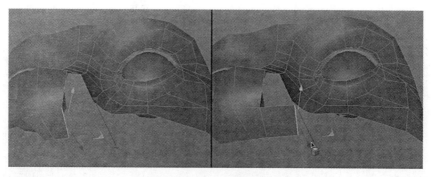

图8-37 挤出鼻孔位置

提示:

在不断的挤出面或加边的过程中,要随时对造型进行调整。特别是鼻子与眼部中间地带的点,这些点在创建眼部时就已经创建出来,但其位置并没有确定,要在创建鼻子时进一步调整从而确定下来。

切换到面模式,选择鼻孔平面,使用  内部挤压工具挤出鼻孔造型(见图8-38)。

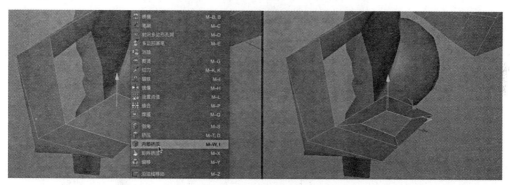

图8-38 创建鼻孔

· 193 ·

加边并调整鼻孔的造型(见图8-39)。

图8-39 调节鼻孔造型

（4）创建鼻翼。选中鼻孔侧面2条边，挤出鼻翼的面，调整点的位置以塑造鼻翼造型，调整时注意和眼部线条的呼应（见图8-40）。

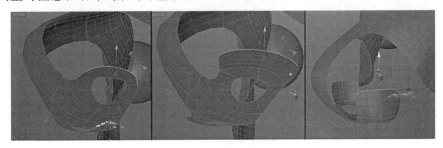

图8-40　挤出鼻翼

通过调整，鼻翼的形状渐现雏形，再使用 多边形画笔工具将鼻翼的空白面补上（见图8-41）。

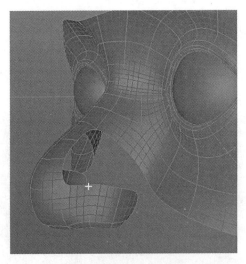

图8-41　鼻头完成效果

（5）完成鼻子创建。继续使用 多边形画笔工具将对应的面进行缝合。完成效果见图8-42。

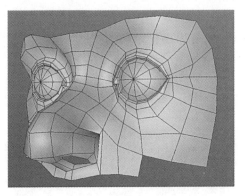

图8-42　鼻子完成效果

眼鼻的布线结构看着复杂，但其基本规律却并不复杂。首先要学会区分区域，如图8-43所示，绿色是眼部的区域，红色是鼻子的区域，紫灰色是眼鼻分界区域。对于鼻子的结构，要注意区分朝向和抓住结构点。如图8-44所示，天蓝色是鼻子的前面，橙色是底面，红色是鼻翼，紫色区域虽然很小，但很重要，它起到倒角的作用，法令纹的效果主要由这个区域塑造。鼻翼的结构重点在于3星点（图中黄点），它揭示了鼻翼结构的转折，可以把鼻翼想象成立方体。图中蓝点为5星点，它是眼部、鼻子和脸颊3部分结构的交点。

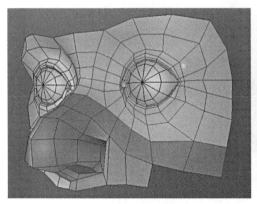

图8-43　脸部布线区域

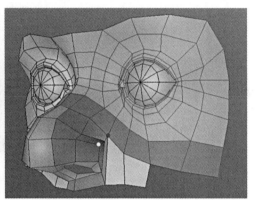

图8-44　脸部布线分析

四、嘴部建模

嘴部模型的布线与眼睛的布线类似，其横向的线是以嘴为中心的同心圆，纵向的线是以嘴为中心的放射线。在创建嘴部模型时，要先忽略嘴唇的起伏等细节形状，构建嘴部同心圆，并通过这些点将嘴及其周围的造型塑造出来。同心圆的范围将会延伸到脸和下巴。

（1）使用 多边形画笔工具挤出鼻子和嘴的连接面，并向两侧挤出嘴唇的轮廓。挤出时注意将布线调整成放射状，同时注意和脸的线有所呼应（见图8-45）。

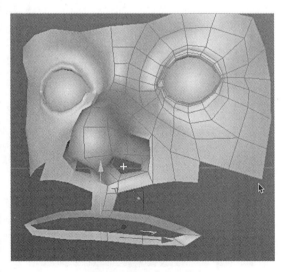

图8-45　挤出嘴唇内轮廓

（2）继续使用 ✐ 多边形画笔工具向外拓展面，并使用 ◔ 磁铁工具调整造型，做出嘴的同心圆布线结构（见图-46）。

（3）使用 ✐ 多边形画笔工具将嘴的放射型边与对应的脸部边进行缝合，在边不够时使用 ✎ 切刀工具增加边（见图8-47）。

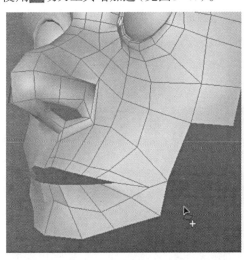

图8-46　挤出嘴部区域

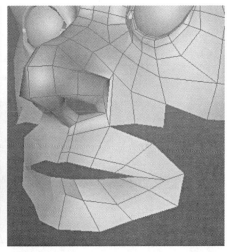

图8-47　缝合脸部的点

（4）将从鼻翼处延伸下来的面绕着嘴的同心圆结构拓展至下巴处，再把从眉弓骨到脸的侧面延伸下来的面向下拓展到下巴，并调整造型（见图8-48、图8-49）。

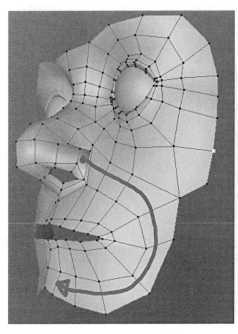

图8-48　挤出口轮匝肌的面

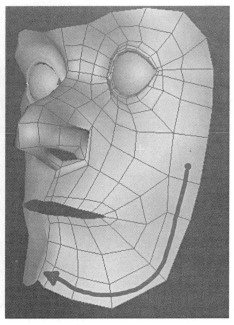

图8-49　挤出脸颊到下巴的面

（5）使用 磁铁工具进行造型的综合调整。此时不要过于关注嘴唇的细节，而要注意嘴周围的结构，包括口轮匝肌、脸、下巴、下颌骨等结构。在调整造型的过程中可根据需要添加横向边（见图8-50）。

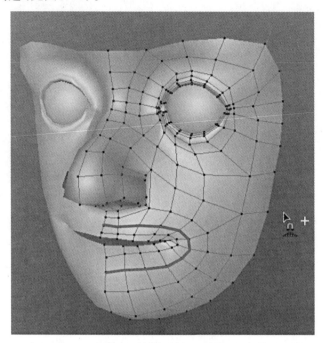

图8-50　为嘴唇插入更多的边

（6）进入边模式，选择嘴的最内一圈边，使用 挤压工具挤出嘴唇的造型（见图8-51）。将视图转到模型内部，调整嘴唇造型。要特别注意嘴角的点，一般情况下，通过挤出操作，嘴角的点往往呈交叠的状态，需要通过调点来修正（见图8-52）。

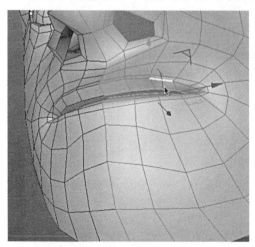

图8-51　选择图中的边向内挤出

图8-52　调节嘴角的点

（7）在嘴唇上增加边，以塑造嘴唇细节（见图8-53）。调点后效果见图8-54。

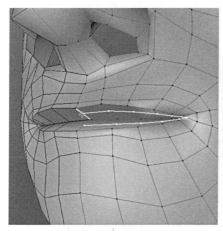
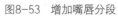
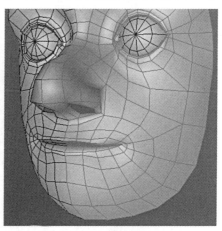

图8-53　增加嘴唇分段　　　　　　　　　　图8-54　嘴部完成效果

五、头骨和颈部建模

与脸部的造型相比，头骨的造型较简单，基本上呈球形，只需继续向外挤出面，并调节点的位置就能轻松完成。但是在挤出时也要注意先后顺序。用球体来举例，一般要先把沿着球体结构线的面挤出，再将中间镂空的面补上（见图8-55）。

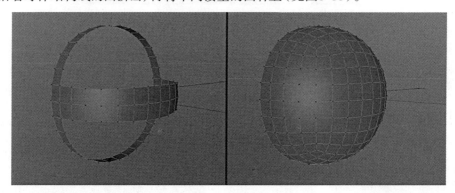

图8-55　建模思路

头骨和颈部的建模都遵循类似的原则——先结构面，后补镂空（见图8-56、图8-57）。

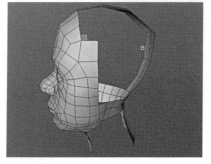
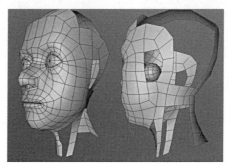

图8-56　挤出头骨造型　　　　　　　　　　图8-57　挤出耳朵周围区域

头骨和颈部完成效果见图8-58。

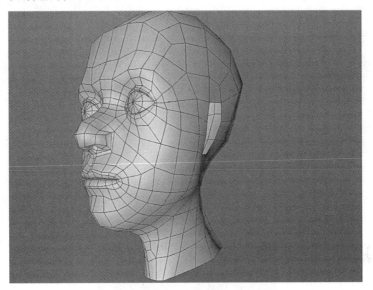

图8-58　完成效果图

六、创建耳朵

耳朵是头部模型中最为复杂的部分，它拥有众多的细节和扭曲的形状（见图8-59）。

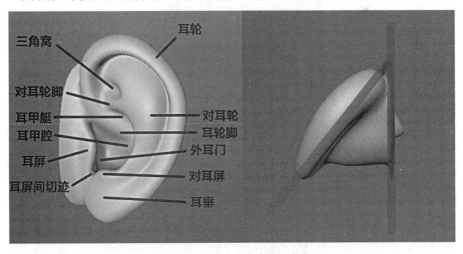

图8-59　耳朵各部位名称及角度

　　但是如果对耳朵的基本结构进行概括和提炼，就能很容易地把握耳朵造型的规律了。在图8-60中，图中间的耳朵正面结构图中的红线揭示了耳朵的布线轴向规律，图左侧的结构图显示了耳朵与脸部接触的剖面，图右侧的结构图中的红线揭示了耳廓的扭曲形状。

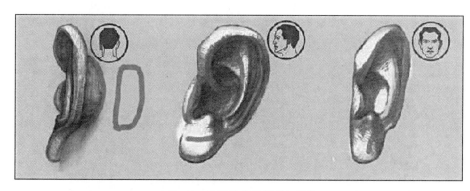

图8-60　耳朵结构的概括与提炼

（1）创建一个平面，将对象属性中的"宽度分段"设成3，"高度分段"设成6，"方向"设成+X（见图8-61）。

平面对象 [平面]	
基本	坐标
对象属性	
宽度 . . .	400 cm
高度 . . .	500 cm
宽度分段	3
高度分段	6
方向 . . .	+X

图8-61　创建平面并调节属性

（2）删除中心的面，仅保留该平面边上的面（见图8-62、图8-63）。

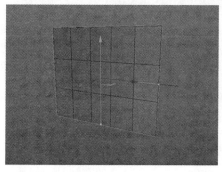

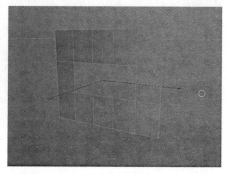

图8-62　创建平面的效果　　　　　　图8-63　删除中间的面

（3）使用多边形画笔工具，分别将左上、右上和左下3个角两侧的点合并到3个角中，图8-64、图8-65显示了处理前和处理后的情况。

图8-64　选择点

图8-65　分别合并点到4个角

（4）使用 磁铁工具将图8-66调成图8-67的旋涡状造型，这是耳轮的上半部分。

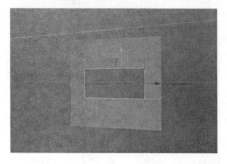

图8-66　调点前

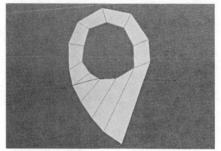

图8-67　调点后（注意对应边的位置变化）

（5）使用 切刀工具围绕旋涡添加循环边（见图8-68）。调出耳轮的立体状态（见图8-69）。

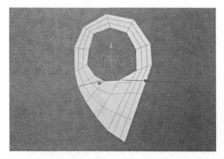

图8-68　添加相应的边

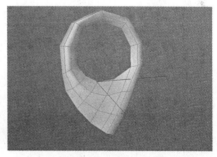

图8-69　调出耳廓造型

（6）使用 切刀工具增加纵向边，并调出耳轮脚及对耳轮中段。在图8-70中，左一显示了纵向边的走势，左二是增加的边，左三和左四分别是底部和顶部剖面的形状。

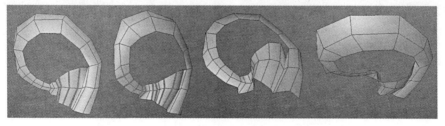

图8-70　耳廓的不同角度

（7）使用 ■ 挤压工具，向下挤出耳轮和对耳轮下部的造型，再挤出耳轮上部的底面（见图8-71）。注意循环面的走向（见图8-72）。

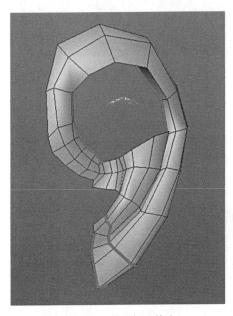

图8-71　挤出相应的边

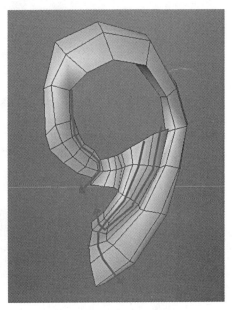

图8-72　增加相应的边

（8）使用 ■ 挤压工具继续向下挤出对耳屏、耳垂和耳屏间切迹，注意纵向边的走势（见图8-73）。

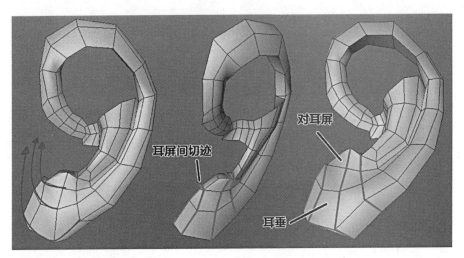

图8-73　创建对耳屏、耳垂和耳屏间切迹造型

（9）选择图8-74中的6条边，挤出相应的边，调整位置并缝合。

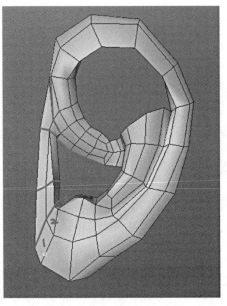

图8-74 挤出相应边并缝合

（10）增加相应的边，塑造耳屏和对耳轮的造型（见图8-75）。到这个阶段，耳朵的框架结构已经搭建完成。

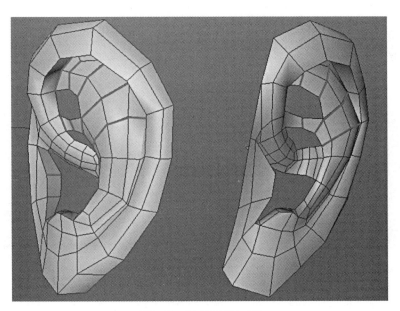

图8-75 创建耳屏和对耳

（11）配合使用 ▨ 挤压工具、🖉 多边形画笔工具和 ✏ 切刀工具将外耳门、耳甲腔、耳甲艇和三角窝等镂空处填满（见图8-76）。这样耳朵的正面就创建完成了。

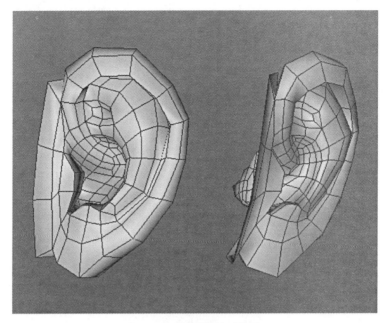

图8-76　耳朵前面完成效果

（12）图8-77为耳朵背面的塑造步骤示意图，由于耳朵背面的结构较简单，因此不再详细讲解。

注意：为了便于区分，将图中内侧面颜色稍微调黑，软件中并无此效果，特此说明。

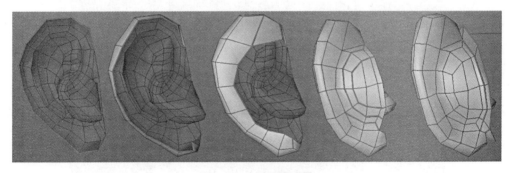

图8-77　创建耳朵后面

（13）将耳朵模型的比例、位置和角度都调整到合适的状态，并在对象编辑器中同时选中头部和耳朵模型，鼠标右键点击后，在弹出菜单里选"连接对象+删除"，将头部和耳朵合并成一个对象，再使用 多边形画笔工具将对应的点"焊接"在一起，最后再整体调整。完成效果见图8-78、图8-79。

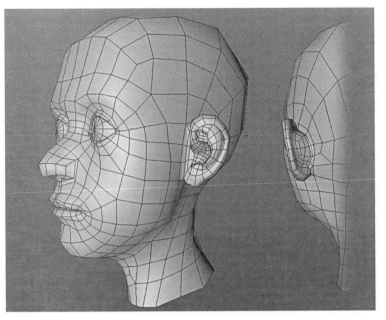

图8-78　头部与耳朵缝合效果

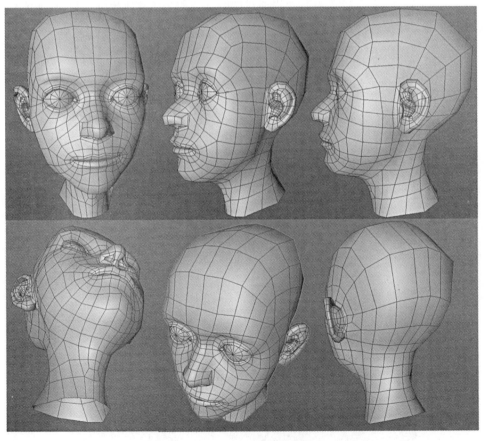

图8-79　头部完成效果

第三节　手部模型创建

一、建模思路及方法分析

手部的结构和造型较头部而言更为复杂，我们首先需要将手部建模的任务进行分解：（1）创建结构。由于Cinema 4D为用户提供了高效的调点工具，如"主菜单>网格>移动工具"中的"笔刷""熨烫""磁铁""滑动"等工具，综合使用它们能够大幅度、灵活而准确地调整造型，因此在创建结构时可以完全忽略造型的影响；（2）调节造型。当一个好的结构被创建出来后，模型只完成了一半。一个好的模型最终应该体现为造型的精准和生动。解决这部分问题除了需要熟练使用调点工具外，更重要的是要有扎实的造型基本功以及对人体造型的精准观察和深刻理解。

手部建模依然使用"局部拓展法"进行创建，方便初学者更好地体会模型结构和布线的关系。在开始建模之前，我们可以通过图8-80来整体了解建模的步骤，以便能在具体的建模操作中保持清晰的思路。

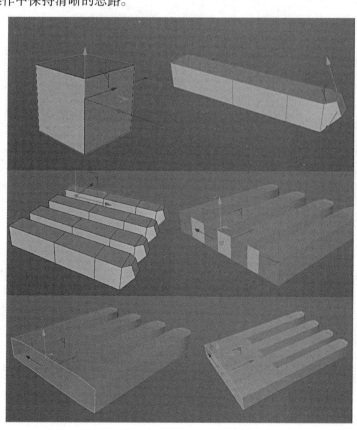

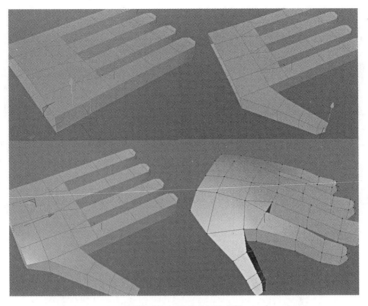

图8-80　手的创建过程

二、创建手指

（1）执行"主菜单>创建>对象>立方体"，创建一个立方体。调节"立方体"的参数（见图8-81）。

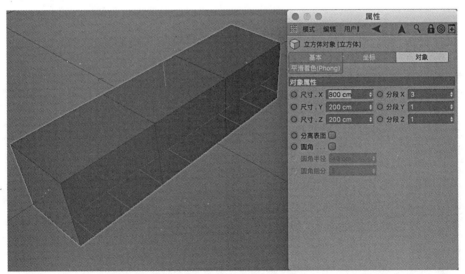

图8-81　创建立方体并调节属性

（2）按C键将"立方体"转化为可编辑对象，进入面模式，删除一侧的面，再选择另一侧的面并进行挤出、调点（见图8-82）。

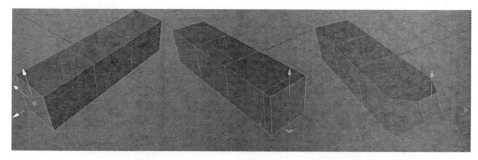

图8-82　删除一侧的面并挤出另一侧的面

（3）按住Ctrl/command键，使用"移动工具"在视图中拖动复制出4个手指（见图8-83）。

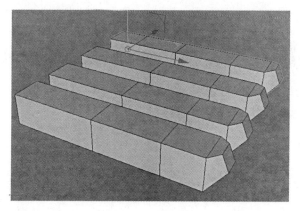

图8-83　复制手指

（4）在"对象编辑器"中选择4个手指，点击右键，在弹出菜单中选择"连接对象+删除"，将4个手指合并为一个对象（见图8-84）。

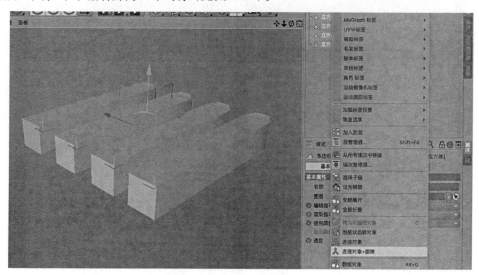

图8-84　将4个手指合并为一个对象

（1）进入面模式，删除手指底部的4个面（见图8-85）。

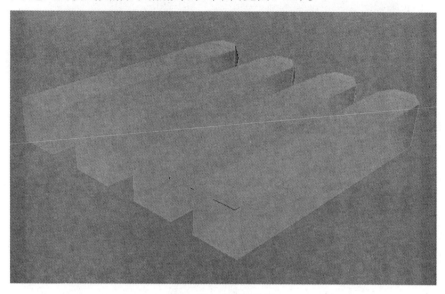

图8-85　合并后效果

（2）进入边模式，执行"主菜单>网格>创建工具>桥接"，通过点击相应的边将指缝的边进行桥接（见图8-86）。

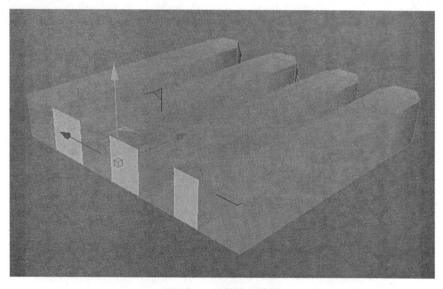

图8-86　连接指缝的面

（3）使用"循环选择"工具，选择手指根部的边界边；使用"挤压"工具挤出手掌前段（见图8-87）。

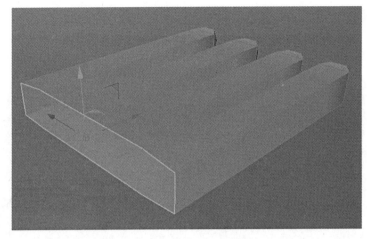

图8-87 挤出手掌前段

（4）进入点模式，分别选择图8-88中左边红线相连的2个点，并执行"主菜单>网格>创建工具>焊接"，将相应的点进行两两合并，合并后效果见图8-88右边所示。

图8-88 合并相应的点

（5）进入边模式，继续挤出手掌中段（见图8-89）。

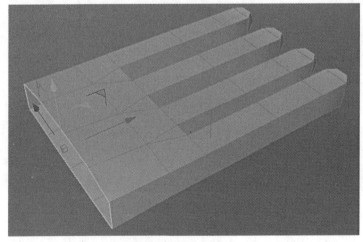

图8-89 挤出手掌中段

四、挤出拇指

（1）进入面模式，选择手掌侧面相应的面，并使用"挤压"工具挤出拇指结构（见图8-90）。

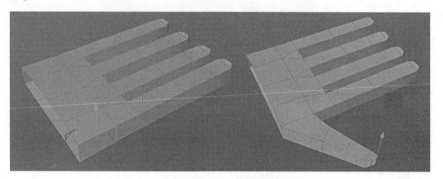

图8-90　挤出拇指结构

（2）选择边界边，使用（挤出）工具继续挤出手掌后段（见图8-91）。

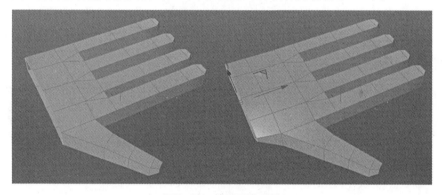

图8-91　挤出手掌后段

至此整个手的结构就完成了，在此基础上可以通过各种调点工具来调节造型，并增加更多的边来塑造细节，但是其造型结构和布线结构基本不变了。

五、调节手的造型

（1）执行"主菜单>网格>移动工具>磁铁"，进行调节。按住鼠标中键拖拽可以调节笔刷大小。"磁铁"工具在没有选择任何点的情况下可以对所有点起作用，如果选了相应的点，就只能在所选点的范围起作用。因此，调节手指造型的时候可以通过选择点进行隔离，调点的过程中还要配合使用"选择""移动""旋转""缩放"等工具，灵活使用才能提高效率。在图8-92中，要注意手掌并非是平的，如图中红色弧线所示，另外要注意拇指和另外4个手指的方向。

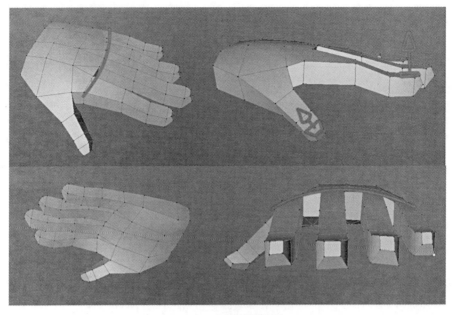

图8-92　调节手掌造型

（2）执行"主菜单>网格>创建工具>循环/路径切割"，为手指关节添加倒角边，如图8-93所示。

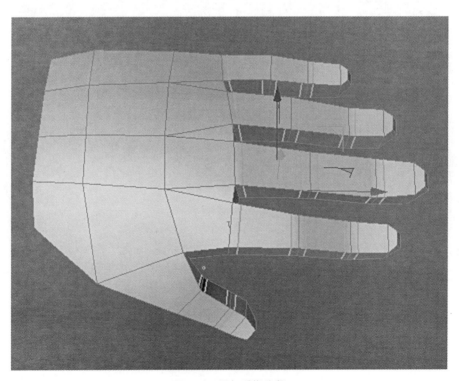

图8-93　添加手指分段

（3）按住Alt键，执行"主菜单>创建>生成器>细分曲面"，为手部模型创建细分，并将"细分曲面"的对象属性中的"编辑器细分"和"渲染器细分"调为"1"（见图8-94）。

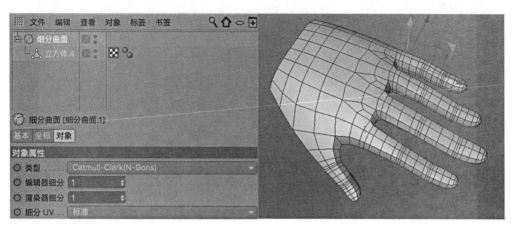

图8-94　对手部模型进行细分

（4）按住Ctrl键，在"对象编辑器"中拖拽"细分曲面"对象，将其复制并隐藏后作为备份。选择另一个"细分曲面"对象，按C键将其转换为可编辑对象（见图8-95）。

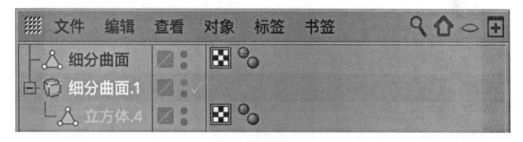

图8-95　将细分后模型转换为可编辑对象

六、创建指甲

（1）进入面模式，选择指甲所在的面，执行"主菜单>网格>创建工具>内部挤压"，挤出指甲倒角（见图8-96）。

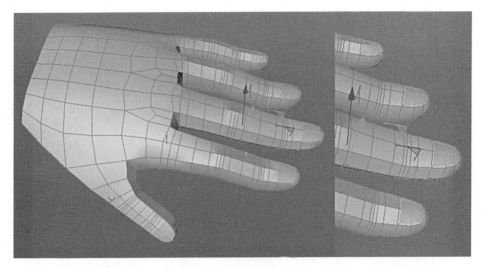

图8-96 创建指甲（1）

（2）继续使用"挤压"具向下挤出一次，再向上挤出一次（见图8-97），最终效果见图8-98。

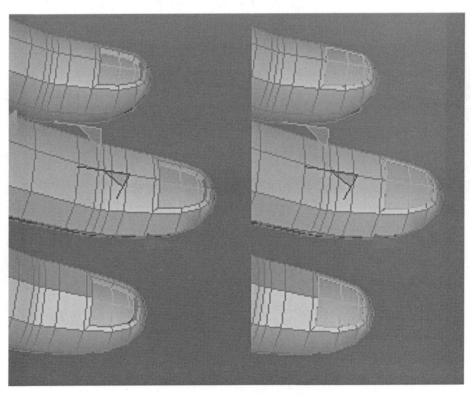

图8-97 创建指甲（2）

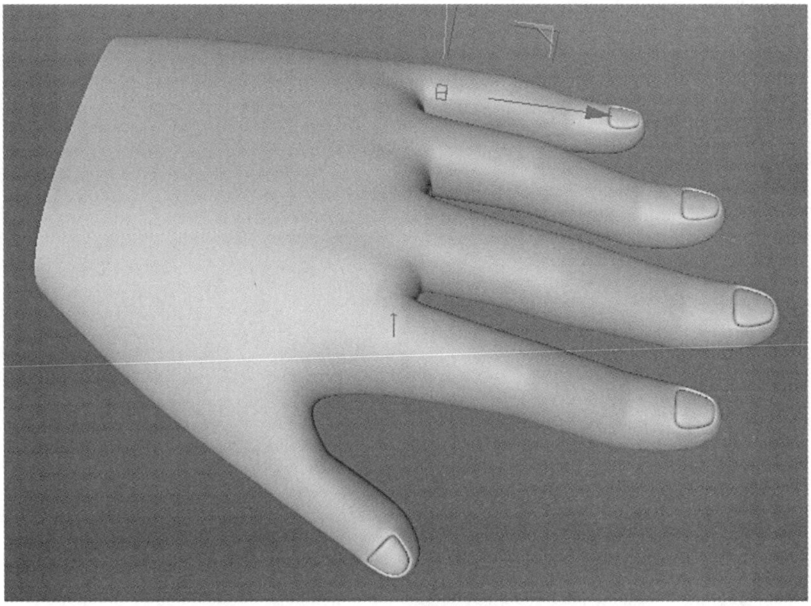

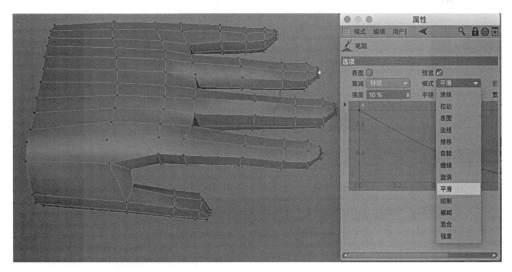

图8-98　手部完成效果

提示：

调点过程中如果出现点较混乱或表面不平整的情况，可以执行"主菜单>网格>移动工具>笔刷"，将笔刷的"模式"调为"平滑"，再将强度降低，用"笔刷"对模型进行平滑处理，修复布线不均匀、不平整的情况（见图8-99）。

图8-99　使用笔刷平滑模式修正布线问题

由于篇幅有限，本例主要讲解制作手的形态及结构的基本思路。为了让读者在阅读时保持清晰的思路，在学习时也能首先注意整体造型，所以没有涉及细节塑造中烦琐的调点操作（见图8-100）。但是实践建模时，要想制作一个生动真实的手的模型需要在细节上花费大量的功夫。当然，脱离了整体形态的准确，再精细的细节塑造也是毫无作用的。建议读者初学有机造型建模时多做整体练习，做到驾轻就熟之后再去抠细节，会起到事半功倍的效果。

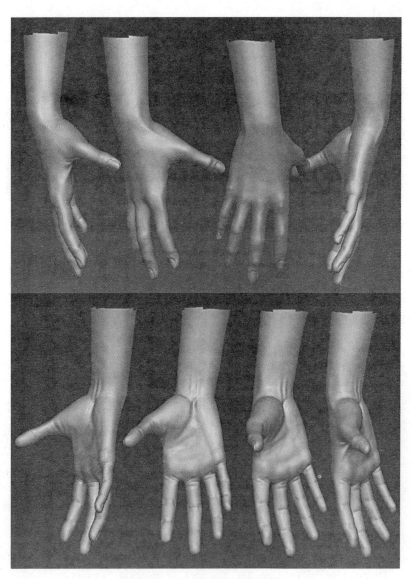

图8-100　进一步细化的手的效果

思考与练习题

1.以自己为参照进行人头建模练习。

2.进行手部建模练习。

>>>> **本章知识点**

粒子发射器

动力学标签

创建无缝背景

置换通道

程序纹理及纹理图层

>>>> **学习目标**

通过本章各案例的学习理解Cinema 4D各模块的综合使用思路

掌握刚体、柔体碰撞体及粒子发射器的基本使用方法

理解程序纹理及纹理图层的功能与作用

本章所讲案例涉及建模、运动图形、动力学、粒子、材质、动画及渲染等Cinema 4D各重要模块的综合运用;同时,案例的难度适中,让初学者也能轻松掌握,从而使其快速理解软件各模块工具是如何配合使用的,为学习更高级的运用打好基础。

第一节　气球漂浮动画

（1）执行"创建>对象>球体"创建一个"球体"对象。再执行"创建>变形器>锥化"创建一个"锥化"变形器，并将其作为"球体"的子对象，"锥化"变形器就可以作用于"球体"。在"锥化"的"对象属性"中，将"强度"改为"90%"，再将"球体"旋转180度。

（2）分别创建圆锥和圆环，将其作为气球口的造型（见图9-1）。

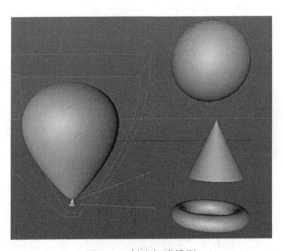

图9-1　创建气球模型

（3）将气球造型摆放好后，在对象编辑窗口中，同时选择"球体""圆锥"和"圆环"对象，在右键弹出菜单中执行"连接对象+删除"，将3个对象变成1个对象，将这个对象重命名为"气球"。

（1）在"对象编辑器"中，点击"气球"后的小圆2次以隐藏"气球"，执行"模拟>粒子>发射器"创建一个"发射器"（见图9-2）。

图9-2　创建发射器

（2）点击"播放"按钮，可以看到"发射器"开始发射粒子（见图9-3）。保持播放状态，进行调节。选择"发射器"，在属性编辑窗口中，调节"粒子"参数（见图9-4）。

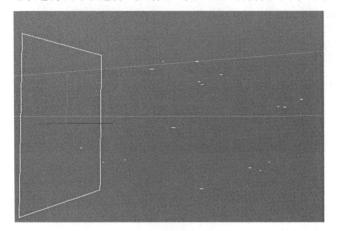

图9-3　播放发射粒子的效果

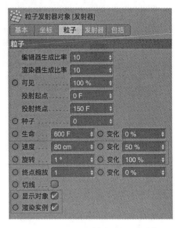

图9-4　调节发射器属性

（3）把"气球"作为"发射器"的子对象，粒子就被替换成了"气球"对象（见图9-5）。

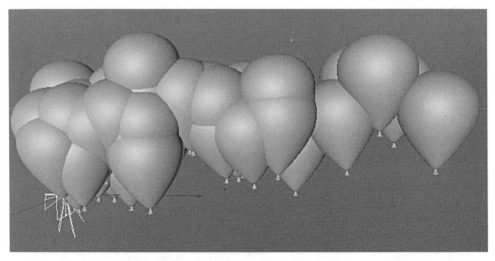

图9-5　将粒子替换为"气球"象

（4）此时气球的排列过于密集，而且互相穿插，需要将气球分布到更大的空间中以解决此问题，因此需要扩大"发射器"的发射面积。在"对象编辑窗口"中选择"发射器"对象，再在属性编辑窗口选择"发射器"标签，将"水平尺寸"和"垂直尺寸"都改为"800cm"。此时气球的分布变得疏松了（见图9-6）。

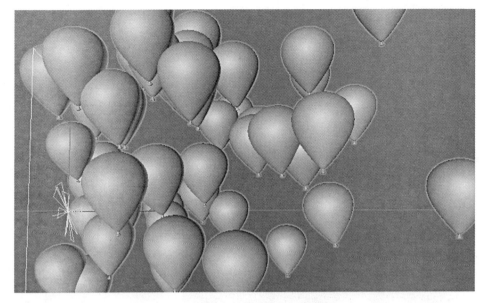

图9-6　调节发射器属性使气球分散

（5）再次调节"发射器"的对象属性以降低气球的发射密度。在对象编辑窗口中选择"发射器"对象，再在属性编辑窗口选择"粒子"标签，根据实际效果调节参数。本案例中将"编辑生成比率"和"渲染生成比率"都改为"5"，以降低发射数量；将"速度"改为"200"，其"变化"改为"50%"，以提高漂浮速度，从而避免气球过于密集而相互穿插（见图9-7）。

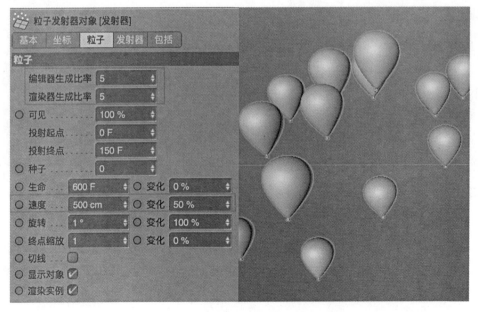

图9-7　继续调节发射器属性改变气球漂浮状态

三、添加碰撞属性

（1）气球在漂浮的过程中由于速度不同仍会产生穿插，而真实的情况是气球会相互碰撞，因此需要给"气球"对象添加碰撞属性。在"对象编辑器"中，选择"气球"，在右键弹出菜单中选择"模拟标签>刚体"，为"气球"添加"刚体"标签。此时气球在"刚体"标签的作用下开始向下掉落。

（2）调节重力。"模拟"标签下的"刚体""柔体"等标签受全局重力影响，需要在"工程设置"中调节。使用快捷键Ctrl+D在属性编辑窗口中打开"工程设置"，在"动力学"标签中将"重力"改为"-60cm"，此时气球呈向上漂浮状态（见图9-8）。

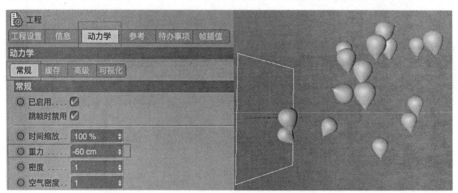

图9-8 修改全局重力为-60

（3）观察气球飘动的动画不难发现，气球由于相互碰撞发生了较明显的旋转（见图9-9），而在本案例中需要气球呈现较稳定的状态漂浮，因此需要修正此问题。在对象编辑窗口中选择"气球"的"刚体"标签，在属性编辑窗口中打开"力"标签，将"角度阻尼"改为"90%"，这样就解决了旋转过于明显的问题。

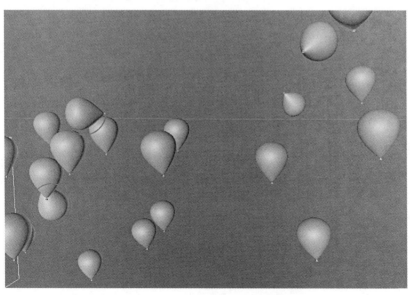

图9-9 增加"角度阻尼"使气球呈稳定漂浮状态

四、灯光、材质及渲染输出

（1）创建天空。执行"主菜单>创建>场景>天空"，创建一个"天空"对象。双击材质编辑窗口中的空白处，创建新材质，将新材质重命名为"天空材质"。双击"天空材质"打开"材质属性器"，勾选"发光"，去掉其他通道的勾选。在"内容浏览器"中，打开"预置>GSG_HDRI_Studio_pack>Studio"，选择一张HDRI贴图，将其拖拽到"发光"的"纹理"中。本案例选择的是"Studio4.hdr"，如图9-10所示。点击纹理名称进入纹理属性，将"色彩特性"改为"sRGB"，"曝光"改为"2.2"。

图9-10　发光贴图

（2）创建气球材质。双击材质编辑窗口中的空白处，创建新材质，将新材质重命名为"气球01"。双击"材质编辑器"，选择"颜色"，将颜色改为"黑色"；再勾选"透明"，将"亮度"改为"30%"，"折射率"改为"1.1"。复制"气球01"的材质并将复制出的材质重命名为"气球02"，将"气球02"的材质改为"白色"，再勾选"烟雾"。在对象编辑窗口中，复制"气球"对象为"气球.1"，分别将材质"气球01"和"气球02"赋予对象"气球"和"气球.1"。重新播放，此时漂浮的气球就有了黑白两种颜色。

（3）渲染设置。点击"编辑渲染设置"按钮打开渲染设置窗口，在"输出"中设置参数，具体见图9-11。勾选"保存"并设置保存路径。设置"抗锯齿"参数（见图9-12）。检查无误后点击"渲染到图片查看器"按钮进行渲染输出。

输出		
预置: HDV/HDTV 720 25		
宽度	1280	像素
高度	720	
锁定比率		
分辨率	72	像素/英寸(DPI)
图像分辨率: 1280 x 720 像素		
渲染区域		
胶片宽高比	1.778	HDTV (16:9)
像素宽高比	1	平方
帧频	25	
帧范围	手动	
起点	30 F	
终点	200 F	
帧步幅	1	
场	无	
帧	142 (从 25 到 166)	

图9-11　渲染输出参数

抗锯齿	
抗锯齿	最佳
最小级别	1x1
最大级别	2x2
阈值	10 %
使用对象属性	☑
考虑多通道	
过滤	立方 (静帧)
自定义尺寸	
滤镜宽度	2
滤镜高度	2
剪辑负成分	
MIP 缩放	50 %
微片段	混合

图9-12　"抗锯齿"参数

五、总结

本案例的学习重点在于使用多边形对象来替换发射器所发射的粒子,从而做出漂浮、散落等无规则群集动画,如做出树叶、花瓣或雪花的飘落动画。如果根据本案例的思路展开想象,能实现的效果绝不止于此。本案例的难点在于实现气球的碰撞。通过本案例的操作不难发现,加载在对象上的标签属性是可以延续到其复制对象上的。

· 223 ·

第二节　柔体玻璃笼子

一、创建玻璃笼子模型

(1) 创建球体,在球体的"对象属性"中,将"类型"改为"二十面体","分段"改为"12",不勾选"理想渲染"(见图9-13)。

(2) 创建圆柱,在圆柱的"对象属性"中,将"半径"改为"1","高度"改为"60","旋转分段"改为"12"(见图9-14)。

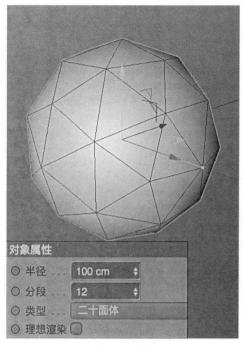

图9-13　球体属性　　　　　　　　　　图9-14　圆柱属性

（3）执行"菜单>运动图形>克隆"创建"克隆"对象，将圆柱作为"克隆"对象的子对象，在"克隆"的"对象属性"中，将"模式"改为"对象"，并将球体拖到"对象"一栏中，勾选"渲染实例"，将"分布"一栏中的"顶点"改为"边"，勾选"缩放边"，将"边比例"改为"100%"，如图9-15所示。

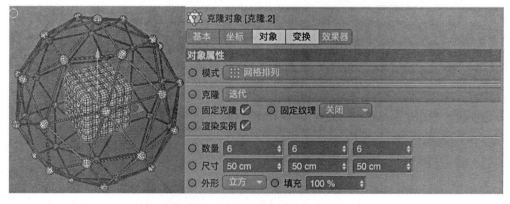

图9-15　克隆圆柱到球体的每条边上

（4）复制"克隆"对象为"克隆.1"，删除"克隆.1"中的"圆柱"，新建"球体.1"，在"球体.1"的"对象属性"中，将"半径"改为"5cm"，"分段"改为"12"，"类型"改为"六面体"；将"球体.1"作为"克隆.1"的子对象，完成效果见图9-16。

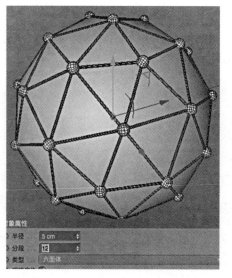

图9-16 将小球克隆到大球的每个点上

二、创建玻璃笼子内部球体

（1）为方便操作，要先为球体创建透明材质。在"材质窗口"的空白处双击鼠标左键以创建新材质，在"材质窗口"中双击"材质"打开"材质编辑器"，将"材质编辑器"左侧所有勾选去掉，只勾选"透明"，再将"透明>折射率预设"改为"玻璃"，此时场景中的"球体"为透明显示。

（2）复制"克隆.1"为"克隆.2"，将"克隆.2"的子对象"球体.1"重命名为"球体.2"，将"球体.2"的"半径"改为"8cm"（见图9-17）。

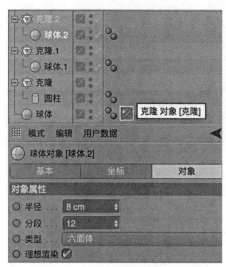

图9-17 复制"克隆.1"为"克隆.2"

（3）选择"克隆.2"，在"克隆.2"的"对象属性"中，将"模式"改为"网格排列"，"数量"改为"6、6、6"，尺寸改为"50cm、50cm、50cm"，并确认"克隆.2"复制出来的所有球体都在"球体"内（见图9-18）。

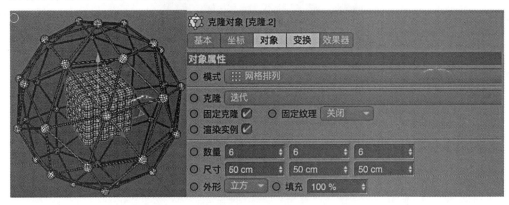

图9-18　将新复制的小球置于"球体"内

三、创建无缝背景

为了达到更漂亮的渲染效果，需要为场景制作带有圆形渐变的无缝背景。

（1）分别创建"地面"和"背景"，将其向下移动地面的位置，使得"球体"相对"地面"处于悬空状态（见图9-19）。

图9-19　创建"地面"和"背景"

（2）在"材质窗口"创建新材质，重命名为"地面材质"，双击"地面材质"弹出"材质编辑窗口"；在"颜色>纹理"中加载"渐变"纹理，点击"渐变"条形按钮，进入"渐

三维动画基础

· 226 ·

变"的属性界面；将"类型"改为"二维-圆形"，在"渐变"中，双击左侧节点，在弹出窗口中将颜色改为"白色"，双击右侧节点，改为"70%灰色"（注意颜色模式为HSV），如图9-20所示。

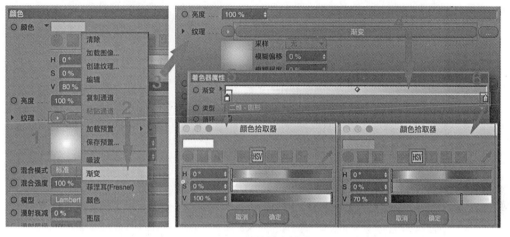

图9-20　创建渐变材质

（3）将"地面材质"拖拽到"地面"对象上从而将材质赋予"地面"，在"地面材质"的"标签属性"中，把"投射"改为"前沿"，再将"地面材质"赋予"背景"。

（4）在"对象编辑窗口"中，为"地面"添加"合成"标签，并在"合成"的"标签属性"中勾选"合成背景"和"为HDR贴图合成背景"（见图9-21）。

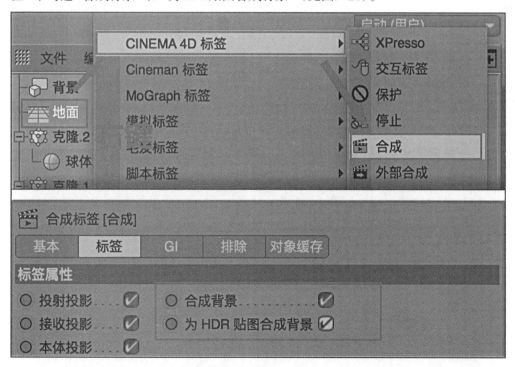

图9-21　创建合成标签

（5）点击"渲染活动视图"按钮，测试地面是否跟背景融为一体，渲染效果见图9-22。

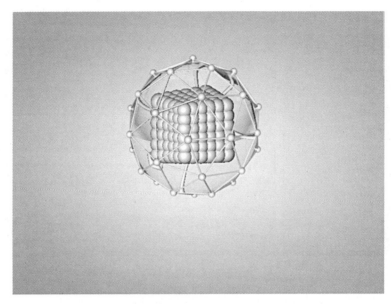

图9-22　测试背景渲染效果

四、创建动力学模拟

（1）在"对象窗口"中，选择"地面"对象，在右键弹出菜单中选择"模拟标签>碰撞体"，这样就为"地面"赋予了"碰撞体"标签。

（2）使用同样的方法分别为"球体"和"球体.2"赋予"柔体"和"刚体"标签；被赋予模拟标签的对象都具有了动力学特性，点击时间线上的"向前播放"按钮进行动力学模拟，在一定状态下点暂停，效果见图9-23。

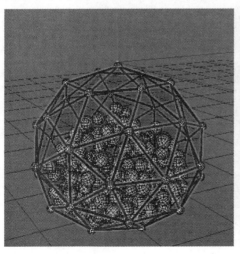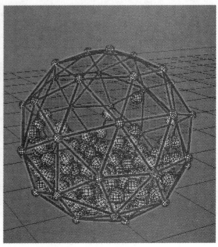

图9-23　创建动力学碰撞

五、创建灯光

（1）为了方便演示，此处使用GSG_Light_Kit_Pro灯光插件。打开"内容浏览器窗口"，选择GSG_Light_Kit_Pro文件夹，双击OverheadSoftbox.Cinema 4D，创建"OverheadSoftbox"灯光（见图9-24）。

图9-24　创建主光源

（2）查看"对象窗口"，发现软件创建了一个名为"Overhead Softbox"的"空白"对象，点击"渲染活动视图"按钮进行测试渲染，效果见图9-25。

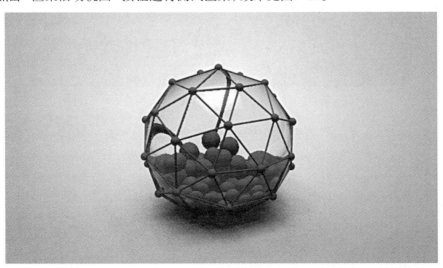

图9-25　测试渲染

通过观察图9-25不难发现，目前的阴影较粗糙，光照也显得不足，因此需要增加阴影的质量以及增强光照。

（3）修改"Overhead Softbox"灯光的属性。选择"空白"对象，在"属性窗口"中，将"Brightness"改为"200%"来增加场景的光照，再将"Area Shadow Quality"改为"100%"来提高阴影质量。再次测试渲染，效果见图9-26。

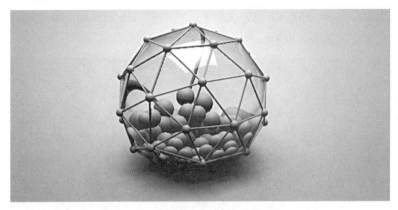

图9-26　调节主光源并再次测试渲染

光照和阴影都得到了增强，但是阴影仍然显得太黑，需要增加辅助光源来照亮阴影。

（4）创建辅助光源。打开"内容浏览器"窗口，选择GSG_Light_Kit_Pro文件夹，双击LinearSkyLight.Cinema 4D，创建"SkyLight"，此时"对象窗口"出现名为"SkyLight"的"空白"对象（见图9-27）。

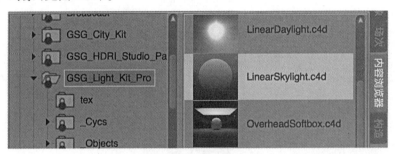

图9-27　创建天光

（5）创建"SkyLight"灯光后直接测试渲染，"SkyLight"灯光不但照亮了阴影，也使整个场景染上了一层天光的颜色，使颜色更加丰富，渲染效果见图9-28。

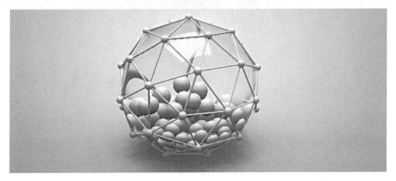

图9-28　创建天光后测试渲染

（1）调节"玻璃材质"。之前虽然为球体赋予了玻璃材质，但是通过渲染测试发现，球体的边缘虽然是硬边状态，但中间却是圆滑的（见图9-29）。而我们希望得到的是棱角分明的效果（见图9-30）。

图9-29　默认效果与目标效果对比　　　　　　图9-30　目标效果

修正这种问题的方法很简单：在"对象窗口"中，将"球体"的"平滑着色"标签删除即可（见图9-31）。

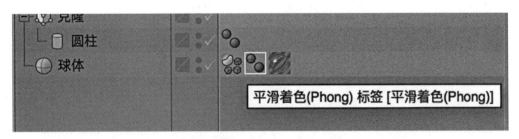

图9-31　删除相应的"平滑着色"标签

（2）创建框架材质。在材质编辑窗口的菜单中单击"创建>新材质"，将创建的新材质重命名为"框架材质"，把"框架材质"赋予构成框架的"圆柱"和"球体.1"。双击"框架材质"打开材质编辑窗口，勾选左侧栏的"反射"，其他全部不勾选。在左侧栏选择"反射"，点击右侧栏中的"添加"按钮，选"GGX"，再选择右侧栏"默认高光"层，点击"移除"按钮删除"默认高光"层。调节"层1"属性，具体参数见图9-32。

反射

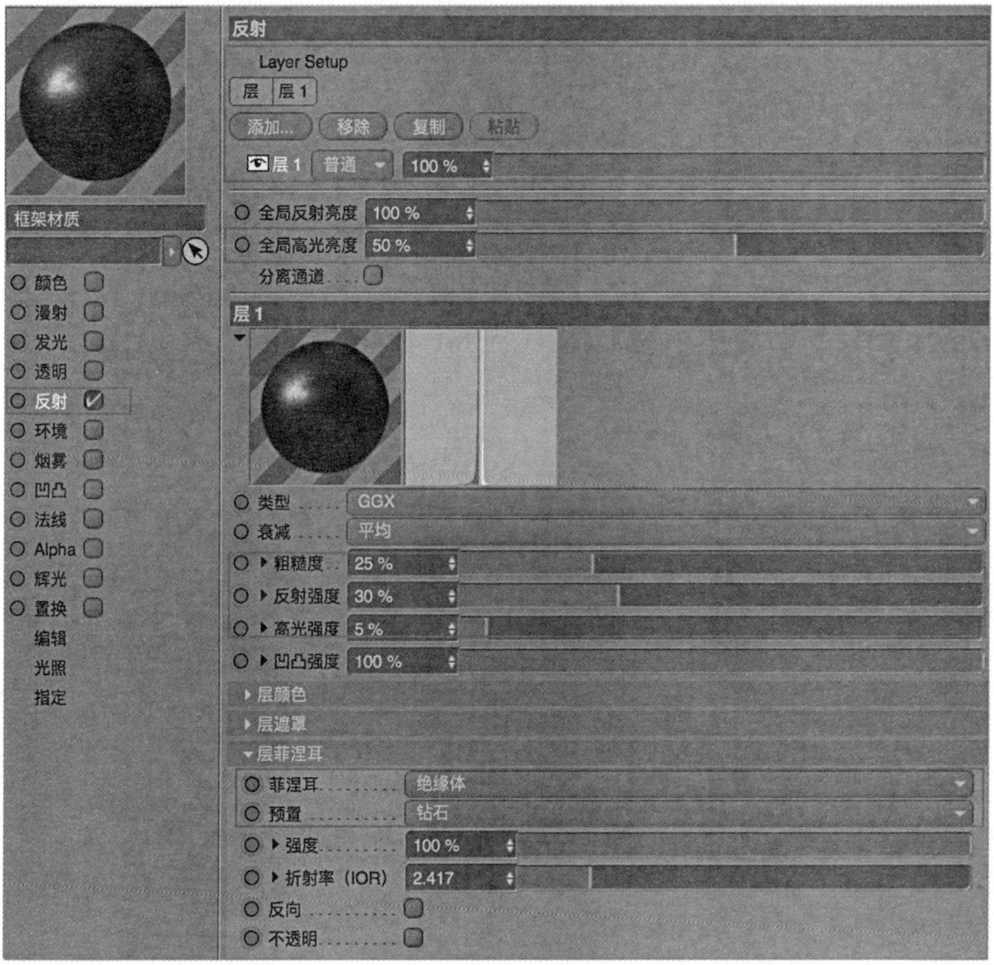

Layer Setup

层　层1

添加...　移除　复制　粘贴

层1　普通　100 %

全局反射亮度　100 %

全局高光亮度　50 %

分离通道

层1

类型　GGX

衰减　平均

粗糙度　25 %

反射强度　30 %

高光强度　5 %

凹凸强度　100 %

层颜色

层遮罩

层菲涅耳

菲涅耳　绝缘体

预置　钻石

强度　100 %

折射率（IOR）　2.417

反向

不透明

框架材质

颜色

漫射

发光

透明

反射

环境

烟雾

凹凸

法线

Alpha

辉光

置换

编辑

光照

指定

图9-32　框架材质属性

测试渲染见图9-33。

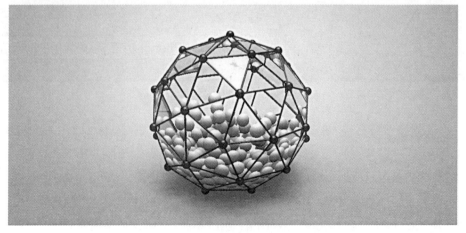

图9-33　测试渲染

（3）创建内部小球。本案例中需要创建两种颜色的小球，因此复制"球体.2"，将复制出的小球并重命名为"球体.3"。复制出的"球体.3"继承了"球体.2"的动力学标签，因此也具备相同的动力学属性；确保"球体.2"和"球体.3"都是"克隆.2"的子对象，这样能够同时克隆两个球体，新克隆的小球呈初始状态，需要在时间轴播放以重新计算（见图9-34）。

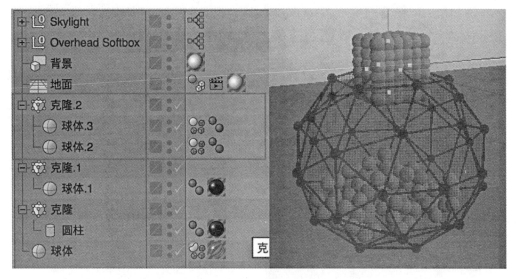

图9-34　复制更多内部小球

（4）创建内部小球材质。创建两个新材质并调成不一样的颜色，本案例中调为白色和橙色，同时可以根据自己的喜好，按步骤2中"框架材质"的调节方法调节"反射"属性，并将两个材质分别赋予"球体.2"和"球体.3"，测试渲染见图9-35。

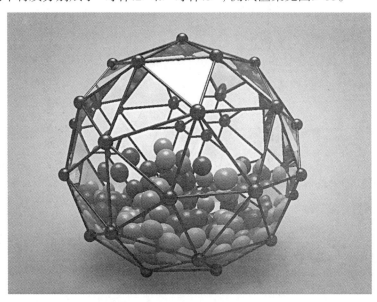

图9-35　为内部小球创建不同颜色的材质

（1）选择除"地面""背景"和灯光外的所有对象，按快捷键Alt/option+G打组，并双击"空白"重命名为"SoftClassCage01"（见图9-36），复制"SoftClassCage01"并将复制出的对象重命名为"SoftClassCage02"，调节"SoftClassCage01"和"SoftClassCage02"的位置，使其掉落时先后接触地板（见图9-37）。

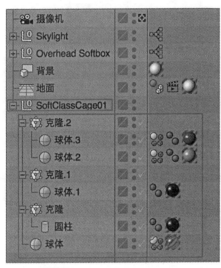

图9-36　整理场景

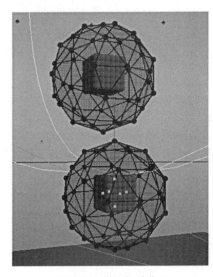

图9-37　微调初始位置

（2）创建摄像机。在主菜单中执行"创建>摄像机>摄像机"创建摄像机，点击"对象窗口"中"摄像机"后的按钮切换到"摄像机"视图（见图9-38）。延长时间线到150帧，按播放键进行动力学计算，配合"SoftClassCage01"和"SoftClassCage02"掉落的位置反复调节摄像机位置和构图安排。

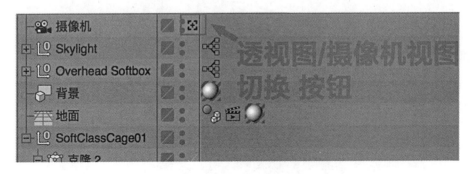

图9-38　透视图/摄像机视图切换按钮

八、渲染设置与输出

（1）渲染设置。点击"工具栏"上的 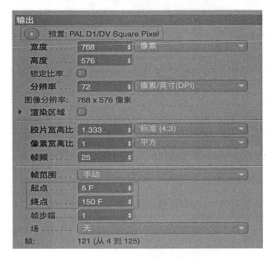 "编辑渲染设置"按钮，打开渲染设置窗口，点击左侧栏中的"输出"，在右侧栏中调节预置为"PAL D1/DV Square Pixel"，起点为"5F"，终点为"150"（见图9-39）。 点击左侧栏的"抗锯齿"，再在右侧栏调"抗锯齿"为"最佳"，"最大级别"为"2*2"（见图9-40）。

图9-39　设置制式和帧范围　　　　　　　　图9-40　设置"抗锯齿"参数

（2）设置保存。在渲染设置窗口中左侧栏勾选并选择"保存"，在右侧栏"保存>常规图像"中，勾选"保存"。点击"文件"一栏中的 按钮，选择渲染图像的保存路径和名称，并设置"格式""深度"和"名称"，具体见图9-41。

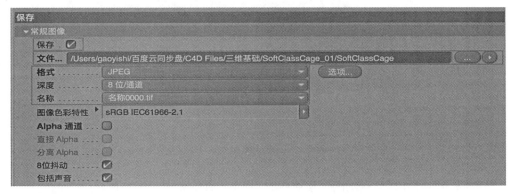

图9-41　设置保存路径、格式、深度和名称

检查所有的设置后点击"工具栏"上的"渲染到图片查看器"按钮，进行批量渲染（见图9-42）。最终完成效果见图9-43。

图9-42　批量渲染

图9-43　最终完成效果

九、总结

　　本案例主要讲解了运动图形模块中的"克隆"对象和动力学"模拟标签"的使用方法。在克隆对象中可以通过"对象""线性""放射""网格阵列"4种模式复制对象，从而快速生成大量排列规则的对象。特别是"对象"模式在本案例的造型中起到了重要作用。"克隆"的"对象"模式能使复制出来的对象根据一定的规则附着在另一个对象上，比如附着在对象的"点"或"边"上等。我们可以试着拓展一下这个运用，比如将对象附着在一个具象的模型上,如人物或动物,再对这个模型做角色动画或变形器动画等。

第三节　程序纹理应用案例

一、环境准备

（1）创建"球体",在"球体"的"对象属性"中,不勾选"理想渲染",将"类型"改为"二十面体",将"分段"改为"72"（见图9-44）。

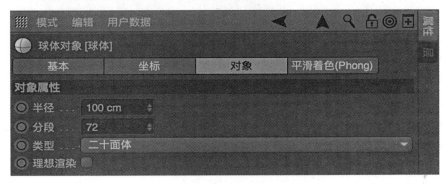

图9-44　球体属性

（2）双击材质编辑窗口空白处,创建新材质并重命名为"材质01",将材质赋予"球体"。

（3）在对象编辑窗口中选择"球体"的材质标签,在"标签属性"中将"投射"类型改为"球状"（见图9-45）。

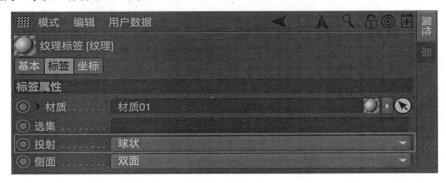

图9-45　设置材质投射类型为"球状"

（4）创建"地面",在对象编辑器中选择"地面",在右键弹出菜单中选择"合成"标签,为"地面"添加"合成"标签。选择"合成"标签,在"标签属性"中勾选"合成背景"。

（5）创建"背景"，在创建新材质并重命名为"环境"，将"环境"分别赋予"地面"和"背景"。

（6）创建灯光，选择"灯光"，在"灯光对象>常规"中将"投影"类型改为"区域"，将"灯光"作为主光源；复制"灯光"为"灯光.1"，将"灯光.1"的"强度"改为"70%"，"投影"类型改为"无"，作为辅光源，两个光源的位置见图9-46。

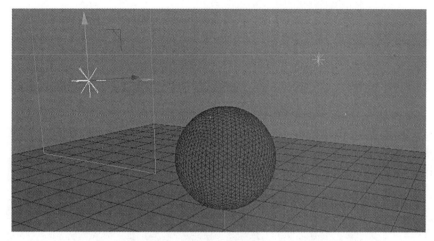

图9-46　设置灯光

（7）创建"摄像机"，打开"渲染设置"，鼠标在"渲染设置"左栏中右键选择"全局光照"，为渲染添加"全局光照"，测试渲染见图9-47。

图9-47　测试灯光效果

二、案例一

（1）双击"材质01"打开"材质编辑器"，在左边栏勾选"置换"通道，在右边栏左键点击"纹理"后的三角形按钮，在弹出菜单中选择"噪波"。点击"噪波"按钮，进入"噪波"的属性面板，将"颜色1"改为"白色"，"颜色2"改为"黑色"，"噪波"类型改为"德士"，"阶度"改为"2"，"全局缩放"改为"200%"（见图9-48）。测试渲染见图9-49。

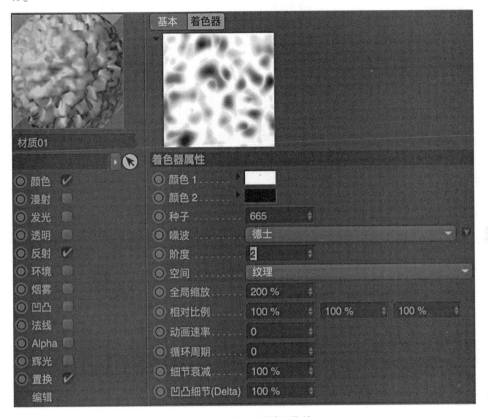

图9-48　设置"置换"通道

图9-49　测试渲染

延伸阅读

　　在"噪波"参数上右键选择"显示帮助"，可以查看Cinema 4D帮助文档的相应内容，如图9-51所示。Cinema 4D的帮助文档对"噪波"纹理的类型和变化有详细的说明，仔细查看帮助文档可以加深我们对"噪波"纹理的理解,从而提高想象力和创作力,图9-52为部分纹理在帮助文档中的图解。

（2）观察图9-49,发现置换贴图的细节并没有完全体现在模型上。返回"置换"通道的属性,将"高度"改为"20cm",勾选"次多边形置换",参数及渲染效果见图9-50。

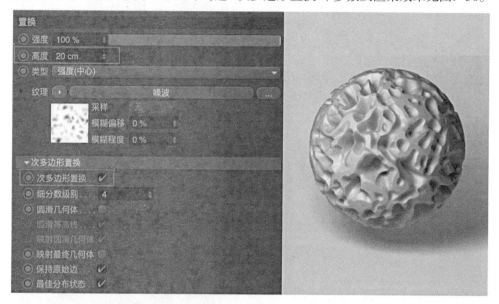

图9-50　继续调节"置换"通道属性

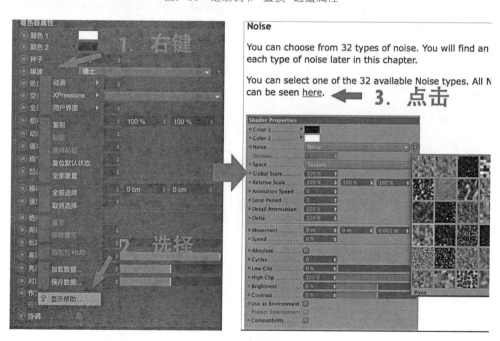

图9-51　查看帮助

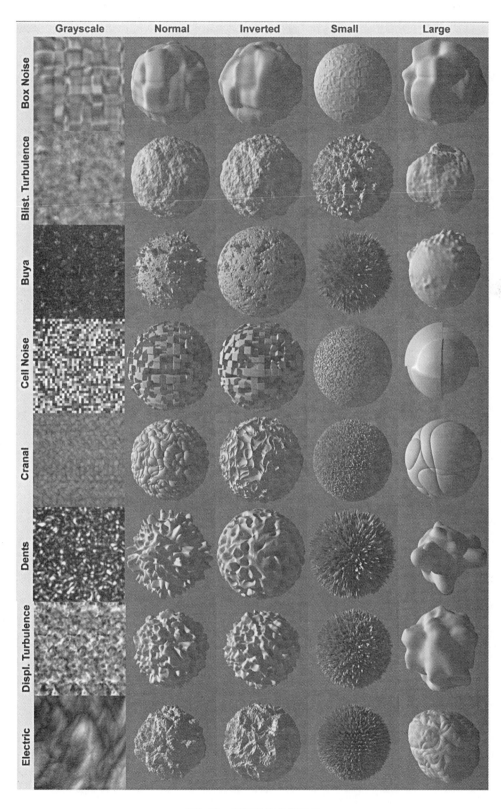

图9-52　各种噪波类型图示

（3）在"材质编辑器"中选择"置换"通道，点击"纹理"后的三角按钮，将"噪波"换成"图层"，原来已经调好的"噪波"纹理会在"图层"纹理中保留下来，点击"图层"按钮打开"图层"纹理的属性面板，点击"着色器"，在弹出菜单中选择"噪波"，创建另外一个"噪波"纹理。为了便于区分，分别将两个"噪波"重命名为"噪波01""噪波02"（见图9-53）。

图9-53　图层纹理属性

（4）点击"噪波02"进入其属性面板，将"噪波"类型改为"卜亚"，"全局缩放"改为"400%"，参数及渲染效果见图9-54。

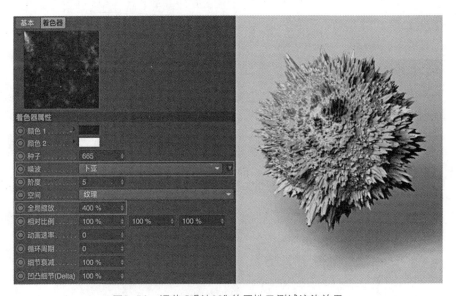

图9-54　调节"噪波02"的属性及测试渲染效果

（5）返回"图层"纹理的属性面板，点击"着色器"，添加"渐变"纹理，点击"渐变"打开其属性面板，修改"渐变"属性中的"类型"为"二维–圆形""湍流"改为"15%"，勾选"绝对"（见图9-55）。

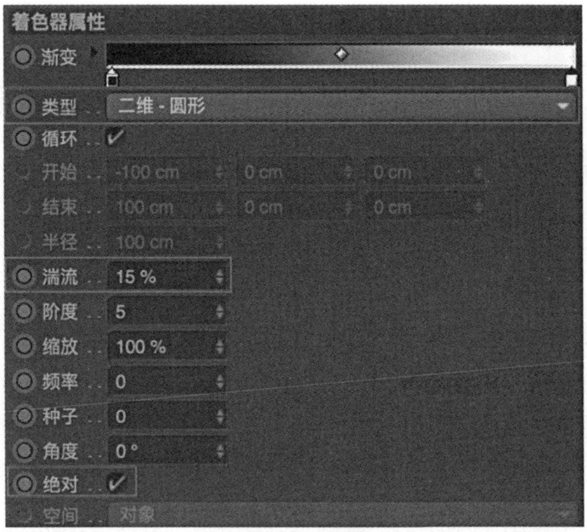

图9-55 添加"渐变"纹理并调节属性

（6）为"渐变"属性设置动画。点击"渐变"后的三角打开"渐变"的参数面板。将时间线当前帧设为"10"，选择渐变色条中的黑色色标，将"位置"改为"0%"，再选择白色色标，将"位置"改为"2%"。按住Ctrl键，左键点击"渐变"前面的圆圈为"渐变"属性设置第1个关键帧。再将时间线当前帧设为"30"，选择黑色色标，将"位置"改为"35%"，再选择白色色标，将"位置"改为"75%"。用同样的方法为"渐变"属性设置第2个关键帧。最后将时间线当前帧设为"50"，选择黑色色标，将"位置"改为"98%"，再选择白色色标，将"位置"改为"100%"。为"渐变"属性设置第3个关键帧。这样"渐变"纹理的动画就创建完成了。在"渐变"纹理的缩略图上点击右键，在弹出菜单中选择"动画"，可以预览"渐变"纹理的动画效果。

（7）返回"图层"纹理的属性，通过拖拽将3个纹理图层重新排序，从上到下顺序为"噪波01""渐变""噪波02"，再将"渐变"的图层属性从"正常"改为"图层蒙板"（见图9-56）。

图9-56 各图层的排序及叠加属性

图9-57是当前帧分别为20F、30F、40F和50F时的渲染的效果。

20F 　　　　　30F 　　　　　40F 　　　　　50F

图9-57 　不同时间的渲染效果

（8）为材质增加颜色变化。在"材质编辑器"中选择"颜色"通道，点击"纹理"后面的三角按钮，在弹出菜单中选择"图层"，点击"图层"按钮进入"图层"属性界面。点击"着色器"按钮，在弹出菜单中选"颜色"，创建"颜色"图层，进入"颜色"图层，将颜色调为"红色"。再用同样的方法创建绿色和蓝色的"颜色"图层（见图9-58）。

图9-58 　设置颜色

（9）复制"图层蒙板"。在"材质编辑器"中选择"置换"通道，点击"纹理"后的"图层"按钮进入"图层"属性界面，在"渐变"图层上执行"右键>复制通道"。再选择"颜色"通道，点击"纹理"后的"图层"按钮进入"颜色"的"图层"属性界面，点击"着色器"按钮，在弹出菜单中选择"颜色"，再创建2个"颜色"图层，在这2个"颜色"图层上分别执行"右键>粘贴通道"，就将"置换"中已经设置了动画的"渐变"复制到"颜色"通道的"图层"纹理中了。将2个"渐变"的图层属性改为"图层蒙板"并排序（见图9-59）。

图9-59 　将"置换"中的图层蒙板复制到"颜色"通道中

（10）由于2个"渐变"的动画是同步的，3个颜色只能显示2个，需要将其中1个"渐变"进行一定的偏移。选择上层的"渐变"执行"右键>过滤"，为"渐变"增加"过滤"属性，这时原来的"渐变"图层会自动重命名为"过滤"。单击"过滤"进入图层的属性界面，可以看到原来的"渐变"属性下面多了"渐变曲线"属性（见图9-60）。

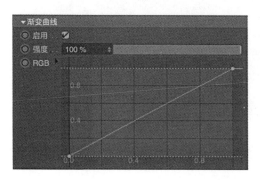

图9-60　渐变曲线

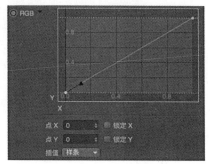

图9-61　RGB参数

点击"RGB"后面的小三角，打开"RGB"的参数面板（见图9-61），左键单击选择图表中的样条节点，将"差值"从"样条"改为"线性"，再把"点X"的数值改为"0.9"（见图9-62）。图9-63为将当前帧设置为25的渲染效果。

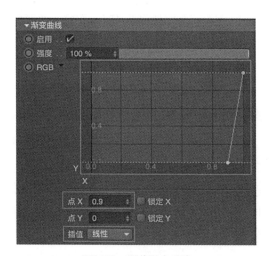

图9-62　调节渐变曲线

图9-63　测试渲染

（11）渲染输出。打开"渲染设置"窗口，在"输出"中设置"帧范围"的"起点"为"6F"，"终点"为"55F"。再在"保存"中设置保存路径、文件名和格式等，最后点击"渲染到图片查看器"按钮进行批量渲染。最终渲染效果见图9-64。

图9-64　最终渲染效果图

通过程序纹理案例一我们可以得到一些经验：Cinema 4D为我们提供了丰富且可定制的程序纹理，在模拟不规则表面方面有着极大的可能性；同样的纹理加载在不同的通道会产生不同的效果，例如将纹理加载于"置换"通道对模型产生的极大影响丰富了创作的可能性；"图层"纹理让我们能够通过不同程序纹理的叠加创造更多个性化纹理；"图层蒙板"的运用使得不同纹理间产生生动而自然的变化；而所有这一切都能设置动画让我们创造的可能性无限增大。下面让我们对案例一的思路进行一定的拓展，希望能帮助读者在程序纹理的使用上打开思路。

三、案例二

案例二是案例一的拓展，因此我们会继续使用案例一中设置好的"图层蒙板"动画，并将案例一中蓝色部分替换为木纹材质，红色部分替换为烧焦的木炭的感觉，绿色部分替换成正在燃烧的木头，如果继续使用案例一的动画效果，就能模拟木头被烧焦的动画过程，这就是我们最终希望实现的效果。实现这一效果除了要仔细模拟木纹和木炭材质外，还需要使用"发光"通道来模拟燃烧的感觉，下面让我们一起来实现这个效果吧！

（1）在"材质窗口"将案例一中的"材质01"复制为"木头"，双击"木头"打开"材质编辑器"，选择"颜色"通道。在"颜色"通道属性中点击"图层"按钮，在"蓝色"通道上点击右键，在弹出菜单中选择"表面>木纹"，将"蓝色"替换为"木材"（见图

9-65）。

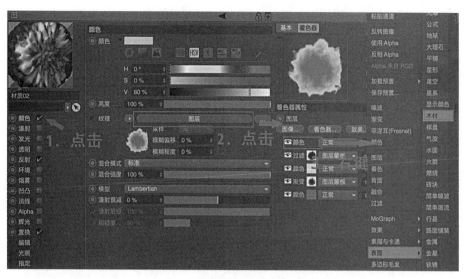

图9-65　将"蓝色"替换为"木材"

（2）将"红色"改为HSV值分别为"0°、0%、10%"的深灰色,删除"绿色"通道。

（3）勾选"发光"通道,将"纹理"的类型改为"图层",点击进入"图层",点击"着色器"按钮,选择"图层",再创建"图层",并重命名为"蒙板图层"（见图9-66）。这一步实际上是为"发光"通道创建了2个嵌套的"图层"着色器,多层嵌套的图层使得材质的可能性得到了极大的拓展。

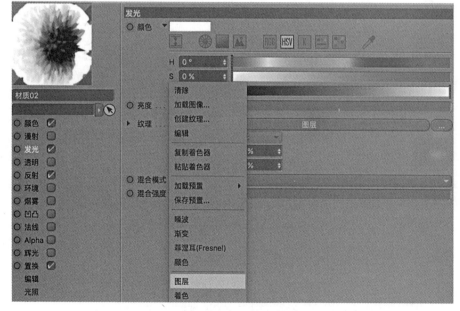

图9-66　创建图层纹理

（4）复制"颜色"通道中的"渐变",在"蒙板图层"中单击"着色器"按钮,选择

"粘贴着色器",将"渐变"复制到"图层"(见图9-67)。

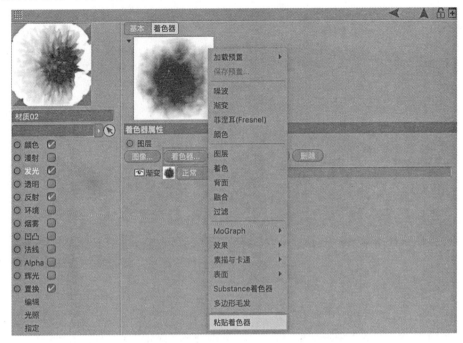

图9-67 将"颜色"通道的"渐变"复制到"发光"通道的"图层"

(5)选择"渐变",执行"右键>过滤",勾选"渐变曲线"下的"启用",调节RGB曲
线(见图9-68)。

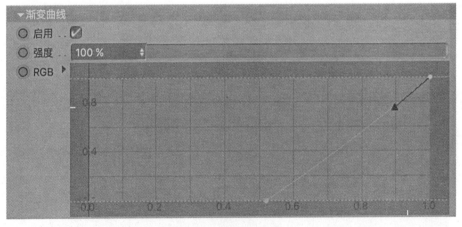

图9-68 调节渐变曲线

(6)将范围较大的"过滤"设为"图层蒙板"。

至此,我们将案例一中所设置的两个带动画的Alpha图案作为图层加载到"发光"
通道中。"蒙板图层"中的2个"过滤"图层的设置见图9-69。

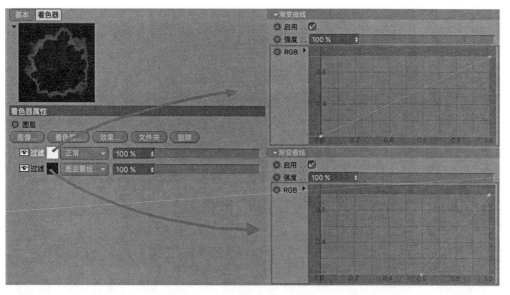

图9-69   "发光"通道中的两个"过滤"的渐变曲线

（7）选择"发光"通道，点击"着色器"按钮，选择"图层"来新建一个图层，并将新建的图层重命名为"纹理图层"（见图9-70）。

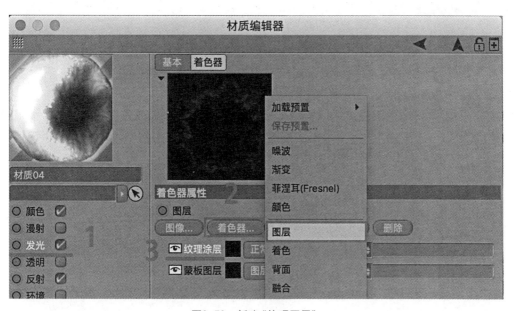

图9-70   新建"纹理图层"

（8）点击"纹理图层"的图标，进入"纹理图层"，再点击"着色器"按钮，选择"噪波"，创建"噪波"纹理。使用同样的步骤再创建一个"噪波"，将上层的"噪波"的图层属性改为"屏幕"（见图9-71）。

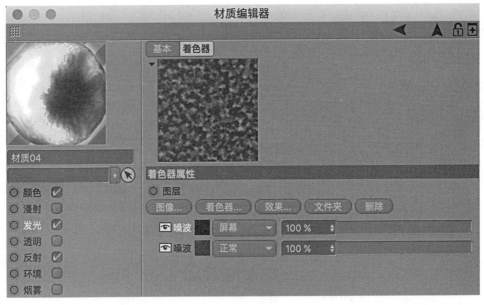

图9-71 创建噪波

两个"噪波"的参数见图9-72。

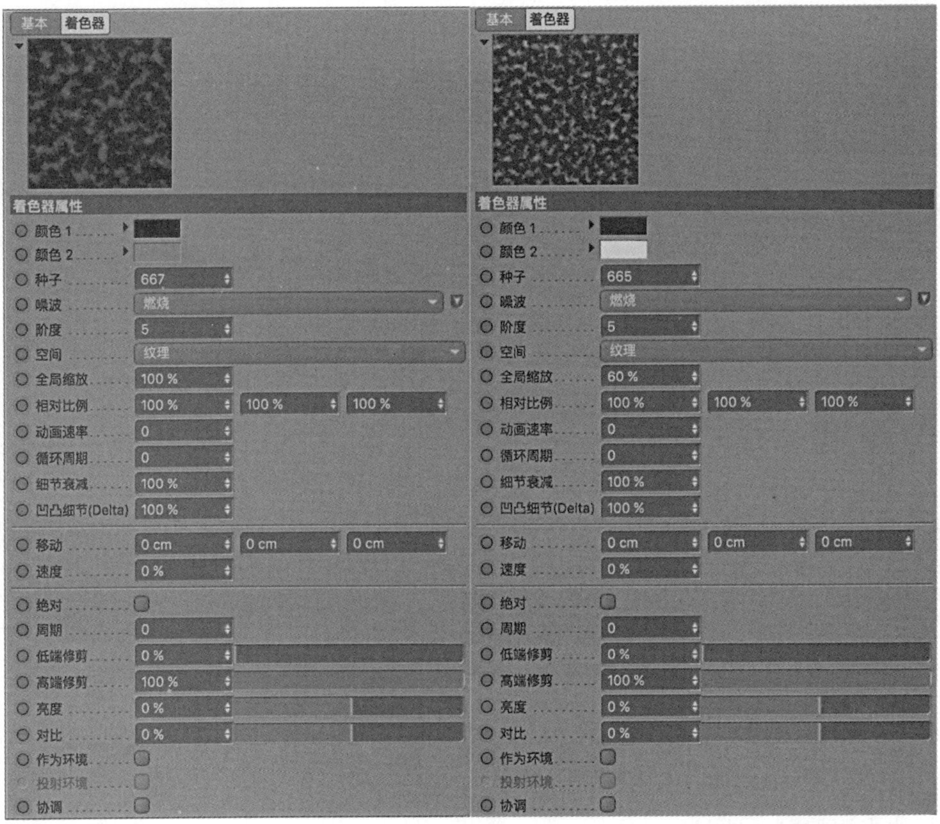

图9-72 调节噪波

（9）勾选"辉光"通道，参数设置见图9–73。

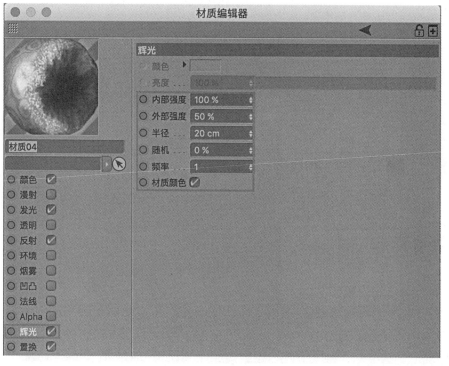

图9–73　调节辉光

测试渲染效果见图9–74。

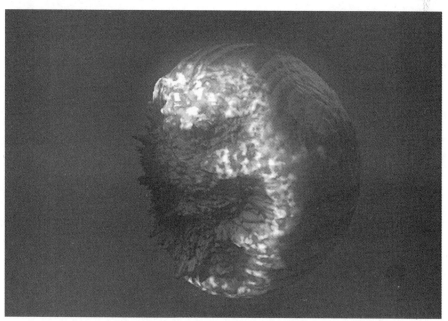

图9–74　测试渲染

观察图9-81发现,"岩浆"的亮度不足,可以通过增加"发光"通道的"亮度"来调节。将"亮度"增加至"500%",再次测试渲染(见图9-75)。

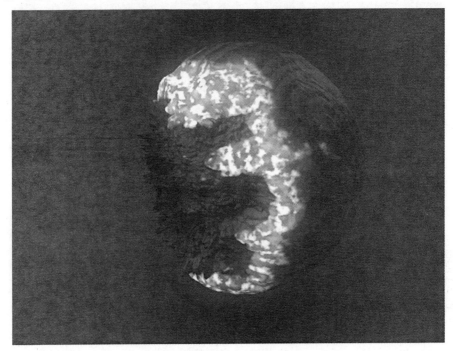

图9-75　调高"亮度"后再次测试渲染

■ 思考与练习题

1.练习通过调节程序纹理来模拟不同地形的"小星球"。

2.思考如何用程序纹理模拟岩石材质。

>>>> **本章知识点**

认识Maya界面面板

视图的布局及改变

工具的使用方法

层编辑器

坐标系统的转换

>>>> **学习目标**

全面地认识Maya界面元素

掌握各种操作工具的使用方法、通道框的
精确设定

掌握层编辑器的应用

认识坐标系统，并学会坐标系统的转换

　　通过学习认识Maya的界面元素，掌握常用工具、视图布局、层编辑器的基本使用方法。认识了Maya的界面工具和服务性命令语言，才能为以后更深入地学习Maya打下坚实基础。

第一节　Maya 用户界面

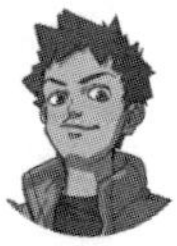

双击桌面上的Maya图标 运行Maya 2016，出现Maya 2016的启动界面（见图10-1）。

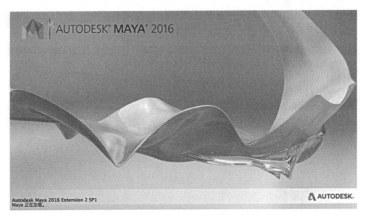

图10-1　Maya 2016的启动界面

执行"菜单>帮助>1分钟启动影片"，可以在线查看Learning Movies（视频教学），共有7段Maya的基础视频教学片段（见图10-2）。

Zoom, pan and roll: Navigation essentials

Move, rotate, scale

Create and view objects

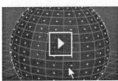

Component selection

Discover secret menus

Keyframe animation

Materials, Lights, and Rendering

图10-2　Learning Movies（视频教学）面板

Maya的主视窗由标题栏、主菜单栏、状态栏、工具架、模式设定栏、工具框、视图快速切换、时间滑块、范围滑块、通道框、层编辑器等部分组成（见图10-3）。

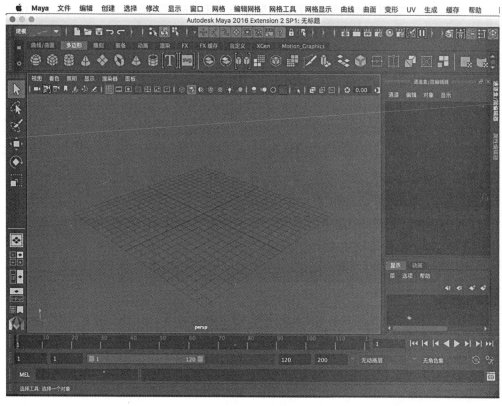

图10-3　Maya 工作界面

这些Maya主窗口的元素，包括标题栏、主菜单栏、状态栏等界面元素，都可以隐藏，最简单的界面窗口只有工作区。用户可以单击任意一个元素的 ▨▨▨▨ 按钮来隐藏元素。要显示界面元素，用右键单击其他未隐藏的 ▨▨▨▨ 按钮，从弹出菜单中选择需要显示的界面元素即可。

一、标题栏

标题栏显示了软件的版本、文件名称和文件所处的位置（见图10-4）。

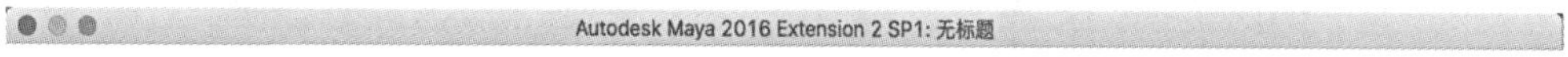

Autodesk Maya 2016 Extension 2 SP1: 无标题

图10-4　Maya 的标题栏

二、主菜单栏

Maya的菜单可被组合成多个菜单组，包括通用菜单组和可变菜单组。可变菜单组分为：Modeling（建模）菜单组、Rigging（装备）、Animation（动画）菜单组、FX（特效）菜单组和Rendering（渲染）菜单组。Maya Unlimited还有其他菜单组：Cloth（布料）菜单组和Live菜单组。当切换菜单组时，菜单栏上的可变菜单位置就会发生改变，左边通用菜单不变（见图10-5）。

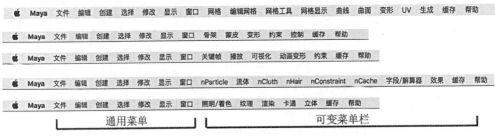

图10-5　Maya 的菜单栏

三、状态栏

状态栏中的命令项，很多是用于建模的，这样便于操作（见图10-6）。

图10-6　Maya 的状态栏

Maya 2016为用户提供了详细的帮助文档，当鼠标停在某个按钮上的时候，会自动弹出该按钮的功能注释，点左下角的"帮助"按钮，还可以在线查看详细的解释（见图10-7）。

图10-7　"新建场景"按钮的注释

为方便组织状态栏，按钮被分组放置，用户可以展开或折叠这些分成组的命令项。

系统默认状态为全部展开，需要折叠其中一项时，点击▌按钮；点击▌按钮为展开命令项（见图10-8）。

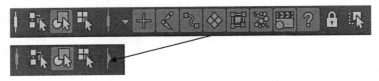

图10-8　状态栏的命令项被折叠

四、工具架

一些常用工具及用户自定义的一些项的集合组成工具架。工具架包含多个常用工具，用户可以创建自定义工具架，把常用工具和操作组织在一起（见图10-9）。

图10-9　Maya 的工具架

除了使用常用工具架，读者可以自定义工具架，也可以添加工具架的项目。工具架的最后项为"自定义"，用户可以自由添加项目。方法是按住Ctrl+Shift+Alt键，然后选择菜单中的项目，这样菜单项目就添加到工具架上了（见图10-10）。

图10-10　上图为空的自定义工具架，下图为添加了多个命令的自定义工具架

五、工具框

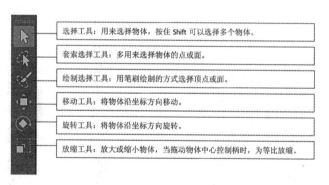

图10-11　工具框及工具作用简介

六、工作区

工作区是用来查看场景的区域。用户还可以让工作区显示各种编辑器，并以不同的布局方式来组织工作区中的面板。例如可以将视窗由1个视窗变为多个视窗，可以是2个、3个或4个视窗。视图面板实际上是一个通过虚拟摄像机看到的视图。共有4种默认

视图：透视图、前视图、侧视图和俯视图。

要观看场景可移动摄像机，操作方法如表10-1所示：

表10-1　移动摄像机的方法

按　住	拖　拽	摄像机操作
 Alt ＋	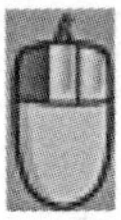 （鼠标）	摄像机全方位翻转，在正交视图不能翻转
 Alt ＋	 （鼠标）	平移摄像机
 Alt ＋	 （鼠标）	推拉摄像机

七、时间滑块

时间滑块用在Maya的动画设置上，它可以设定、显示一个动画的长短，控制动画的播放进度、播放速度等（见图10-12）。

图10-12　Maya 的时间滑块

八、范围滑块

范围滑块显示整个动画的全部帧数。这个滑块两侧各有两个对话框，里面的数值是这段动画的起始帧数和结束帧数，通过修改它们，可以控制动画的长度和起始帧数（见图10-13）。

图10-13　Maya 的范围滑块

在图10-13中，左起第一个对话框确定整个动画总长度的开始时间；

左起第二个对话框的数值代表观看这段动画的播放起点；

左起第三个对话框的数值代表观看这段动画的播放终点；

左起第四个对话框确定整个动画总长度的结束时间。

九、命令行

命令行是Maya的另一个强大功能,用户可以通过命令行来使用MEL命令语言。命令行分为两个部分。如图10-14所示,用户可以在左侧键入MEL命令,例如,可以键入一个命令来快速创建带有特定名称和半径的立方体。

图10-14　Maya 的命令行

提示:

对于复杂的一系列命令,可以单击最右侧的按钮,使用脚本编辑器(Script Editor)。

十、帮助行

帮助行是Maya为用户提供的一种即时服务功能,从中可以及时了解工具的名称、使用方法及步骤(见图10-15)。

图10-15　Maya 的帮助行

十一、通道框

通道框可以对选中物体的属性进行精确定义,它对要操作的物体属性进行精确描述(见图10-16)。

图10-16　Maya 的通道框

在通道框中一共有3方面的内容：

（1）通道盒编辑器：里面的选项是常用工具的各项参数。

平移X、Y、Z：反映的是移动工具对物体的操作参数，控制物体的坐标位置。

旋转X、Y、Z：反映的是旋转工具对物体的操作参数，控制物体的旋转角度。

缩放X、Y、Z：反映的是放缩工具对物体的操作参数，控制物体形状的大小。

可见性：反映的是物体的显示操作参数，默认状态为打开状态，也就是物体为正常显示状态。当在对话框中输入数值"0"时，对话框物体的显示状态为"Off"，那么被选中的物体则被隐藏。

（2）形状：显示被选中物体的名称。

（3）输入：里面的选项是被选中物体在创建时的各个参数值。修改它们可以改变物体的形状和属性。

提示：

对于不同的物体，它的输入项目是不同的（见图10-17），左图为多边形物体的输入项目，右图为RURBS物体的输入项目。

图10-17　不同的INPUTS项目

十二、层编辑器

层是将物体分组的一种方式，这样，用户可以在视图中轻松地管理它们，确定物体是否显示、以何种方式来显示物体，并可以将它们作为模板、线框，或者单独对它们进行渲染。在层编辑器中可以创建层、将对象添加到层中、使层可见或不可见等（见图10-18）。

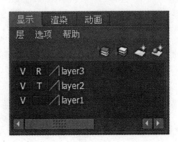

图10-18　Maya 的层编辑器

Maya 的层（Layer）有两种类型：显示层和渲染层。显示层是一个对象集合，用户可以快速地选择、隐藏或者以模板形式分离显示场景中的物体。例如，用户可以把一个人物角色添加到一个显示层中，这样可以隐藏它们，使用户专注于场景中的其他部分。

使用层菜单可以创建、编辑和管理层及其对象。选择一个层，并单击右键，这时会出现一个弹出式菜单（见图10-19）。

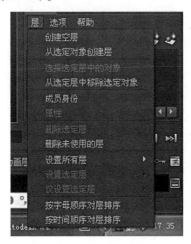

图10-19　层编辑器的管理菜单

1. 创建空层

使用默认名称，例如layer1、layer2……创建一个新的显示层或渲染层。

2. 删除未使用的层

删除选中的层，而不是删除层中的对象。当层被删除后，原先层中的对象将保留在默认层中。

3. 编辑层

双击选中的层，打开编辑层窗口，用户可以通过编辑层选项的设置编辑层属性（见图10-20）。

图10-20　"编辑层"面板

（1）名称：设置当前编辑层名称。

提示：

　　设置当前编辑层名称时，不能使用中文名称，名称中也不能带有符号，只能是英文字母，并且在同一文件里不能使用重复的层名称。

　　（2）显示类型：指定当前编辑层的类型，分为正常显示、模板显示线框、模板显示平滑。

　　正常显示：系统默认状态为正常显示，此时对象显示正常。这样用户就可以对此层中的对象进行所有操作。

　　模板显示线框：模板层中的对象以线框方式显示，对象无法选择、修改或吸附。

　　模板显示平滑：模板层中的对象以平滑方式显示，用户无法选中或修改它们，但可以吸附它们。

　　（3）可见：开启或关闭对象在层中的可见性。当不勾选时层中的对象将被隐藏，不被显示出来。

　　（4）颜色：选择一种颜色，以便将其分配到当前选中层上的所有对象。

4. 选择对象

执行Select Objects选项，将选中编辑层中包含的所有对象。

5. 添加选择对象

将选中的对象添加到选中的层中。

6. 移出对象

从选中层中删除所有对象，并将它们分配到默认层中。选中的层则变为空层。

7. 属性

为选中的编辑层打开属性窗口。属性中有一些选项在编辑层窗口中不可用。

8. 对象管理

选择对象管理，打开窗口，可以删除层中的对象，或为其添加对象。其中最上端为默认层。用户可以在众多的层中交换对象，也可以删除其中的某一个层（见图10-21）。

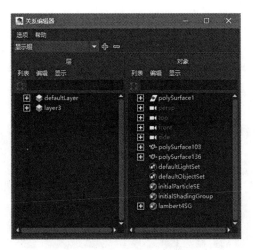

图10-21　Membership（对象管理）窗口

9. 选择全部没有使用的层

选择全部没有使用的层，此选项仅在层菜单中有效，单击右键后弹出的菜单中则没有此项。

10. 从分配的层中移除选中对象

从分配的层中移除选中对象。此选项仅在层菜单中有效，在单击右键弹出的菜单中则没有此项。

·263·

第二节　调整 Maya 的用户界面

一、改变视图的大小

系统默认刚打开时的视图为单视图，用户可以将工作区调整为多面板布局，例如，快速按一下空格键可以切换到由4个面板组成的默认布局，再次快速按一下空格键可以激活面板、放大为全屏显示（见图10-22）。

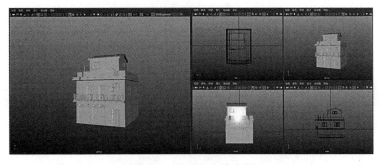

图10-22　视图大小的改变

二、改变视图的布局

视图布局大致分为：单个视图、四个视图、透视图+略图、透视图+图表、材质视图+透视图、透视图+图标+超图（见图10-23至图10-28）。

图10-23　单个视图

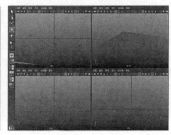
图10-24　四个视图

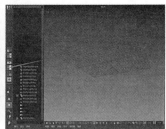
图10-25　透视图+略图

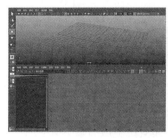
图10-26　透视图+图表

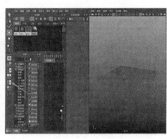
图10-27　材质视图+透视图

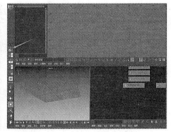
图10-28　透视图+图标+超图

三、重新定义工具架

一些常用工具及用户自定义的一些项的集合组成工具架。工具架包含有多个常用工具，用户可以创建自定义工具架，把常用工具和操作组织在一起（见图10-29）。

图10-29　Maya 系统默认的工具架

当我们要选择工具架里的项目时，只需点选它们的集合图表即可。例如选择 多边形 多边形建模工具架，就会出现多边形建模的相关工具（见图10-30）。

图10-30　多边形工具架下的部分工具

也可以点击工具架左端的  按钮，之后会弹出一个面板，它包括了当前工具架上的工具目录，快速选择所需的工具架即可（见图10-31）。

图10-31　工具架目录的选择方式

点击工具架左端的 ▼ 按钮，会弹出一个工具架管理菜单，包括Shelf Tabs（工具架显示）、Shelf Editor（工具架编辑）、New Shelf（创建新工具架）、Delete Shelf（删除工具架）、Load Shelf（加载工具架）、Save All Shelf（保存所有工具架）选项（见图10-32）。

图10-32　工具架管理菜单

1. 工具架选项卡

如果工具架关闭，那么视窗中不再显示工具架；只有当工具架为开启状态时，工具架才显示。

2. 工具架编辑

点击工具架左端的 ▼ ，并选择工具架编辑器，打开选项窗口（见图10-33）。在这里可以对工具架进行重命名、添加或删除等操作。

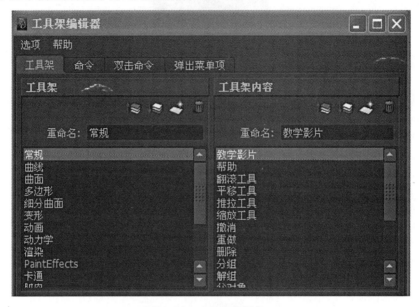

图10-33　工具架编辑窗口

3. 创建新工具架

点击工具架左端的 ▼ ，并选择新工具架，打开选项窗口（见图10-34）。

图10-34　创建新工具架选项窗口

输入新工具架的名称，创建出新的MyTool工具架（见图10-35）。

图10-35　刚创建的MyTool工具架

提示：

在创建工具架时，输入的名称中字母间不得有空，否则不能成功创建工具架。

4. 删除工具架

点击工具架左端的 ▼，选择删除工具架，当前选择的工具架将被删除。

5. 加载工具架

当用户不慎将常用工具架删除后，可以使用加载工具架命令，将误删的工具架进行加载。加载目录为C:\Documents and Settings\Adiministrator（用户的系统登录名）\My Documents\Maya\6.0\prefs\shelves。

6. 保存所有工具架

加载好工具架后，选择保存所有工具架，即可保存所有工具架。

四、层面板

在层编辑器的顶端有一组层显示按钮（见图10-36）。

图10-36　层显示按钮

▦：开启此按钮，显示隐藏属性编辑器。

▦：开启此按钮，显示隐藏工具设置。

▦：开启此按钮，表示在层编辑器中显示通道框和层编辑栏。

五、命令面板

对于复杂的一系列命令，可以单击 ▤ 最右侧的按钮使用脚本编辑器，也可以通过使用主菜单上的"窗口>常规编辑器>脚本编辑器"命令让脚本编辑窗口弹出（见图10-37）。

图10-37 Maya 的脚本编辑器

编辑器的上半部分显示了我们进行过的各项操作，其中也包括错误操作记录。同时，它还可以记录并显示我们进行的操作及响应的MEL语句；它的下半部分空白处是输入MEL语句的地方。在那里输入我们编辑的MEL 语句可以执行相应的操作。

第三节　Maya 的空间坐标

一、坐标系简介

Maya的3D坐标系统允许用户在3D空间中使用精确的数值来创建角色对象和场景物体。在XYZ坐标系统中，原点位于坐标系统的中心，坐标为（0，0，0）。空间中所有的点在X轴、Y轴和Z轴上都只有唯一的坐标。

提示：

用户可以选择让XYZ坐标系统是Y轴向上（Y-up）还是Z轴向上（Z-up）。
图10-38中，左图为系统默认Y轴向上，右图为Z轴向上。

图10-38　左图为Y轴向上，右图为Z轴向上

二、整体坐标

整体坐标也被称为"建模坐标",整体坐标系统的中心点就是原点。整体坐标描绘的是视图中的空间。例如,当用户移动摄像机时,其实就是在整体坐标系统中移动它。整体空间是以用户定义的单位表现的坐标系统。例如,模型汽车可在坐标系中以毫米为单位进行定义,房屋建筑可在坐标系中以厘米为单位进行定义。

三、局部坐标

局部坐标指的是围绕在某个角色或场景周围的空间,局部坐标系统的原点就是物体的中心。局部坐标也可以理解为物体间的相对坐标。

四、坐标系统的转换

改变XYZ坐标系统方向的方法如下:

(1)选择"窗口>设置/首选项>首选项"命令,选择设置类别。

(2)在整体坐标系统中,选择Y或Z。系统默认为Y(见图10-39)。

图10-39 系统参数设置面板

第四节 工具的使用方法

: 选择工具——单击选择场景中的对象,或者拖拽出选取框来选择多个物体。按住Shift键可以选择多个对象。

: 套索选择工具——当选择套索选择工具时,鼠标会变成套索形状 ,然后围绕着需要选择的对象进行圈套。双击套索选择工具的图标可以打开套索选择工具的属性框(见图10-40)。

图10-40　套索选择工具的属性框

（1）绘制风格：分为"开放"和"闭合"项。当选择"开放"项时，在绘制套索选区的过程中，选区为打开状态；当选择"闭合"项时，在绘制套索选区的过程中，选区为封闭状态。在图10-41中，左图为开放状态，右图为闭合状态。

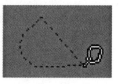

图10-41　左图为开放状态，右图为闭合状态

（2）组选择状态：分为"精确"和"快速"项。

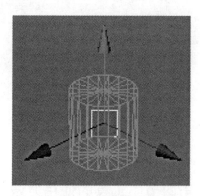（此处为移动工具图标）：移动工具——单击移动工具，选择要移动的对象，Maya会显示出带有4个手柄的移动操纵器（见图10-42）。

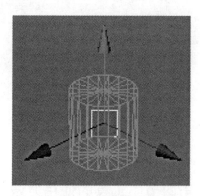

图10-42　移动操纵器

手柄的颜色与XYZ轴的颜色相对应，每个手柄对应的是在各自方向上平行移动。拖拽红色手柄，对象沿X轴方向移动；拖拽绿色手柄，对象沿Y轴方向移动；拖拽蓝色手柄，对象沿Z轴方向移动；拖拽中间的黄色方框，对象在3个方向上移动。双击移动工具的图标可以弹出移动工具的属性框（见图10-43）。属性框的内容会在学习修改菜单时详细讲解。

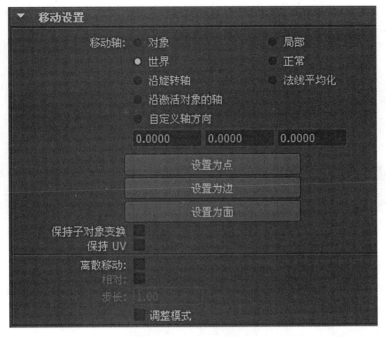

图10-43　移动工具属性框

: 旋转工具——使用旋转工具可以使对象围绕XYZ轴中的任意一个或全部来旋转。单击旋转工具，选择需要旋转的对象，Maya将会显示出由4个圆环组成的操纵器（见图10-44）。

图10-44　旋转操纵器

手柄的颜色与XYZ轴的颜色相对应，每个手柄对应的是在各自方向上旋转。拖拽红色圆环，对象沿X轴方向旋转；拖拽绿色圆环，对象沿Y轴方向旋转；拖拽蓝色圆环，对象沿Z轴方向旋转。双击旋转工具的图标可以弹出旋转工具的属性框（见图10-45）。属性框的内容会在学习修改菜单时详细讲解。

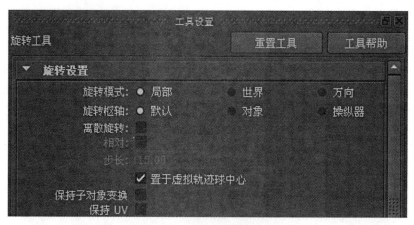

图10-45　旋转工具的属性框

　: 放缩工具——使用放缩工具, 可以在所有3D空间中成比例地改变对象的大小, 用户也可以选择其中的某个方向, 不成比例地放缩对象。单击放缩工具, 选择需要放缩的对象, Maya将会显示出4个操纵手柄 (见图10-46)。

图10-46　放缩操纵手柄

手柄的颜色与XYZ轴的颜色相对应, 每个手柄对应的是在各自方向上放缩。拖拽红色手柄, 对象沿X轴方向放缩; 拖拽绿色手柄, 对象沿Y轴方向放缩; 拖拽蓝色手柄, 对象沿Z轴方向放缩; 拖拽中心的黄色手柄, 对象会等比例放缩。双击放缩工具的图标可以弹出放缩工具的属性框 (见图10-47)。属性框的内容会在学习修改菜单时详细讲解。

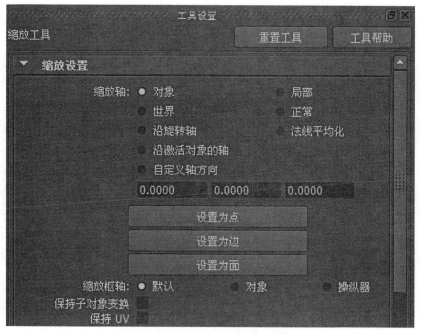

图10-47　放缩工具属性框

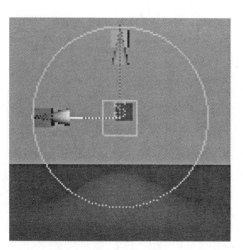：柔性修改工具——用户可以像雕刻家一样对几何体进行柔和的推拉修改（见图10-48）。

· 273 ·

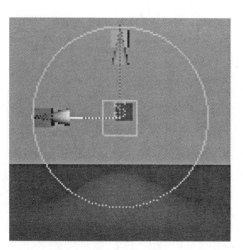

图10-48　平面被柔和地拉出一个凸起

双击柔性修改工具的图标可以弹出柔性修改工具的属性框（见图10-49）。属性框的内容会在学习修改菜单时详细讲解。

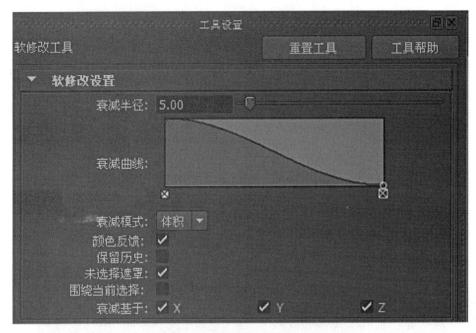

图10-49 柔性修改工具的属性框

柔性修改工具 可以让用户像雕刻家一样对几何形体进行推拉修改。几何体的中间点变形的幅度最大，然后从中间逐渐向外减弱。在图10-50中，左图为原始对象，右图为使用柔性修改工具夸张后的对象。

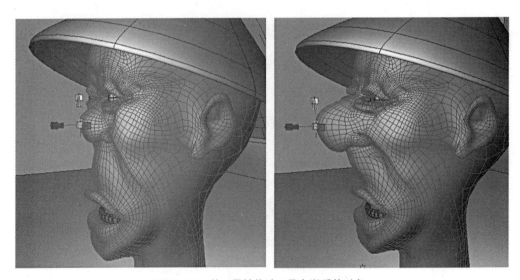

图10-50 使用柔性修改工具夸张后的对象

：操纵器工具——使用操纵器工具来访问曲面的构建历史，以此来交互改变对象的形状，是一种非常直观的方法（见图10-51）。

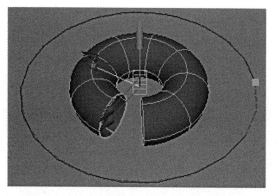

图10-51　利用操纵器来交互改变对象的形状

第五节　Maya 中的度量单位

在Maya中，数值设定是必不可少的工作，例如当创建一个圆环时，需要设置圆环的半径以及圆环截面的半径。在默认情况下，Maya 一般是以1厘米为1个单位。用户可以将一般单位设定为方便自己工作的任何长度。例如，每一个单位可以代表1毫米、1厘米、1米、1英寸、1英尺等。可以对1个单位值进行距离选择（见图10-52）。详细内容将会在学习窗口菜单时进行系统讲解。

图10-52　Maya 度量单位设定

提示：

当使用由多个场景组合而成的项目工作时，所有项目组成员必须使用一致的单位。

思考与练习题

1.对比Maya与Cinema 4D的界面，思考两个软件界面设计的异同。

2.练习创建自定义工具架。

第十一章 Maya 建模常用命令及实例

通过对本章的认真学习后，掌握各菜单命令的强大功能；学会通过调节各参数设置面板的数值来获得想要的效果；深入了解Maya官方网站提供的帮助信息；学会创建简单的物体模型。

第一节　简单工业模型

本章通过简单工业模型实例的制作, 全面介绍Extrude (拉伸) 命令的使用技巧, 以及各摄像机的使用方法, 帮助读者掌握视图对齐的要领。[①]

一、Extrude (拉伸)

在进行建模之前, 先来认识 "Edit Polygons (编辑多边形) >Extrude (拉伸)" 这一命令。使用Extrude 命令, 可以交互或直接在工作区进行拉伸处理。

(1) 选择多边形物体上要拉伸的边或者面。按鼠标右键从标记菜单中选择Edge (边) 选项进入到物体边选择级。

提示:

如果要拉伸物体的所有边, 则框选整个物体并高亮显示所有的边。如果要拉伸某些区域中的边, 则按住Shift键或者按住Ctrl键后单击并选择这些边。

(2) 选择 "Edit Polygons>Extrude" 命令, 会出现拉伸边操纵器 (见图11–1)。

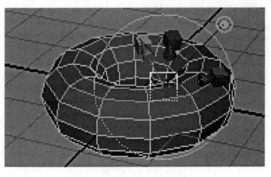

图11–1　拉伸边操纵手柄

可以使用操纵器来交互地拉伸面。操纵器的手柄的颜色对应X、Y和Z轴方向, 视图的左下方标明了轴方向。还可以使用这个操纵器进行缩放、移动和旋转操作, 并且改变它的枢轴, 以及在全局模式和局部模式之间进行切换。

---

① 本章节采用Maya英文版本讲解, 可以参考中文版对比学习。

在默认情况下，当拉伸边时，边的连接是关闭的，得到的拉伸效果见图11-2。

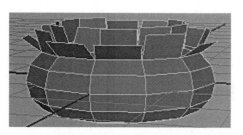

图11-2　拉伸边的效果

如果需要在拉边的同时保持边的连接性，可以点击操纵器手柄的圆形图标█，这时，拉伸边的轴将会有所改变，图11-3为保持边的连接下得到的拉伸边效果。

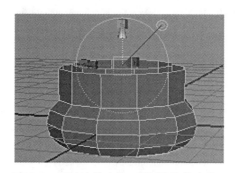

图11-3　保持边的连接下得到的拉伸边效果

选择"Edit Polygons>Extrude"打开选项窗口，其共分为三大部分，图11-4为进行Extrude选项设置的Local Values部分。

Local Values			
Offset	0.0000		
Translate	0.0000	0.0000	0.0000
Rotate	0.0000	0.0000	0.0000
Scale	1.0000	1.0000	1.0000
Direction	1.0000	0.0000	0.0000

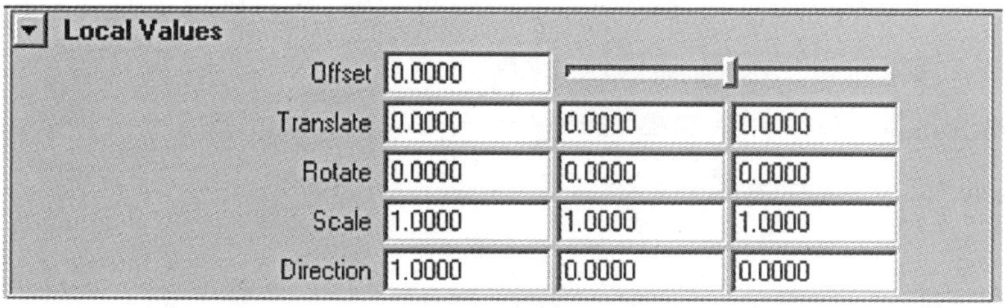

图11-4　Extrude 选项设置中的Local Values部分

Offset（偏移）：此选项能够使拉伸的面得到倒角效果，使提取的面产生修剪的效果，使复制的面产生均匀缩放的效果。

Translate（转换）：此选项可以在X、Y或Z轴方向上局部地移动拉伸或复制的面。数值表示拉伸或复制的面的局部移动距离。

Rotate（旋转）：此选项可以设置围绕X、Y或Z轴旋转的角度。

Scale（大小）：此选项可以设置围绕X、Y或Z轴的面的大小。

Direction（方向）：在此选项里输入数值可以设置X、Y或Z轴在局部轴中的位置。

图11-5所示为Extrude 选项中Global Values部分的设置。

图11-5　Extrude选项中Global Values部分的设置

Translate（转换）：此选项可以设置沿着X、Y或Z轴移动的数值。

Rotate（旋转）：此选项可以设置围绕X、Y或Z轴局部旋转的角度。

Scale（大小）：此选项可以设置围绕X、Y或Z轴的面的大小。

图11-6为Extrude选项中Other Values部分的设置：

图11-6　Extrude选项中Other Values部分的设置

Divisions（分割）：此选项只对Extrue Face选项和Extrue Edge选项起作用。通过设置数值来设置生成的中介面的多少。

Random（随机）：通过对此选项的参数进行设置，可以随机地拉伸面和边，或者通过使用从0到1之间的参数来随机地拉伸或复制面。

World Space Coords（全局坐标系统）：当使用Random（随机）选项时，可以打开World Space Coords选项使用全局坐标系统。

二、简单工业模型制作步骤及技巧

在视图菜单中选择摄像机属性编辑器命令，打开环境选项，分别为top、front、side设置图像平面并添加图片。创建一个正方形对齐视图参考图片，如图11-7所示。

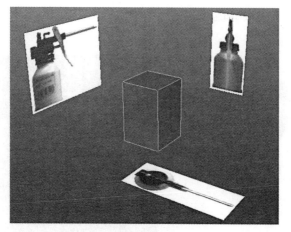

图11-7　视图参考图对齐效果

从壶的主体部分开始制作模型，创建圆柱体，将通道属性栏圆柱体的顶面数设置为0，并分别对齐三个视图的参考图片（见图11-8）。

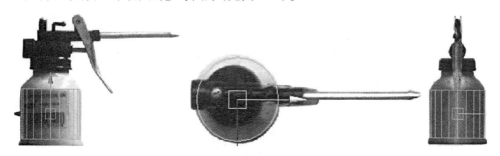

图11-8　创建壶的主体部分并对齐参考视图

选择圆柱体顶面，执行"Edit Mesh>Extrude"，或直接点选工具架▦图标，弹出"面挤出"手柄，调整挤出面的位置（见图11-9）。

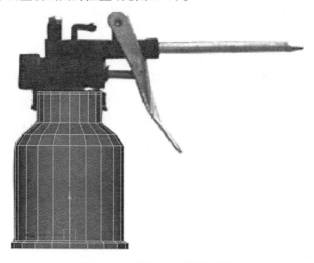

图11-9　用挤出命令创建的壶身

用同样的方法制作模型的其他部分，渲染效果见图11-10。

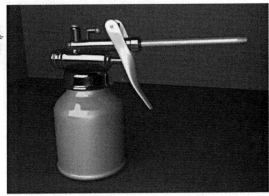

图11-10　制作完成的模型拓扑结构图

第二节　复杂对称工业模型——手机模型制作

本节详细地讲解了用Polygons（多边形）命令快速准确地做出模型的实例。将运用Polygons（多边形）建模的基本命令与实践结合，并通过对本节深入的学习，能够熟练掌握工业模型建造的高级技术。

在本节手机建模实例中，从基础命令着手，采用简单的方法，抛开了更多繁琐的工具命令，制作思路非常清晰。认真学习本章后，使用它可以制作各类机械模型。

一、Subdiv Proxy（细分代理）

在进行工业产品模型建造之前，要首先分析考虑模型的大致外形，仔细观察产品的拓扑结构，掌握模型的基本构造。要了解模型的分面情况，在进行建模的时候模型的拓扑结构一定要符合产品本身的结构走向，这样制作出的模型才会有更合理的结构、更逼真的效果。

选择要进行细分代理的多边形物体，使用"Polygons＞Subdiv Proxy"命令，图11-11所示，是正方体进行细分代理前后的模型对照。

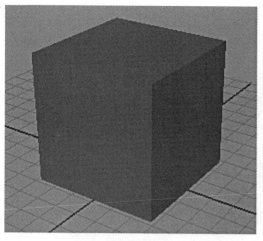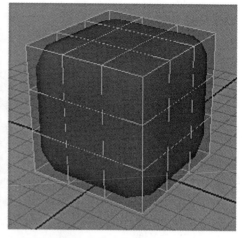

图11-11 正方体进行细分代理前后的模型对照

在建工业产品模型的时候，针对对称的模型，通常是先根据对称轴建造模型的一半，再对模型进行镜像操作得到另外一半。在执行"Polygons＞Subdiv Proxy"操作时，可以选择模型的一半后，进行Subdiv Proxy镜像参数设置得到整体的模型。图11-12是正方体的一半进行细分代理前后的模型对照。

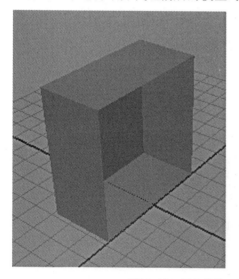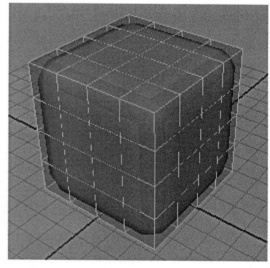

图11-12 正方体的一半进行细分代理前后的模型对照

提示：

在默认情况下，多边形细分代理是不做镜像操作的，只有对Subdiv Proxy参数进行调整时才能进行细分代理的镜像操作。

选择"Polygons＞Subdiv Proxy"打开Subdiv Proxy（细分代理）选项窗口，它共分为Setup和Dispiay setting两部分（见图11-13），可以对Subdiv Proxy各系统参数进行设置。

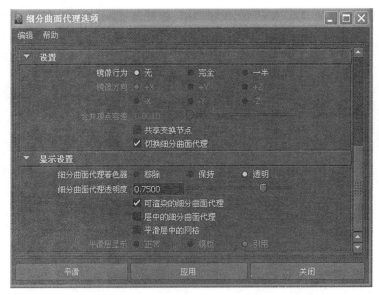

图11-13　Subdiv Proxy（细分代理）参数设置窗口

Mirror Behavior（镜像）有三个选项供选择：None，不做任何镜像处理；Full，依据选择的轴向进行镜像处理；Half，进行镜像翻转并光滑后的模型。

None选项为系统默认设置，此选项不会对细分代理的模型进行镜向操作。

Full选项被激活后，Mirror Direction选项被打开，可以选择镜像操作的轴向，系统会依据选择的轴向进行镜像操作。

Half选项被激活后，Mirror Direction选项也会被打开，选择镜像翻转操作的轴向，系统会依据选择的轴向进行镜像翻转操作。图11-14是三种选项的结果比较。

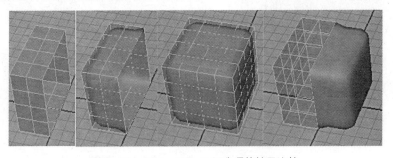

图11-14　None、Full、Half选项的结果比较

Mirror Direction（镜像轴向）：用来设置镜像操作的轴方向，方向分为：+X、+Y、+Z、-X、-Y、-Z。

Merge Vertex Tolerance（合并顶点）：用来设置镜像操作后的左右模型顶点间距离合并值。值越大、合并顶点的距离越大；值越小，合并顶点的距离越小。

Display Settings（显示设置）：可以设置多边形模型光滑代理后原先多边形的显示方式，分为Remove、Keep、Transparent三种选择方式。

选中Remove，原多边形以线框方式进行显示；选中Keep，保持原显示方式不变；选中Transparent，以半透明方式进行显示，图11-15是三种显示方式的比较。

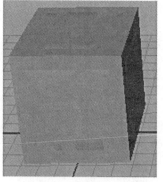

图11-15　三种显示方式的比较

二、Booleans（布尔运算）

现在开始进行模型建造。首先使用视图菜单"View＞Camera Attribute Editor…"命令创建视图平面。设置好各视图的参考图片。

（1）选择菜单中的"Create＞Polygon Primitives＞Cube"命令，或点击工具架的 图标图标创建立方体。选择pCube1，单击右键选择Vertex（点），使用移动工具移动各顶点，将顶点调整到与Side视窗的参考图片对齐的位置（见图11-16）。

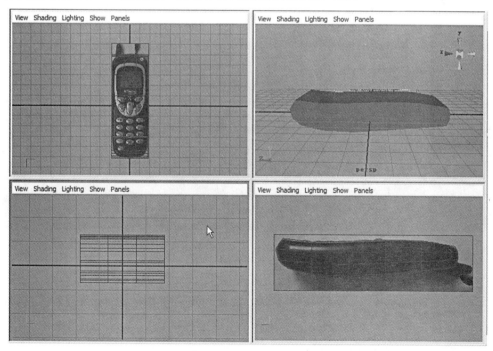

图11-16　使顶点在Side视窗中对齐

（2）选择多边形模型，选择"Polygons>Subdiv Proxy"，对多边形进行光滑代理显示，选择pCubeShape1，单击右键选择Vertex（点），使用移动工具移动各顶点，将顶点调整与到与Top视窗的参考图片对齐的位置（见图11-17）。

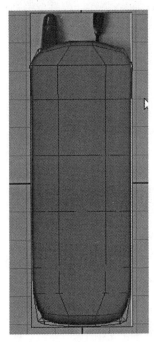

图11-17　将pCubeShape1的顶点与Top视窗参考图对齐

（3）选择pCubeShape1，单击右键选择Vertex，使用移动工具移动各顶点，将顶点分别调整到与Side和Front视窗的参考图片对齐的位置（见图11-18）。

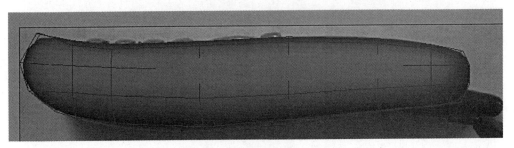

图11-18　将pCubeShape1的顶点与Side视窗参考图准确对齐

（4）在多次对齐顶点后，手机模型基本成型，为了保证模型的准确度，要尽可能做到顶点位置一一对应（见图11-19）。

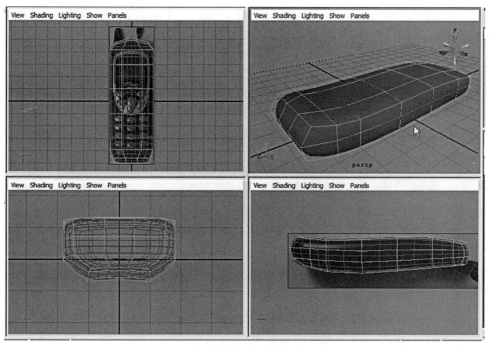

图11-19　多次对齐顶点后的手机大体形状

为了保证模型的对称性，在进行对称模型建造的时候，常用的解决办法是先做出模型的一半，再通过"Polygons>Subdiv Proxy"进行镜像操作复制得到另一半。

（5）单击右键选择Face（面），进入多边形的面选择状态，之后选择多边形左边的面，将其删除（见图11-20）。

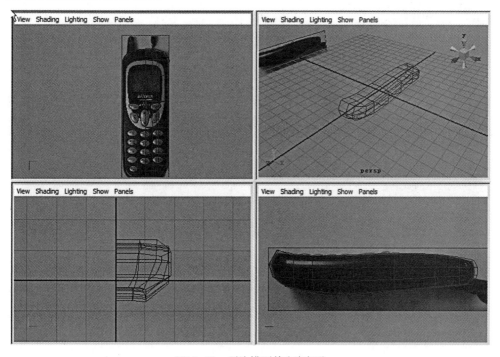

图11-20　删除模型的左半部分

（6）选择"Polygons>Subdiv Proxy"，打开Subdiv Proxy选项窗口，激活"Setup>Mirror Behavior>Full"选项，选择Mirror Direction轴向为-X方向，并且选择Display Settings方式为Remove（见图11-21）。

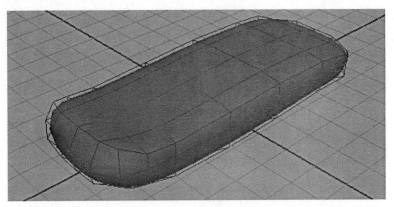

图11-21　细分代理后的模型

（7）选择"Edit Polygons>Split Polygon Tool"，或者点击工具架的 图标对手机模型进行细分处理，沿着手机模型顶面边缘进行环形分割得到更多的模型细节（见图11-22）。

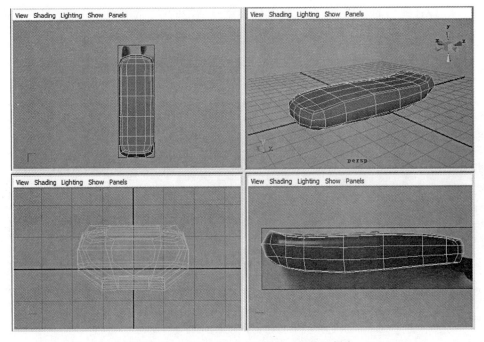

图11-22　使用Split Polygon Tool工具切割边

（8）单击右键选择Face，进入多边形的面选择状态，选择手机下部的面，执行"Edit Polygons>Duplicate Face"，将下半部分面复制出来，并删除多余的面，得到手机的大体结构（见图11-23）。

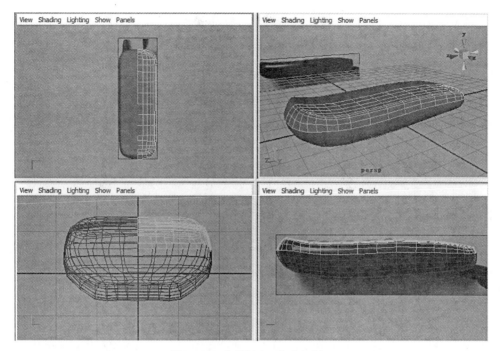

图11-23　将手机上下部分切割开

（9）先选择"Great>CV Curve Tool"命令绘制曲线，再选择"Surfaces>Extrude"命令拉伸得到要进行布尔运算的辅助多边形，参照Side视窗参考图将辅助多边形放置到合适位置（见图11-24）。

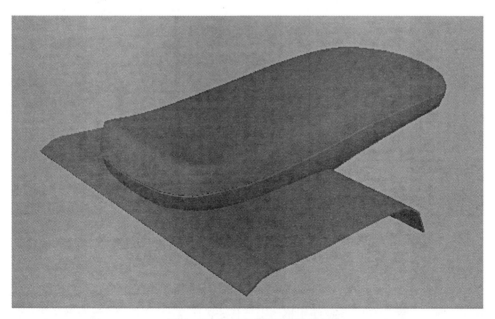

图11-24　进行布尔运算前的准备

（10）先选择手机模型，按住Shift键后选择布尔运算辅助多边形，执行"Polygons >Booleans>Difference（多边形>布尔运算>相减）"，单击右键选择Vertex，使用移动工具移动各顶点，并调整顶点数目及位置，使之符合手机的拓扑结构（见图11-25）。

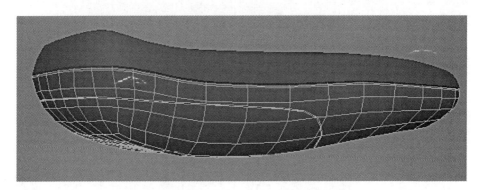

图11-25　进行布尔运算后调整好顶点位置

（11）选择菜单中的"Create>Polygon Primitives>Cylinder"命令，或点击工具架的图标创建立方体。选择pCylinder 1，单击右键选择Vertex，使用移动工具移动各顶点，调节顶点位置得到单独的手机天线形状（见图11-26）。

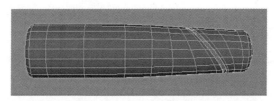

图11-26　制作手机天线

（12）参照Side视窗参考图，使用移动工具将天线放置到合适的位置（见图11-27）。

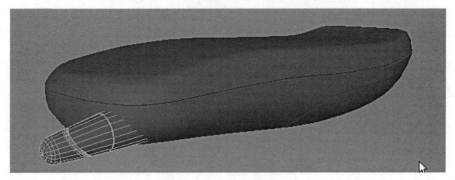

图11-27　放置手机天线到准确位置

（13）先选择手机模型，按住Shift键后选择手机天线，执行"Polygons>Booleans> Union"，单击右键选择Vertex，使用移动工具移动各顶点，并调整顶点数目及位置，使之符合手机的拓扑结构（见图11-28）。

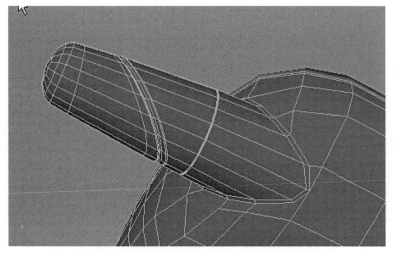

图11-28 进行布尔运算后调整顶点得到的手机天线

（14）选择菜单中的"Create>Polygon Primitives>Sphere（创建>多边形几何物体>圆球体）"命令，或点击工具架的 图标创建立方体。选择pSphere 1，单击右键选择Vertex，使用移动工具移动各顶点，调节顶点位置，复制出9个参照Top视窗的参考图并将其依次摆放到手机按键处（见图11-29）。

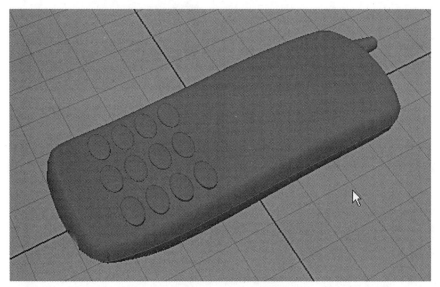

图11-29 摆放手机按键位置

（15）选择全部手机按键，复制并稍加放大，进行布尔运算后得到按键的孔洞。先选择手机模型，按住Shift键后选择放大后的手机按键，执行"Polygons>Booleans>Difference（多边形>布尔运算>相减）"，单击右键选择Vertex，使用移动工具移动各顶点，并调整顶点位置，使之符合手机的拓扑结构（见图11-30）。

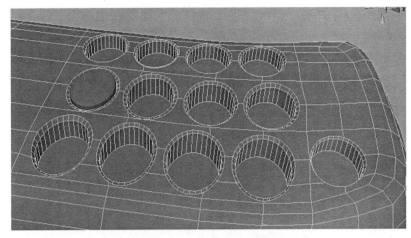

图11-30　制作手机按键的孔洞

（16）用同样的方法，将其余的手机按键完成（见图11-31）。

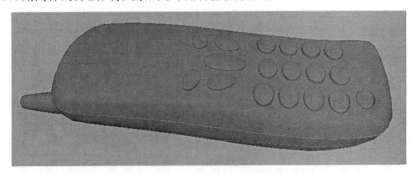

图11-31　完成全部的按键

（17）选择菜单中的"Create > Polygon Primitives > Cylinder（创建 > 多边形几何物体 > 圆柱体）"命令，或点击工具架的 图标创建立方体。选择圆柱体，单击右键选择Vertex，使用移动工具移动各顶点，参照Top视窗的参考图，调节顶点位置，得到和手机屏幕外轮廓一致的多边形（见图11-32）。

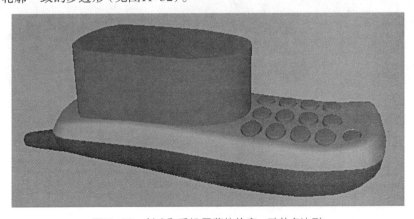

图11-32　创建和手机屏幕外轮廓一致的多边形

（18）先选择手机模型，按住Shift键后选择和手机屏幕外轮廓一致的多边形，执行
"Polygons>Booleans>Difference"，单击右键选择Vertex，使用移动工具移动各顶点，并
调整顶点位置，使之符合手机的拓扑结构（见图11-33）。

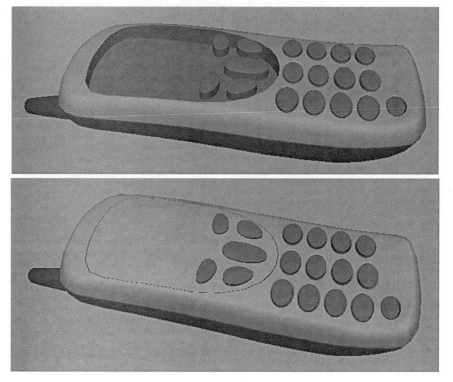

图11-33　进行布尔运算得到手机屏幕外形

（19）用同样的方法进行布尔运算，完成手机模型的局部细节，然后调整点、边，使
拓扑结构符合手机的结构走向，得到全部的手机模型细节（见图11-34）。

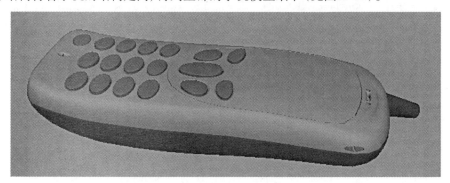

图11-34　通过布尔运算得到的手机模型细节

（20）模型制作结束后，选择视图菜单中的"Shading>Wire frame on Shaded"打
开线框显示界面，和最终模型进行比照，查看拓扑结构，调整不符合拓扑走向的局部
（见图11-35）。

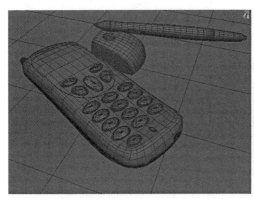

图11-35　查看最终模型的拓扑结构

第三节　场景道具模型

本节主要讲解场景道具模型中经常用到的植物模型，Polygons（多边形）建模的基本命令结合Maya强大的变形器功能，能简单方便地制作植物的模型。通过对本章的深入学习，读者能够熟练地掌握植物模型创建的高级技术。

一、Revolve（旋转）

在进行建模之前，先来认识"Surfaces>Revolve"命令的使用方法和参数选择。使用Revolve命令可以旋转对称模型的剖面曲线以得到模型。

选择菜单中的"Surfaces>Revolve"命令，打开Revolve选项窗口（见图11-36）。

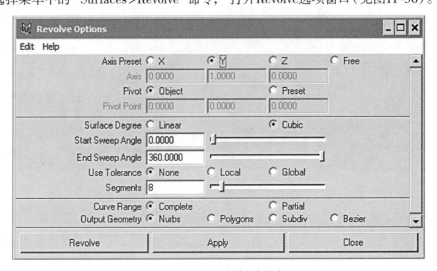

图11-36　Revolve（旋转）选项窗口

Axis Preset（轴向）：分为X、Y、Z、Free轴线方向。同一条CV曲线采用不同的轴线方向得到的模型会截然不同。图11-37是同一曲线分别以X、Y、Z轴向旋转的模型。

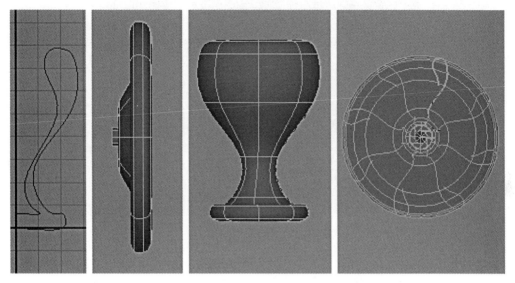

图11-37　同一曲线分别以X、Y、Z轴向旋转的模型

Start Sweep Angle/End Sweep Angle（旋转起始角度）：用来设置旋转的角度，控制旋转得到的最终模型形状。

Output Geometry（输出模型形式），主要包括以下3种：

Nurbs：选择此项旋转得到的模型为曲面模型；

Polygons：选择此项旋转得到的模型为多边形模型；

Subdiv：选择此项旋转得到的模型为细分面模型。

二、Create Lattice（晶格）

创建晶格命令以整体调整模型，可以选择整个模型，也可以通过选择模型的部分顶点来创建局部晶格，再通过控制晶格实现对整体模型或模型局部造型的控制。

选择模型或选择部分顶点，选择Animation模块下菜单中的"Deform>Create Lattice（创建晶格）"命令，在晶格上单击右键，选择Lattice Point，选择移动或旋转工具调整顶点的位置。被选择的模型会受到晶格的控制而产生变形（见图11-38）。

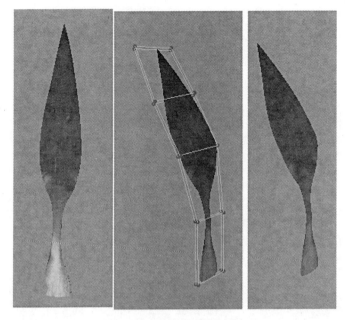

图11-38　晶格变形后的竹叶

选择"Deform＞Create Lattice"命令，打开Create Lattice选项窗口（见图11-39）。

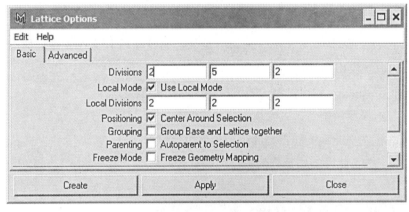

图11-39　Create Lattice（创建晶格）选项窗口

Divisions（分段）：通过设置Divisions的参数来控制产生晶格的段数，值越大，段数越多。

三、Bend（弯曲）

Bend变形器是用来控制模型整体弯曲的变形器。选择"Create＞Polygon Primitives＞Plane"命令，或点击工具架的▨图标创建多边形平面，必须添加较多的结构线（见图11-40）。

图11-40　创建多边形平面

选择多边形平面，选择Animation模块下菜单中的"Deform > Create Nonlinear > Bend"命令，出现交互式操纵手柄，通过调整通道栏Bend1参数的各个选项值，实现对多边形平面的弯曲（见图11-41）。

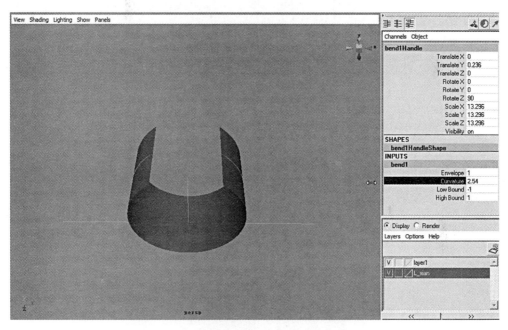

图11-41　调整通道栏Bend1的参数控制平面形状

四、模型制作

选择菜单中的"Create > CV Curve Tool"命令，或点击工具架的 图标，在Side视图绘制出花瓶的剖面结构曲线。单击右键选择Vertex，使用移动工具调整各顶点位置（见图11-42）。

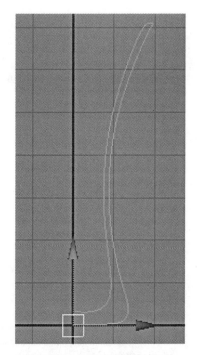

图11-42　绘制花瓶剖面结构线

选择绘制出的剖面结构线，选择菜单中的"Surfaces>Revolve"命令，并调整为以Y轴为轴心进行旋转，得到花瓶的模型（见图11-43）。

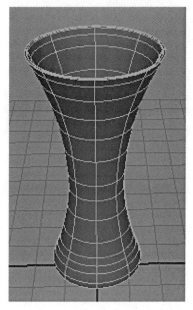

图11-43　旋转曲线得到花瓶的模型

用同样的方法建造花瓶里盛的水的模型，选择合适的水位以达到协调的效果（见图11-44）。

图11-44　花瓶和瓶内水的模型

　　选择菜单中的"Create>Polygon Primitives>Cylinder"命令，或点击工具架的 图标创建立方体。选择pCylinder 1，单击右键选择Vertex，使用移动工具移动各顶点，调节顶点位置，让植物的茎略微弯曲（见图11-45）。

图11-45　略微弯曲的植物茎

用同样的方法制作出多根植物的茎, 也可以采用先复制然后调整顶点位置的方法得到另外几根植物茎（见图11-46）。

图11-46　制作好全部植物的茎

选择 "Polygons＞Create Polygon Tool" 命令, 沿着竹叶的外轮廓点击鼠标, 绘制出竹叶的形状（见图11-47）。

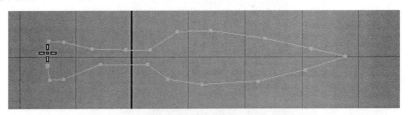

图11-47　用创建多边形工具绘制出竹叶的形状

单击右键选择Face, 选择菜单中的 "Edit Mesh＞Extrude" 命令, 拉出叶片的厚度, 然后调整Vertex的位置, 单片竹叶模型完成（见图11-48）。

图11-48　完整的竹叶形状

选择竹叶，选择Animation模块下菜单中的"Deform>Create Nonlinear>Bend"命令，出现交互式操纵手柄，通过调整通道栏Bend1参数的各个选项值，来控制竹叶的变形状态（见图11-49）。

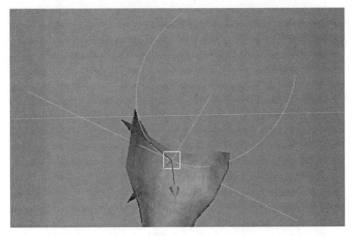

图11-49　用变形器控制得到的竹叶

应用好变形后，选择菜单中的"Edit>Delete By Type>History"命令，变形器操纵手柄消失。使用移动工具，把已经做好变形处理的竹叶摆放到合适的位置，使其附着在植物的茎上（见图11-50）。

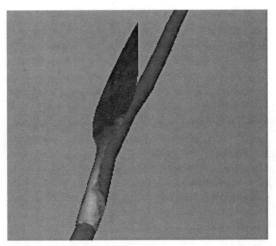

图11-50　附着在茎上的竹叶

选择竹叶，选择菜单中的"Edit>Duplicate"命令，将复制出的竹叶依照植物生长结构摆放到合适的位置。为了保证每片竹叶的形状各异，需要对每片竹叶进行单独的变形处理。

选择任意一片竹叶，选择Animation模块下菜单中的"Deform>Create Lattice"命令，在晶格上单击右键，选择Lattice Point（晶格点），选择移动或旋转工具调整顶点的位置，竹叶模型会受到晶格的控制而产生变形（见图11-51）。

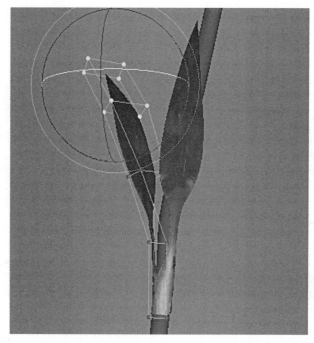

图11-51　使用晶格变形改变竹叶的形状

　　反复重复上一步的操作，多次复制变形竹叶，并将竹叶摆放到合适的位置（见图11-52）。

图11-52　依次摆放变形后的竹叶

　　为了使模型达到生动逼真的效果，得对每一片竹叶进行变形处理。逐一选择竹叶，选择Animation模块下菜单中的"Deform＞Create Lattice"命令，在晶格上单击右键，选择Lattice Point（晶格点），选择移动或旋转工具调整顶点的位置，晶格的变形控制着竹叶的变形（见图11-53）。

图11-53　对每片竹叶进行晶格变形

　　按照植物的生长结构依次摆放好每片竹叶的位置，并调整竹叶的外形。注意安排竹叶的整体布局（见图11-54）。

图11-54　竹叶模型位置正确

将场景中不需要的竹叶进行清理，将竹子的茎和竹叶进行群组后，选择菜单中的"Edit＞Delete By Type＞History"命令，删除历史记录，变形器操纵手柄消失（见图11-55）。

图11-55　删除历史后的模型

第四节　卡通角色模型制作

本节将深入细致地讲解Polygons（多边形）动画角色模型实例，作者运用Polygons（多边形）建模的一些简单命令并结合自身多年实践经验，让读者深刻地了解动画角色模型的建造方法，能够熟练地使用动画角色建模的高级技术。

在动画角色模型建模实例中，从基础命令着手，采用简单的方法，抛开了更多烦琐的工具命令，制作思路非常清晰，使用它可以制作各类卡通动画角色模型。

在进行动画角色模型建造之前，首先分析模型的整体造型，仔细观察动画角色模型的拓扑结构，了解模型的结构情况；在进行建模的时候，模型的拓扑结构一定要符合产品本身的结构走向，这样制作出的模型在后期加入动画的时候才能达到最佳效果。

一、Sculpt Geometry Tool（雕刻工具）

在进行建模之前，先来认识"Mesh＞Sculpt Geometry Tool（编辑多边形＞雕刻工具）"命令的用途及使用方法。使用Sculpt Geometry Tool命令可以非常方便地编辑模型的顶点位置，并且可以通过雕刻Polygons，来改变顶点位置从而改变模型形状。具体操作方法如下：

（1）选择要进行雕刻的多边形物体。选择"Mesh>Sculpt Geometry Tool"命令，图11-56是圆球体模型进行雕刻推拉的对照图。

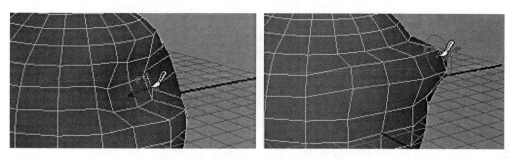

图11-56　圆球体进行雕刻推拉的对照图

（2）选择"Mesh>Sculpt Geometry Tool"，打开Sculpt Geometry Tool选项窗口，其共分为Brush和Sculpt Parameters两部分，可以对Brush系统参数进行设置（见图11-57）。

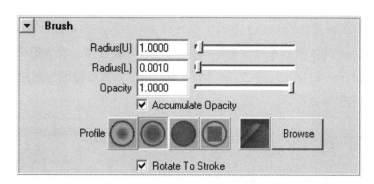

图11-57　Brush参数设置界面

可以通过调整Radius（U）、Radius（V）和Opacity的值，来实现雕刻工具的压力控制。值越小，压力越小，对模型的作用力也就越小，反之亦然。

Profile是用来控制笔触形状的，系统提供了四种选择方式，还可以通过Browse选项选择笔触形状。

Sculpt Parameters选项用来设置笔触的拉伸方式，分为：Push（推）、Pull（拉）、Smooth（平滑）。在默认情况下，雕刻工具沿Normal（法线）方向进行推操作，可以选择Sculpt Parameters复选框下的选项更改拉伸方式。现在让我们来认识一下Sculpt Parameters的系统参数（见图11-58）。

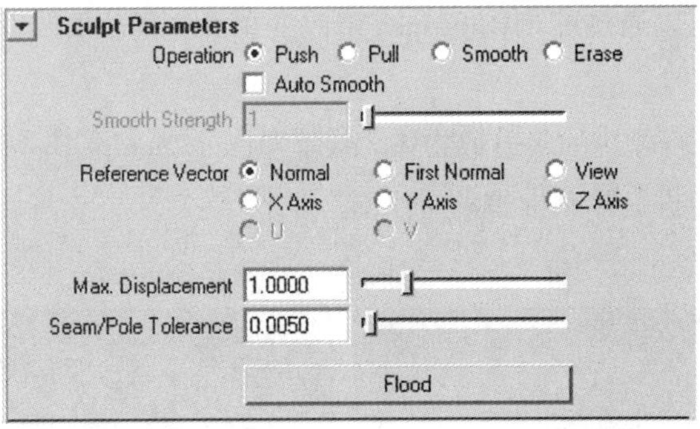

图11-58 Sculpt Parameters 参数设置窗口

Reference Vector用来设置雕刻刀的拉伸方向,分为Normal、First Normal、View、X Axis、Y Axis、Z Axis。

Max. Displacement用来设置雕刻工具的压力大小,值越大,压力越大;值越小,压力越小。

二、卡通角色建模

选择"View>Camera Attribute Editor…"创建视图平面。

在弹出的Camera Attribute Editor…设置面板中,选择Environmt选项,点击Image Plane旁的Greate按钮,然后选择预定好的参考图,作为建模参考背景图片。选择菜单中的"Create>Polygon Primitives>Cube"命令,或点击工具架的 ▇ 图标创建正方体,并调整顶点位置(见图11-59)。

图11-59 创建基础形体

单击右键选择Face，选择腿部的面，然后执行菜单中的"Edit Mesh>Extrude"命令（见图11-60）。

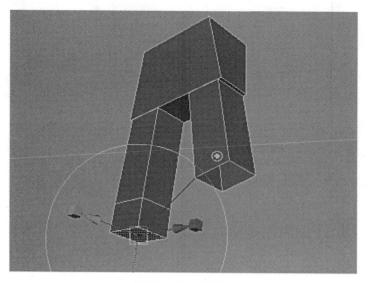

图11-60　拉伸面

选择底部的面，反复执行Extrude 命令，并单击右键选择Vertex，使用移动工具移动各顶点，将顶点调整到相应位置，得到卡通角色身体的形状（见图11-61）。

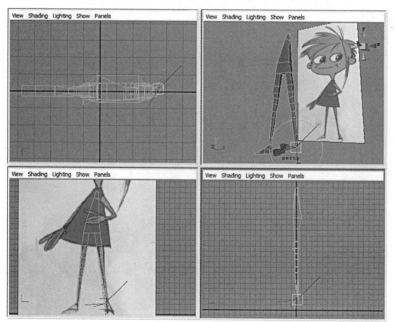

图11-61　多次拉伸面后得到的身体形状

选择角色肩部的面，执行"Edit Mesh>Extrude"命令，拉伸出手臂的形状（见图11-62）。

图11-62　通过Extrude命令拉伸出手臂的形状

选择"Edit Polygons>Split Polygon Tool"命令, 在手掌处进行切割, 得到手指的拓扑结构(见图11-63)。

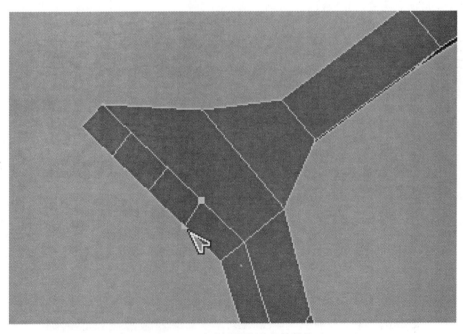

图11-63　切割出手指的拓扑结构

选择"Edit Mesh>Extrude"命令, 拉伸出手指关节(见图11-64)。

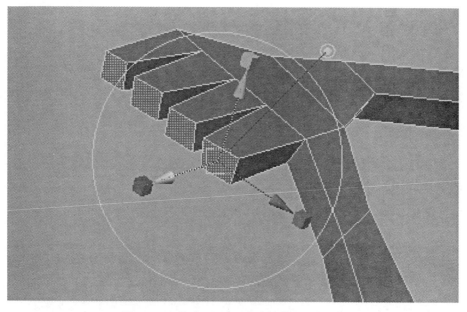

图11-64　通过Extrude 命令拉伸出手指关节

继续使用"Edit Mesh>Extrude"命令进行多次拉伸，并单击右键选择Vertex，使用移动工具移动各顶点，将顶点调整到相应位置，得到手指外形（见图11-65）。

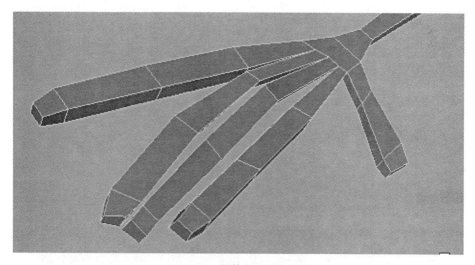

图11-65　拉伸得到手指形状

单击右键选择Vertex，使用移动工具移动各顶点，调整身体和右手臂的顶点位置（见图11-66）。

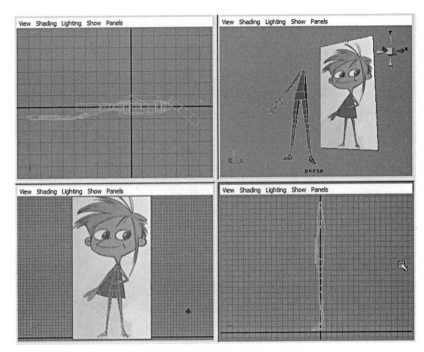

图11-66　做出身体和右手臂

选择菜单中的"Create>Polygon Primitives>Sphere"命令,或点击工具架的 图标创建圆球体。单击右键选择Vertex,使用移动工具移动各顶点,使之对齐Front视窗的参考图片(见图11-67)。

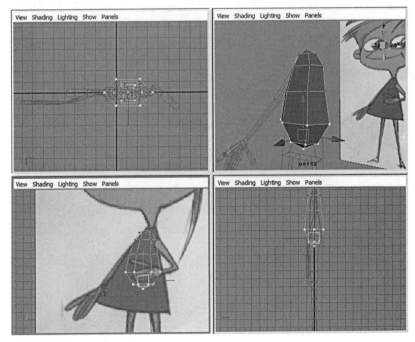

图11-67　创建圆球体

单击右键选择Face，进入圆球体的面选择状态，删除圆球体顶部和底部的面，然后调节剩余面的顶点，使之符合角色衣服的拓扑结构（见图11-68）。

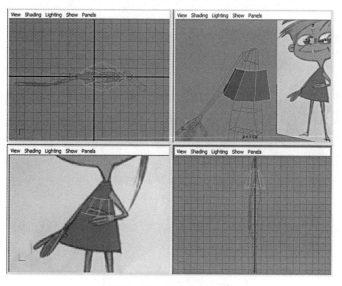

图11-68　制作角色衣服

单击右键选择Edge（边），进入模型的边选择状态，选择衣服边缘的边，然后执行"Edit Polygons＞Extrude Edge"命令（见图11-69）。

图11-69　拉伸衣服边缘的边

多次拉伸边，然后调整顶点位置，得到衣服的模型（见图11-70）。

图11-70　角色衣服模型

选择左肩膀的面，选择"Edit Mesh>Extrude"命令，进行多次拉伸，并单击右键选择Vertex，使用移动工具移动各顶点，将顶点调整到相应位置，得到左手臂的模型（如图11-71所示）。

图11-71　拉伸得到左手臂造型

选择模型，并选择"Polygons>Smooth"，查看光滑后的身体部分模型（见图11-72）。

图11-72　光滑后的身体部分模型

用同样的方法，选择菜单中的"Create>Polygon Primitives>Sphere"命令，或点击工具架的 图标创建圆球体。调节顶点并使之对齐Front视窗的参考图片，要让其符合头部的拓扑结构（见图11-73）。

图11-73　创建头部形体

选择"Edit Polygons>Split Polygons Tool"命令，或点击工具架的▨图标，对眼部拓扑结构线进行细分，并调整顶点的位置；选择"Polygons>Smooth"，比较光滑前后的头部模型（见图11-74）。

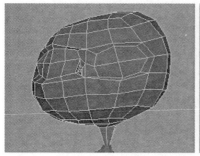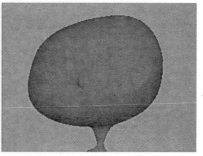

图11-74　光滑前后的头部模型

创建眼球，选择菜单中的"Creat>Polygon Primitives>Sphere"命令，或点击工具架的图标⬤创建圆球体。调节顶点并使之对齐Front视窗的参考图片，要让其符合眼球的拓扑结构（见图11-75）。

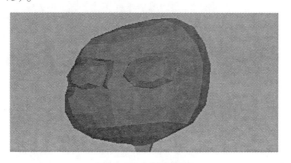

图11-75　创建眼球

继续使用"Edit Polygons>Split Polygons Tool"命令，或点击工具架的▨图标，对嘴部拓扑结构线进行切割，并选择嘴巴边缘的边，执行"Edit Polygons>Extrude Edge"命令，调整顶点到合适的位置后，选择"Polygons>Smooth"，比较光滑前后的嘴部模型（见图11-76）。

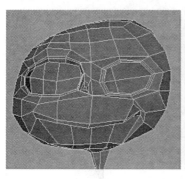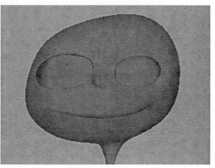

图11-76　创建嘴巴

选择耳根的面，执行菜单中的"Edit Mesh>Extrude"命令，单击右键选择Vertex，使用移动工具将顶点调整到相应位置，得到耳朵的形状（见图11-77）。

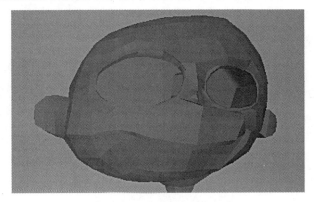

图11-77　拉伸面得到耳朵造型

选择眼球、头，选择"Polygons>Smooth"，头部建模完成（见图11-78）。

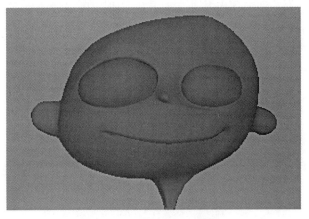

图11-78　光滑后的头部效果

选择头部头皮部分的面，选择"Edit Polygons>Duplicate Face"，选择复制得到的面并执行"Edit Mesh>Extrude"命令，得到发冠模型（见图11-79）。

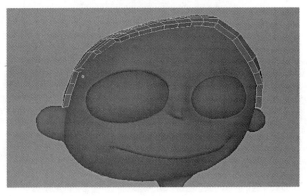

图11-79　发冠模型

依次分组选择头顶的面,并分别执行"Edit Mesh>Extrude"命令,拉伸并调整顶点位置,得到头发形状(见图11-80)。

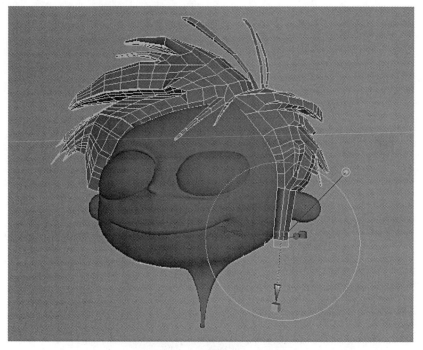

图11-80　拉伸面得到头发模型

调整头和身体及衣服的位置,卡通角色模型制作结束(见图11-81)。

图11-81　调整头和身体及衣服的位置

赋予材质后的模型会呈现出角色的精神面貌和形象特征,将模型进行组合后会形成一定的构图,对其进行渲染可以得到更佳的效果(见图11-82)。

图11-82　模型完成稿

第五节　游戏角色头像模型

　　本节揭示了人物头部建模的奥秘,详细地讲解了Polygons快速方便的人头建模实例。通过对本节的深入学习,读者将所学到的Polygons建模命令运用到实践中,可以掌握Maya人头建模的高级技术。

　　在本节人头制作的高级实例中,采用的是简单易行的办法,方便理解记忆,抛开了更多烦琐的命令语言,制作思路清晰明了。这是作者通过多年教学经验积累而总结出的一种方便可行的方法,使用它可以制作各种人头模型。

　　通常在人头建模前,要认真思考模型的分面情况,仔细观察人头的拓扑结构,掌握人头的布线规律(见图11-83、图11-84)。在进行建模的时候,模型的拓扑结构一定要符合人物的骨骼、关节以及面部肌肉走向,这样在以后的表情动画制作过程中,才会有更逼真的效果。

图11-83　人头面部布线分析

图11-84　构思草图以掌握头部结构

　　选择"View>Camera Attribute Editor…"创建视图平面。

　　在弹出的"Camera Attribute Editor…"设置面板中，选择Environmt选项，点击Image Plane旁的Greate按钮，然后选择预定好的参考图，将其作为建模参考背景图片（见图11-85）。

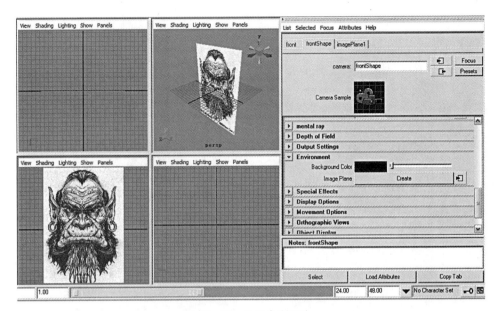

图11-85　设置参考图片

选择菜单中的"Create>Polygon Primitives>Sphere"命令，或点击工具架的⬤图标创建圆球体。

在通道框中设置Subdivisions Axis和Subdivisions Height的细分段数均为8（见图11-86）。

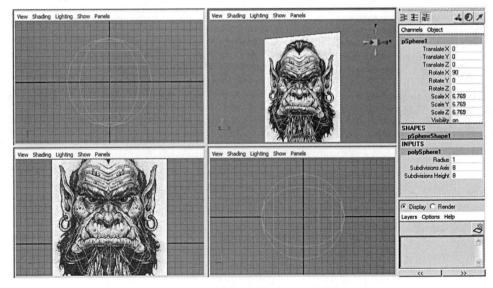

图11-86　创建基本几何体——圆球体

提示：

在做对称模型的时候，为了保证模型的对称性，常用的解决办法是先做出模型的一半，再通过镜像操作复制出另一半。

进入圆球体的面选择状态，并选择圆球体左边的面，然后调节剩余面的顶点，使之符合嘴部肌肉的拓扑结构（见图11-87）。

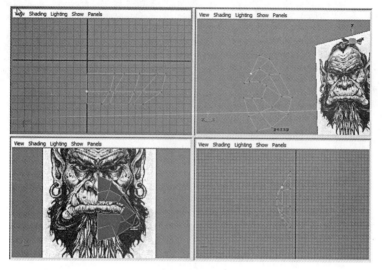

图11-87　调节顶点并使之符合嘴部拓扑结构

用同样的方法，选择菜单中的"Create > Polygon Primitives > Sphere"命令，或点击工具架的 ● 图标创建圆球体。删除圆球体的后半部分面以及中心的面，调节顶点使之符合眼部肌肉的拓扑结构（见图11-88）。

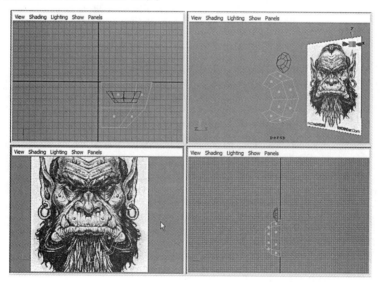

图11-88　调节顶点并使之符合眼部拓扑结构

选择pSphere1、pSphere2，单击右键选择Vertex，使用移动工具移动各顶点，将顶点调整到相应位置（见图11-89）。

图11-89　调节眼部、嘴部顶点的位置

单击右键选择Edge，选择嘴部边缘的边，然后执行菜单中的"Edit Polygons > Extrude Edge"命令（见图11-90）。

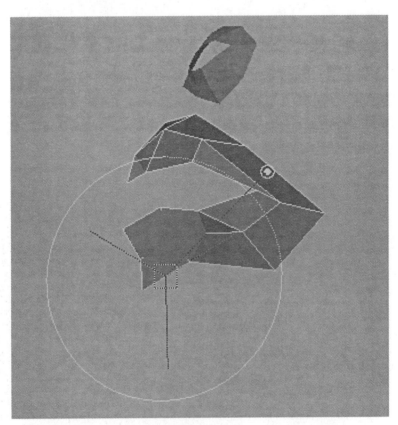

图11-90　选择嘴部边缘的边进行拉伸

选择菜单中的"Edit Polygons > Extrude Edge"命令，多次执行后调整Vertex的位置，将头像腮部的面调整到位（见图11-91）。

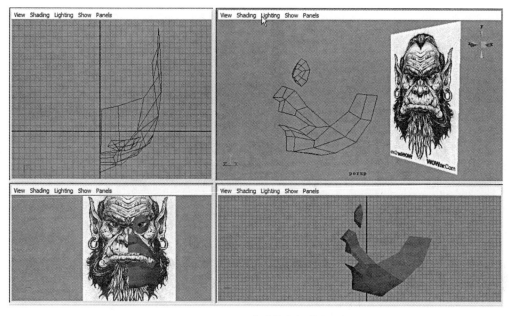

图11-91　调整头像腮部的面

继续选择模型的Edge，拉伸得到头像面部的面，并调整Vertex的位置（见图11-92）。

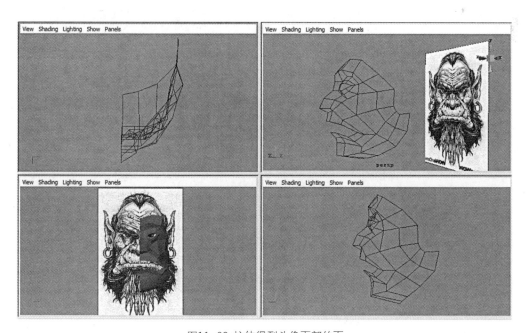

图11-92　拉伸得到头像面部的面

拉伸边，选择顶点进行调整（见图11-93）。

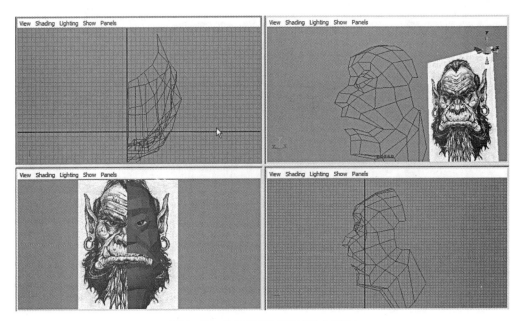

图11-93　拉伸得到头部正面的全部面

　　将头部的面全部拉伸完毕并调整好位置后，在颈部会出现未合并顶点的边，选择"Edit Polygons>Merge Edge Tool（合并边工具）"命令，依次将未合并的边进行合并处理，得到头像的大体形状（见图11-94）。

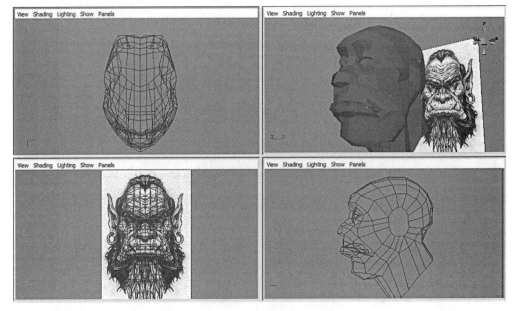

图11-94　合并边后得到的头像大体形状

　　单击右键选择Vertex，使用移动工具移动各顶点，将顶点调整到相应位置，让模型更具有鲜明的特征，更加符合参考视图的形象特征（见图11-95）。

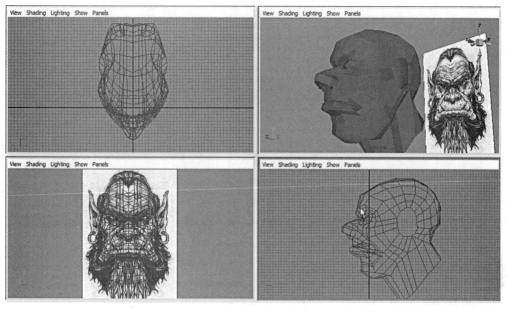

图11-95 局部细微调整

在经过多次调节点后,人物头像的面貌特征已经显现出来,和背景视图的特征基本一致(见图11-96)。

图11-96 多次细微调整后得到的大体形状

选择"Edit Polygons>Split Polygons Tool(分割多边形工具)"命令,对嘴部拓扑结构线进行细分,并调整顶点的位置(见图11-97)。

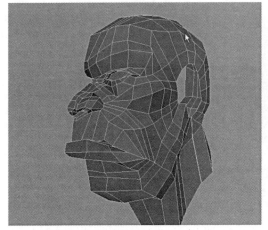

图11-97　调整局部细节

选择"Polygons＞Smooth Proxy（光滑代理）"打开选项窗口，对模型进行光滑代理（见图11-98）。

图11-98　Smooth Proxy（光滑代理）选项窗口

选择Mirror Direction复选框下的-X选项，将其确定为光滑代理后反转的轴向，选择Display Settings对显示方式进行设置。

进行光滑代理后，能够通过调整光滑前的多边形顶点来对光滑后的模型进行控制（见图11-99）。

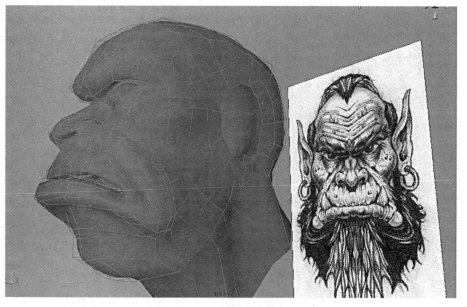

图11-99　对模型进行光滑代理

提示:

进行Smooth Proxy(光滑代理)后,系统会在通道栏的层面板中自动增加PolySurface1SmoothMesh层和polySurface1ProxyMesh层,它们分别用来放置光滑代理后和光滑代理前的模型,方便后面的建模操作(见图11-100)。

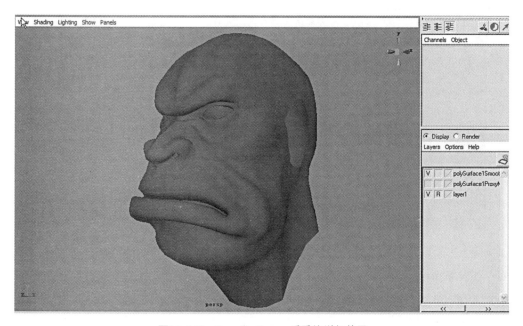

图11-100　Smooth Proxy 后系统增加的层

光滑后的多边形模型基本符合人头模型的大体形状,但细节之处不够,需要增加面以添加更多的细节。使用分割多边形工具可以创建新的顶点、边和面,选择"Edit Polygons>Split Polygons Tool"命令,对整体拓扑结构线进行细分(见图11-101)。

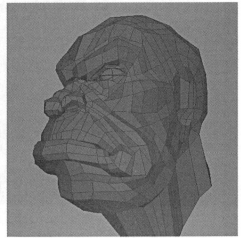

图11-101　用分割多边形工具细分模型

逐步细分后调整顶点的位置,增加面部的细节,在调节面部顶点的同时,应反复对比观察光滑代理前后的模型(见图11-102)。

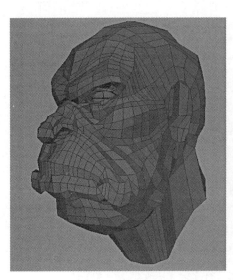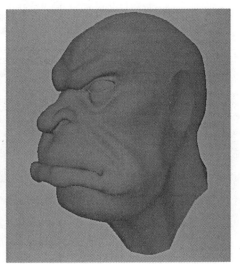

图11-102　反复对比观察光滑代理前后的模型

选择菜单中的"Create>Polygon Primitives>Cube"命令,或点击工具架的▤图标创建立方体。单击右键选择Vertex,使用移动工具移动各顶点,调整顶点得到牙齿形状(见图11-103)。

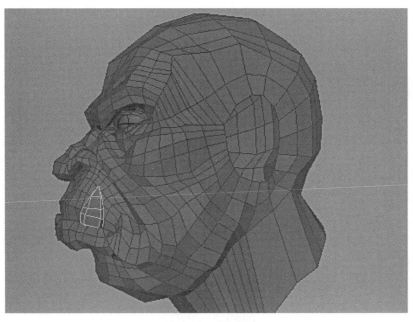

图11-103　创建牙齿

反复使用"Edit Polygons＞Split Polygons Tool"命令，以及多次调整点后，做出逼真的人头模型的细节（见图11-104）。

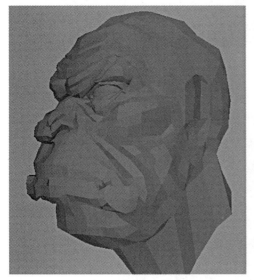

图11-104　完整的头部模型

选择"Polygons＞Create Polygon Tool"命令，在侧视图中绘制出耳廓的形状（见图11-105）。

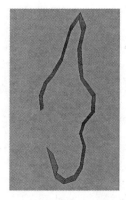

图11-105　在侧视图中绘制出耳廓的形状

选择"Edit Polygons>Extrude Edge"命令，拉伸耳廓内部的边（见图11-106）。

图11-106　拉伸边得到的耳廓内部的边

选择"Edit Polygons>Extrude Edge"命令，继续拉伸耳廓的边，单击右键选择Vertex，使用移动工具移动各顶点，将顶点调整到合适的位置（见图11-107）。

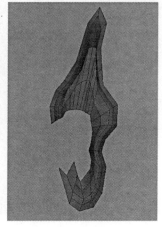

图11-107　拉伸边得到的耳朵的大体轮廓

选择"Polygons>Append To Polygon Tool"命令，将分开的多边形面进行连接，得到一个完整的耳廓（见图11-108）。

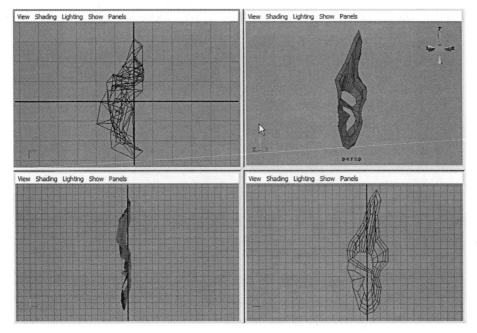

图11-108　完整的耳廓

选择"Edit Polygons>Extrude Edge"命令，选择耳洞的边，拉伸得到耳洞，单击右键选择Vertex，使用移动、旋转工具移动各顶点位置（见图11-109）。

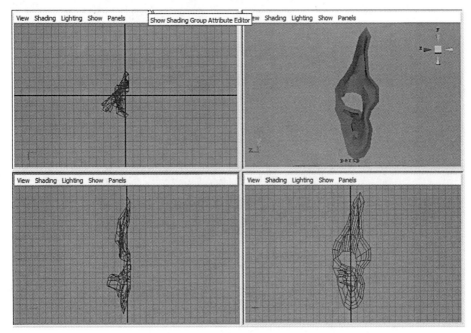

图11-109　创建的耳洞

选择"Polygons>Append To Polygon Tool(连接多边形工具)"命令,将没有封闭的多边行面进行封闭连接;选择"Edit Polygons>Split Polygons Tool"命令,对拓扑结构线进行细分,并调整顶点的位置(见图11–110)。

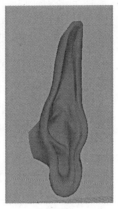

图11–110　耳朵模型

选择菜单中的"File>Import(输入)"命令,选择保存好的耳朵场景文件,将耳朵输入到场景中,移动耳朵到头部的合适位置(见图11–111)。

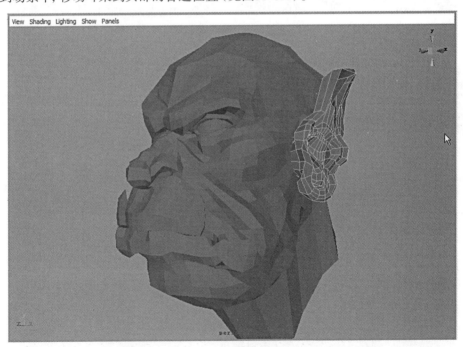

图11–111　导入耳朵场景文件

选择"Polygons>Combine(合并)"命令,将耳朵和头部进行合并,此时虽然从表面看上去耳朵和头部之间还有一定的距离,并没有连接在一起,但只要使用了Combine命令后,两个模型就会合并成一个整体(见图11–112)。

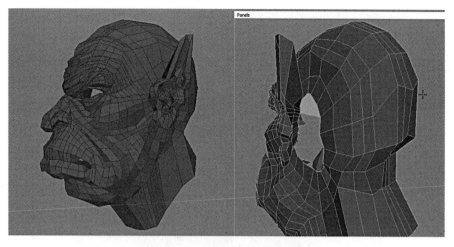

图11-112 将耳朵和头部合并后

选择"Polygons>Append To Polygon Tool"命令，将没有封闭的多边行面进行封闭连接；选择"Edit Polygons>Split Polygons Tool"命令，对拓扑结构线进行细分，并调整顶点的位置，消除耳朵和头部间的空隙（见图11-113）。

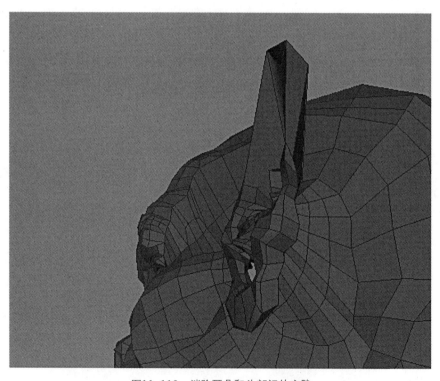

图11-113 消除耳朵和头部间的空隙

选择PolySurface1SmoothMesh层，查看光滑代理后的模型（见图11-114）。

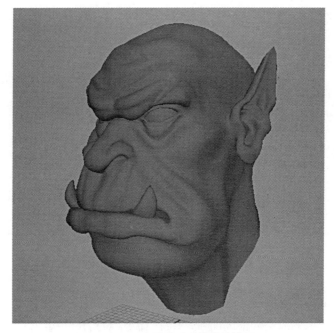

图11-114　光滑代理后的头部模型

选择菜单中的"Create>Polygon Primitives>Cube"命令，或点击工具架的 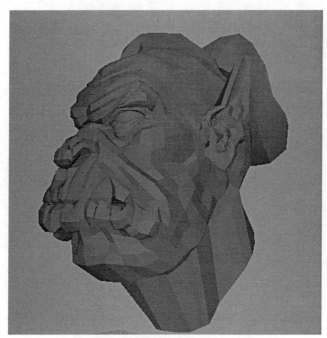 图标创建立方体。单击右键选择Vertex，使用移动工具移动各顶点，调整顶点得到发髻形状（见图11-115）。

图11-115　创建完毕的多边形人头模型

删除多边形的历史记录，删除光滑代理模型，将多边形进行镜像后，选择"Polygons>Smooth"命令，得到最终的人头模型（见图11-116）。

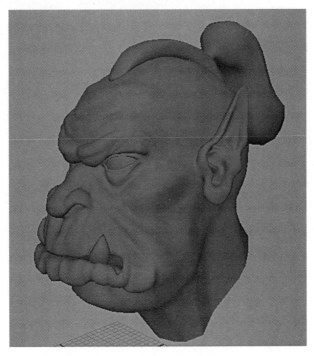

图11-116　最终的人头模型

思考与练习题

1.思考不同建模方法的差异和共同点。

2.以自己的照片为参考制作头部模型。

>>>> **本章知识点**

常用建模命令及使用方法

工业模型的建模技巧

道具模型的建模技巧

卡通角色的建模技巧

人物角色建模技巧

>>>> **学习目标**

全面掌握各种类型的建模技巧

　　本章由浅入深地、细致地讲解了多边形建模的常用命令的使用技巧，将多边形建模的一些常用命令与作者多年的实践经验相结合，对实际物体实例创作进行讲解，帮助读者了解模型的建造方法。

第一节 文件菜单

本章将介绍Maya的文件管理和项目管理,包括如何创建场景、打开和保存场景、优化场景、输入和输出文件、创建和编辑项目,以及Maya支持的文件格式等。

一、新建场景

选择"文件>新建场景"命令,新建一个场景。如果Maya已经打开了一个场景文件且没有保存当前场景,那么在新建场景时会出现一个警告对话框(见图12-1)。

图12-1 提示保存当前场景的警告框

要保存当前场景文件的内容,可以单击"保存"按钮;要放弃当前的场景文件,则单击"不保存"按钮;要放弃当前的操作,则单击"取消"按钮。

选择"文件>新建场景"打开选项窗口(见图12-2),可进行新建场景选项的设置。

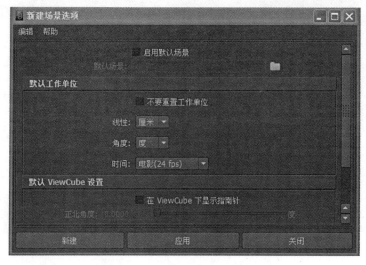

图12-2 新建场景参数设置面板

1.创建默认场景

当创建默认场景为开启时,默认场景选项打开,可以设置默认场景路径。

2.确定默认场景路径

创建场景并添加常用对象(如:灯光、摄像机……),然后选择"文件＞新建场景",打开新建场景参数设置面板,开启默认场景,并选择默认场景路径。默认场景创建成功,表示用户以后创建的新场景里就带有默认的对象内容。

二、打开场景

选择"文件＞打开场景"命令,弹出一个文件浏览器对话框。选择需要打开的场景文件,单击"打开"按钮打开文件。

提示:

当Maya已经启动成功,再次打开文件时,文件浏览器将自动进入到当前项目的场景目录中。

选择"文件＞打开场景"打开选项窗口(见图12-3),可进行打开场景选项的设置。

图12-3 打开场景参数设置面板

1.文件类型

文件类型选项用来设置Maya在下次打开文件时使用的默认文件格式。如果用户对项目进行了设置，Maya将会只显示所选择类型的文件。

2.执行脚本节点

Maya Binary文件或Maya Ascii文件中的脚本节点都包括Mel脚本。用户界面配置信息是作为一个脚本节点属性通过计算机语言信息交换码存储在Maya 场景文件中的。如果关闭执行脚本节点选项，UI脚本节点就不会被执行。

3.参考

加载默认引用选项用来加载可能已被卸载的所有引用文件；选择性预加载选项用来有选择地加载可能已被卸载的引用文件。

三、保存场景

当读者工作进行到一定阶段时，可以选择保存场景命令来保存当前场景，以便下次继续工作。

提示：

读者在保存文件以前，最好先优化场景的大小（执行"文件>优化场景大小"命令），以减少磁盘空间的使用。

选择"文件>保存场景" 打开选项窗口（见图12-4），可进行保存场景选项的设置。

图12-4　保存场景参数设置面板

1.增量保存

如果增量保存处于打开状态，每次保存场景文件时，都会创建一个备份文件。这些备份文件是以递增形式存在的。

2.限制增量保存

只有当增量保存为开启状态时，限制增量保存才可以使用。它可以对Maya创建、储存的备份文件的数量设置一个限制值，默认值是20个递增数。可以设置增量数值来确定递增数值。

四、场景另存为

选择"文件>场景另存为"重命名场景文件，此时会打开保存窗口。

输入新的文件名，单击保存，Maya会在指定名称下保存文件内容。

选择"文件>场景另存为"打开选项窗口（见图12-5），可进行场景另存选项的设置。

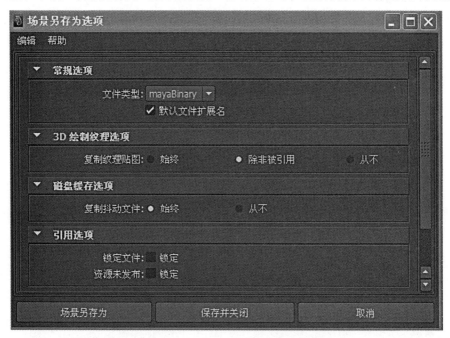

图12-5　场景另存为参数设置面板

1.文件类型

文件类型分为两种：Maya Binary或Maya Ascii。Maya Binary是默认格式。Maya Binary文件较小，加载速度要快于Maya Ascii文件。

2.默认文件扩展名

当开启默认文件扩展名选项时，Maya会自动将文件扩展名.mb添加到Maya Binary文件名中，将文件扩展名.ma添加到Maya Ascii文件名中。

3.3D绘制纹理选项

这些选项的选择，决定了Maya 如何保存用3D Paint Tool创建的文件纹理。共有三个选项供用户选择：始终、除非被引用、从不。

始终：当保存不同版本的场景时，也相应保存不同版本的文件纹理。

除非被引用：当选择此选项时，Maya会从引用的文件中使用文件纹理。

从不：不保存新的文件纹理。如果读者不再改变文件纹理，可以使用此设置。选择此选项后，即使是使用新名称来保存场景，文件的纹理也不会改变。

4.磁盘缓存选项

磁盘缓存选项指的是要求磁盘缓存的新的数据，它是作为数据节点来实现的，并会在保存文件的过程中得到更新。共有两个选项供用户选择：始终、从不。

始终：在第一次保存场景或重命名场景文件时，创建抖动磁盘缓存的副本。缓存文件名称与场景文件的名称相对应，为Maya的默认设置。

从不：使用此选项后便不会再创建副本，可以节省磁盘空间。

5.引用选项

引用选项：使用完整名称在根节点上。Maya默认为关闭状态。

五、保存首选项

选择保存首选项，Maya会保存当前场景文件中的参数设置信息，例如用户界面信息、度量单位信息、Undo次数信息等，以便下次继续使用。

六、优化场景大小

在保存文件前优化场景大小可以全面提高Maya的运行速度，提高Maya的内存使用效率，减少不必要的磁盘空间浪费。

选择"文件>优化场景大小"打开选项窗口（见图12-6），可进行场景大小选项的设置。

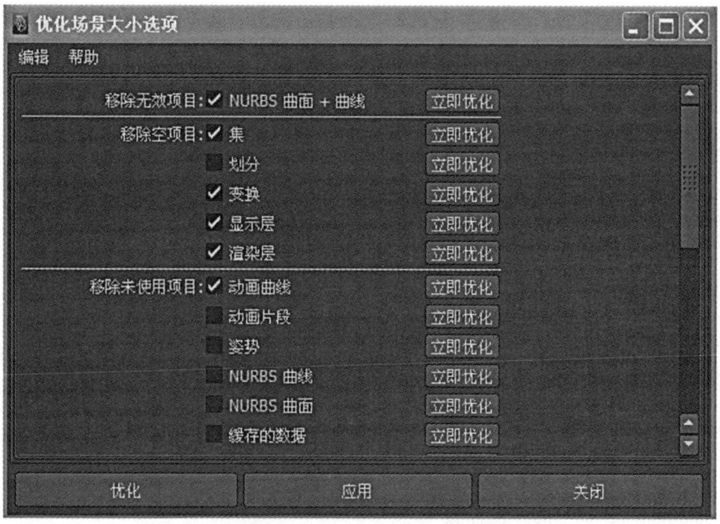

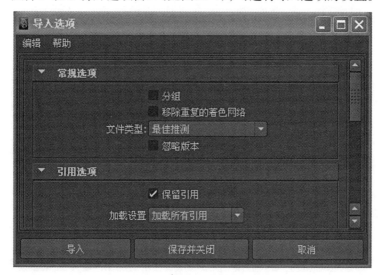

图12-6　优化场景选项设置面板

选择要从场景中删除的选项，然后单击"优化"对场景进行优化设置。

用户可以删除以下内容来优化场景的大小：无效的NURBS曲面和曲线；未使用的动画和NURBS曲线、缓存数据、变形器、表达式、渲染、快照和引用项目等。

七、导入

选择"文件>导入"命令，并在浏览器中查找要导入的文件。

双击要导入的文件名。Maya会把选择的文件内容导入到场景中。

选择"文件>导入"打开选项窗口（见图12-7），可进行导入选项的设置。

图12-7　导入参数设置面板

1.分组

如果开启分组选项，那么导入的对象将组成群组。如果分组选项为关闭状态，导入的对象将保持原样、不做改变。默认情况下此选项是关闭的。

2.移除重复的着色网络

用来删除复制对象物体的阴影节点。

3.保留引用

打开保留引用选项可以把"引用"保存在文件中，并把所有选择节点从当前场景中移走。

提示：

导入一个名称为ball对象的scene.ma场景，那么导入后的名称为scene:ball。

八、导出全部

当用户想把场景中的所有内容都复制到另一个场景中时，可使用导出全部命令来导出文件。"导出"还允许用户把文件转换成更多的文件格式。当导出一个场景内容时，场景中的全部内容（包括引用文件）会被转成一个文件。

打开要导出的场景，选择"文件 > 导出全部"命令，然后选择要导出的场景文件名称和类型，导出文件成功。

选择"文件 > 导出全部"打开选项窗口（见图12-8），可进行导出全部选项的设置。

图12-8　导出全部参数设置面板

1.文件类型

文件类型有三种：Maya Binary、Maya Ascii、move。默认类型是Maya Binary。

2.默认的文件扩展名

给Maya Ascii文件名和Maya Binary文件名添加文件默认的文件扩展名".ma"。

3.保留引用

打开保留引用选项可以把"引用"保存在文件中，并把所有选择节点从当前场景中移走。

4.导出卸载引用

Maya默认导出卸载引用选项为关闭状态。

九、导出当前选择

导出当前选择命令可以使读者单独导出场景中的所选择的元素，例如表达式。

选择"文件>导出当前选择"打开选项窗口（见图12-9），可进行导出当前选择选项的设置。

图12-9　导出当前选择参数设置面板

1.包括选项

包括选项中包括：历史、通道、表达式、约束，关闭时则不包括这些输入。系统默认为全部选择状态。

历史：是否包括选择节点的构建历史。如果取消选择，那么在导出对象时构建历史将不会一同导出。

通道：是否导出属性值。

表达式：是否导出表达式。

约束：是否导出约束。

2.包括纹理信息

当开启包括文理信息选项时可导出渲染信息。默认情况下是打开状态。

十、查看图像

选择"文件>查看图像"命令，打开Fcheck程序。选择打开图片命令，可以观看已经渲染好的图像文件。Fcheck程序类似看图程序，但又不同于普通的看图程序，它可以让用户分别观看图像中的各个Alpha通道信息，并且支持进行声音的导入。图12-10是用Fcheck观看图像文件。

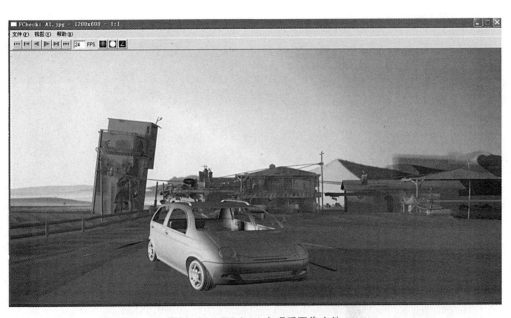

图12-10　用Fcheck来观看图像文件

提示：

当选择"Open"命令后，再打开同一序列的图像文件中的任一个文件（例如：001、002、003……），Fcheck程序将自动加载其他文件，并进行连续播放，形成动画观看模式。

十一、创建引用

当创作一个大型的场景角色动画时，角色动作的编辑是不可少的。如果有多个人在同时制作各个分镜头，那么我们不用像以前一样，先分别创建角色和场景模型，再根据哪一场戏需要哪一些模型，调入场景进行编辑。现在，只需要通过网络在库文件中创建参考文件，制作者就可以共享所有的库文件。随着库文件模型的修改，其他场景中的文件也会自动作出相应变化。

选择"文件 > 创建引用"命令，选择库工程目录中的各个角色和环境场景，把它们以参考文件的形式导入。

十二、引用编辑器

选择引用编辑器命令，进入参考文件编辑器（见图12-11），其中列出了当前的分镜场景名称和引用场景的名称。

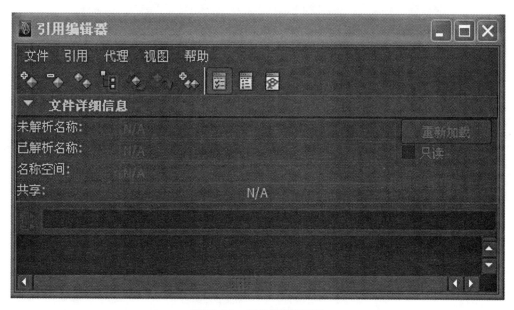

图12-11　引用编辑器面板

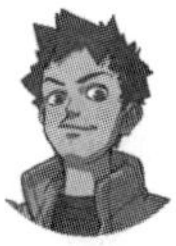

1. 新建项目

选择"文件>项目窗口"（见图12-12），弹出创建新项目对话框。

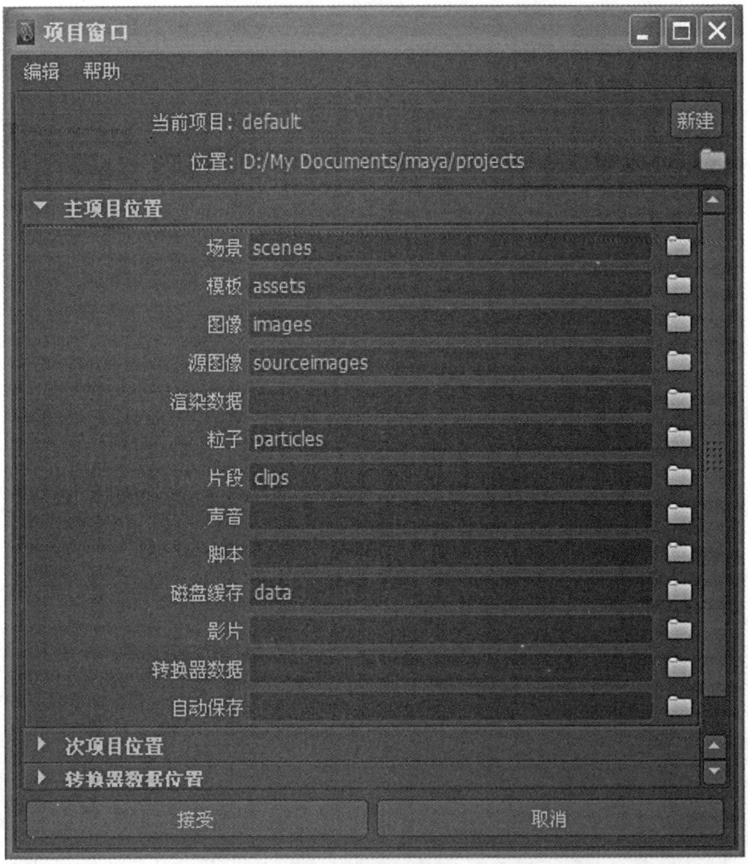

图12-12 创建新项目对话框

新建：用来确定项目名称。默认为"default"。

位置：用来确定项目的存放路径。默认位置为D:\Documents and Settings\name\My Documents\Maya\Project。

主项目位置：用来详细设置项目数据的具体位置。

次项目位置：用来设置项目数据的变换位置。

提示：

对于初学者来说，只需要在当前选项中键入新建项目名称，直接点击对话框中的"接受"按钮即可，对话框见图12-13。

图12-13　新建项目的设置

现在各项内容都已经填好，单击"接受"按钮，项目建立完成并回到操作环境中。

2. 设置项目

选择"文件>设置项目"命令（见图12-14），弹出选择路径对话框。

图12-14　调整项目路径

选择目标文件夹名称，然后单击"确定"按钮，就为项目指定了新的位置。

十四、最近使用的文件

该项目右侧的下拉菜单中包含最近使用过的场景文件，供用户快速打开。

十五、近期项目

该项目右侧的下拉菜单中包含最近使用过的项目，供用户使用。

十六、退出

用来退出Maya操作系统，如果当前场景文件做了改变而未保存，系统将弹出对话框以询问是否保存文件，单击"是"按钮，可保存修改。

第二节　编辑菜单

一、撤销

撤销命令可以撤销先前的操作。如果在操作过程中一不小心进行了错误操作，在这种情况下使用撤销命令可以回到先前的场景中，重新进行编辑。

当需要撤销上一步操作时，选择"编辑 > 撤销"命令，回到该步骤操作前的状态。

提示：

也可以通过快捷键Ctrl+Z来实现撤销操作，每执行一次就撤销一步。当已经回到了最初的操作时，再执行撤销操作的话，系统会进行提示，见图12-15。

// 错误: line 1: 没有其他可撤消的命令。

图12-15　系统提示没有更多的步骤可撤销

二、重做

和撤销相反的命令是重做，它可以把撤销后的命令再重新恢复回来。在实际操作中，通常是撤销和重做结合使用。

三、重复

执行重复命令可以重复最后一次操作，快速地再一次操作上一命令。例如，当我们进行了下拉菜单中的命令操作后，我们会在"重复"后面看到操作的名称，此时就可以重复上一次的操作了。

提示：

重复命令只对各主菜单的下拉菜单中的命令起作用，而对移动、旋转及缩放等操作无效。

四、最近命令列表

"最近命令列表"命令只对各主菜单的下拉菜单中的命令起作用，执行"最近命令列表"命令后会弹出一个对话框（见图12-16），可以按需要进行重复操作的选择。

图12-16　最近命令列表对话框

五、剪切

执行剪切命令后，可以把当前场景中的物体进行剪切，然后再到其他场景中执行粘贴命令，物体就会移动到其他场景中。

六、复制

当执行复制命令后,系统把当前场景中的物体进行复制,然后执行粘贴命令,将会在原地复制出一个相同物体。

七、粘贴

粘贴命令只能和剪切命令或者复制命令结合使用。只有先剪切或复制后,才能进行粘贴。粘贴命令不能单独使用。

八、关键帧

(1)剪切关键帧:将一组关键帧从动画中删除,并保存在关键帧剪贴板中。

(2)复制关键帧:用来复制关键帧;从动画中保存一组关键帧到关键帧剪贴板中。

(3)粘贴关键帧:将关键帧剪贴板中的内容加到一个物体上。

(4)删除关键帧:从动画中删除一组关键帧。

(5)缩放关键帧:改变关键帧的持续时间。

(6)贴齐关键帧:改变关键帧的位置。

(7)模拟复制:动画的创建可以通过设置关键帧完成,系统通过计算使物体的属性改变。

九、删除

删除命令可以用来删除选取的物体、点、线、面等,选中要删除的部分,然后执行删除命令或直接按键盘上的删除键,都可以达到删除的目的。

提示:

如果有多个对象,只要按住Shift键,用鼠标左键分别点击即可。

十、按类型删除

在很多时候,我们要删除的不是对象本身而是对象的某些属性。这样,我们就要用到删除属性命令了。图12-17为删除属性的下拉菜单。

图12-17　按类型删除的下拉菜单

1. 历史

选择"历史"将删除对象的构造历史，此后将不能改变对象的大小、截面等属性，只能对其进行移动、旋转及缩放等操作。

2. 通道

选择"通道"项后，则把与激活物体相关联的对象的通道删除。

选择"编辑>按类型删除>通道"打开选项窗口（见图12-18），可进行通道选项的设置。

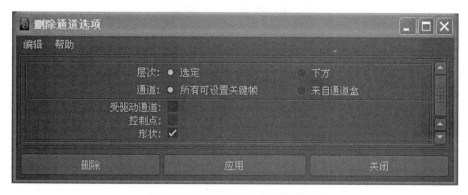

图12-18　通道选项的参数设置面板

层次：若已选取，则系统只删除处于选取状态的对象的通道。

通道：如果选了"所有可设置关键帧"，系统将删除所有与处于选取状态对象的可见属性相关联的通道；"来自通道盒"项则在通道框中删除与处于选取状态的属性相关联的通道。

受驱动通道：如果选了此项，系统将删除所有与处于选取状态对象的可见属性相关联的通道。

控制点：用于删除与网格、多边形、NURBS曲线及曲面相关联的通道。当此项被选中时，控制点功能自动打开，否则通道控制点不能调整。

形状：用于删除对象的几何体通道，形状被选中时自动打开并处于选中状态。而在控制点被选中时灰化，不能使用。

十一、按类型全部删除

这一命令能够删除所有的某一类元素，它包含的下拉菜单比"按类型删除"命令要丰富，菜单中前两栏内容与"按类型删除"的相同，下面介绍其他几栏：

按类型全部删除的下拉菜单分段一，见图12-19：

图12-19　按类型全部删除的下拉菜单分段一

关节：对象的关节，选此项将删除所有的关节。

IK 控制柄：意为"反向运动学手柄"，选此项将删除所有的IK Handle。

按类型全部删除的下拉菜单分段二，见图12-20：

图12-20　按类型全部删除的下拉菜单分段二

晶格：删除晶格。

簇：作用于定义的串。

雕刻对象：删除所有的雕刻体。

非线性：删除所有没有使用的线。

线：删除线。

按类型全部删除的下拉菜单分段三，见图12-21：

三维动画基础

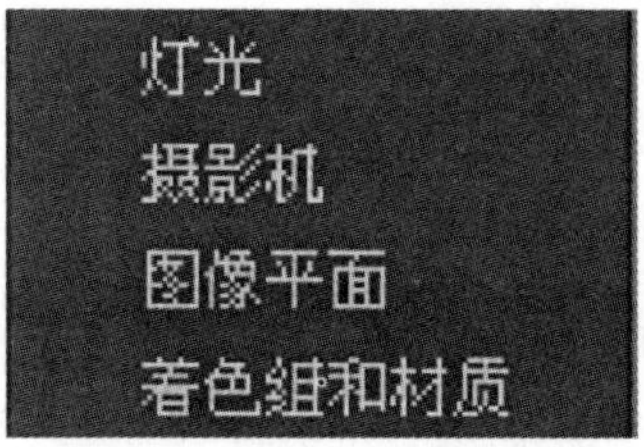

图2-21　按类型全部删除的下拉菜单分段三

灯光：删除光源。

摄影机：删除视角。

图像平面：删除所有的图像平面。

着色组和材质：删除投影的群及材质。

按类型全部删除的下拉菜单分段四，见图12-22：

粒子

刚体

刚体约束

流体

图12-22　按类型全部删除的下拉菜单分段四

粒子：删除粒子系统。

刚体：删除全部刚体。

刚体约束：删除刚体约束。

流体：删除全部流体。

按类型全部删除的下拉菜单分段五，见图12-23：

图12-23　按类型全部删除的下拉菜单分段五

笔划：删除所有绘画。

十二、全选

全选命令将使视图中的所有对象都处于选中状态，既可以选择根物体，又可以选附属物体，全选后可以对整个场景对象进行各种操作，如移动、缩放、旋转等。

十三、选择层级

当有一群组物体时,如果选择群组级,或者独选其中一个物体,当要对群组进行移动或放缩操作时,整个群组将作为一个整体进行移动或放缩。如果先选择一组群组物体后,执行选择层级命令,会发现操纵器的手柄会出现在这一群组的最底端物体上,再对群组物体进行移动或者放缩操作时,物体将根据各自的坐标点进行移动或放缩。

十四、变换选择顺序

在选择一组群组物体时,使用"变换选择顺序"命令可以变换选择物体的层级顺序。先选择一组群组物体(见图12-24)。

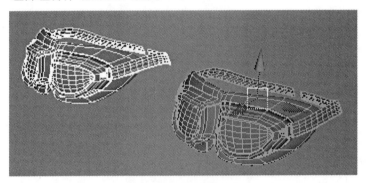

图12-24 选择一组群组物体

选择"变换选择顺序",操纵手柄变换到另一个物体上(见图12-25)。

图12-25 操纵手柄变换到另一个物体上

提示:

变换选择顺序命令可以使用键盘的左右键代替。

十五、按类型全选

按类型全选菜单是按照对象的类型进行操作的。图12-26为按类型全选的下拉菜单：

图12-26　按类型全选的下拉菜单

节点：选中所有节点。

IK控制柄：选中所有IK手柄。

变换：选中所有变换。

几何体：选中所有几何体的面，包括曲面和多边形。

NURBS 曲线：选中所有曲线。

NURBS 曲面：选中所有的几何面。

多边形几何体：选中所有的几何体。

其余各项与按类型全选的意义对应，这里不再赘述。

十六、快速选择集合

当用户需要多次用到相同的好几个元素时，每次选取这么多元素显然是很不方便的，这时用户就可以用到"快速选择集合"命令了。

十七、绘制选择工具

选中要进行点选择的对象物体，并选择"编辑>绘制选择工具"命令，场景中的对象会显示出所有的节点，鼠标形状也发生改变。这时用户可以通过鼠标的移动轨迹来选择对象上的点（见图12-27）。

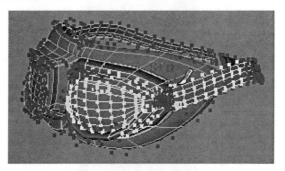

图12-27　用点选择工具来选择物体的点的状态

选择"编辑>绘制选择工具"打开选项窗口（见图12-28），可进行点选择工具选项的设置。

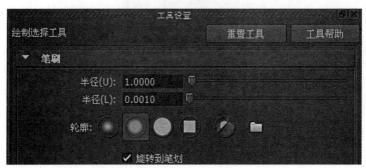

图12-28　绘制选择工具参数设置面板

用户可以通过选择笔触半径（U）、半径（L）的大小和轮廓来调节笔触的形状，以便更好地选择物体的点。

十八、复制

在场景制作过程中，经常会用到复制这一命令。掌握复制命令有助于我们简化操作步骤，使场景中的对象完全对称。当需要复制时，选中要复制的对象然后再选择"编辑>特殊复制"，对象将得到复制。

选择"编辑>特殊复制"打开选项窗口（见图12-29），可进行复制选项的设置。

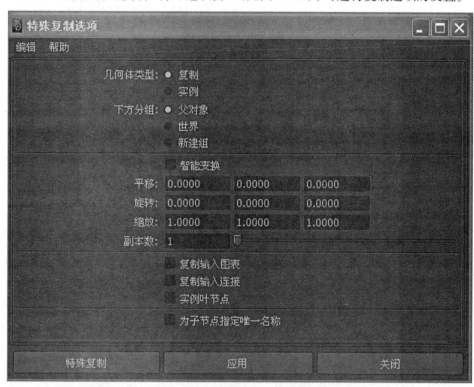

图12-29　特殊复制参数设置面板

几何体类型：选"复制"则直接进行复制，选"实例"则说明在用户创建场景时可以不进行真实复制。实例并不是真正的原物体的复制，Maya只是在场景中另外显示一个原物体，当原物体变形后，其结果会表现在所有的实例上，但是因为实例并不是真实物体，所以并不占用系统资源，用户可以移动、旋转它们，而在复杂的场景中，使用实例可以提高刷新速度、缩小文件所占空间以及减少渲染时间。

选择"实例"项后复制出来的物体和原始物体保持着一种关联，在进行角色建模的头部建模时常用到此选项。

下方分组：选择"父对象"项，表示复制出的物体和原始物体保持父物体关系；选择"世界"项，表示复制出的物体和原始物体处在同一世界坐标系中；选择"新建组"项，表示复制出的物体重新组建群组。

平移：确定复制体的位置。通过设定里面的参数值，确定复制出来的物体和原始物体的位置关系。

旋转：确定复制体旋转的角度。通过设定里面的参数值，确定复制出来的物体的旋转角度。

缩放：确定复制体的各轴向缩放比例。通过设定里面的参数值，确定复制出来的物体在大小比例上是否有所改变。默认值X=1、Y=1、Z=1，表示复制出的物体放缩为0。如果设置X=2，则表示复制出的物体比原始物体在X轴向上增加一倍。

副本数：确定复制体个数，默认值为1，可调节范围为1~1 000。一次复制最多可以同时复制出1 000个新对象。

十九、分组

在许多软件中，用户可以对若干对象进行集体操作，Maya也有这种功能，这就是"分组"命令。用户可以用这一命令将对象合起来操作，十分方便。

选择"编辑>分组"打开选项窗口（图12-30），可进行分组选项的设置。

图12-30　分组参数设置面板

下方分组：此项决定群的层级。选择"父对象"，则将所选物体的群置于层级中共有的最低的父物体下。例如，当物体在不同层级中时，群将处于全局。当物体在同一层级中时，则群在物体公共的最低级父物体下。如果选了"世界"，则所有新建的群都位于全局。

组枢轴：决定群的枢轴点位置，选"中心"则枢轴点在所有对象的中心，选"原点"则在原点。

保持位置：打开此项，所选物体的创建位置将被保护起来，Maya将保护物体的所有全局位置。

二十、解组

解组和分组对应，解组命令用来取消已建立的群，将群中的对象重新分解并从层级中删除原来的节点，这样又可以对群组物体进行单独操作了。

选择"编辑>解组"打开选项窗口（见图12-31），可进行解组选项的设置。

图12-31　解组参数设置面板

下方解组：选择取消群组后的物体的位置。如果选择"父对象"，则物体恢复原来的位置后仍在原父物体下。选择"世界"，则群中的对象全部位于最高的层级中。

保持位置：功能和分组相同。打开此项，所选物体的创建位置将被保护起来，Maya将保护物体的所有全局位置。

二十一、父对象

使用此命令，可以将物体从一个层级移动到另一个层级中去，物体与物体之间类似于父子关系。当对父物体进行操作时，子物体也会相应发生改变；如果只是对子物体进行操作，父物体将保持原样。

选择"编辑>父对象"打开选项窗口（见图12-32），可进行父对象选项的设置。

图12-32　父对象参数设置面板

移动对象：将物体从当前父物体位置移动至一个新的父物体下。

添加实例：在新的组中添加实例以代替真实的物体。

保持位置：与前面介绍相同。

二十二、断开父子关系

当需要处理父目录下的一个对象时，可以将此物体移出、置于整体场景中。选择"编辑>断开父子关系"命令，取消父物体。

选择"编辑>断开父子关系"打开选项窗口（见图12-33），可进行父子关系选项的设置。

图12-33　断开父子关系参数设置面板

父对象到世界：从当前父目录移动一个物体至整体场景中。

移除实例：用特定的实例代替移动物体。

第三节　修改菜单

在建造3D场景的过程中，我们不可能直接得到最后的结果物体，必须通过一定的变换才能达到想要的效果。修改命令就能帮助用户达到这一效果。除了变换以外，修改命令还有设置变形参数、授权节点、激活物体、移动枢轴至物体中心、重设层级前缀、添加属性以及测量等功能，下面分别介绍。

一、变换工具

变换工具所包含的子菜单见图12-34，利用它可以对物体进行各项操作。

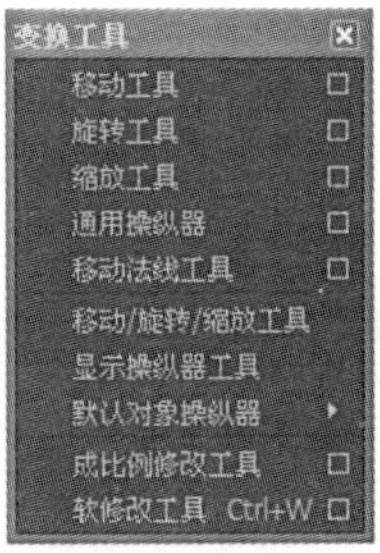

图12-34 变换工具所包含的子菜单

1. 移动工具

对应小工具架上第三个图标，当此命令执行时小工具架中的移动工具被选中，这时选中一个对象物体，移动工具的手柄将出现（见图12-35），可以按住鼠标左键拖动移动工具各个方向上的手柄，来调整物体位置。

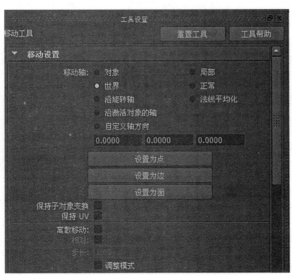

图12-35 移动工具的X、Y、Z方向手柄

选择"修改>变换工具>移动工具"打开选项窗口（见图12-36），可进行移动工具选项的设置。

图12-36 移动工具参数设置面板

对象：在物体空间坐标系统中移动物体，其轴坐标以物体自身坐标为准。当选中多个对象时，每个对象根据自己的空间坐标系移动相同的距离。

局部：对齐子物体与其父物体。在局域空间坐标系统中可以更改物体间的坐标位置。当多个对象被选中时，每个对象根据自己的空间坐标系移动相同的距离。

世界：在空间坐标系统中强制物体与整体坐标系统轴对齐。

正常：在空间坐标系统中强制对齐法线。

2. 旋转工具

对应小工具架上第四个工具。与移动工具类似，执行后在小工具架中有所反映，当选中一个对象后，执行旋转命令时，可以按住鼠标左键拖动旋转手柄（见图12-37），来确定物体的角度。

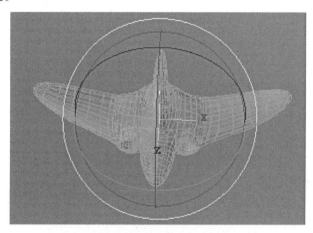

图12-37　旋转工具的X、Y、Z方向手柄

选择"修改＞变换＞旋转"打开选项窗口（见图12-38），可进行旋转选项的设置。

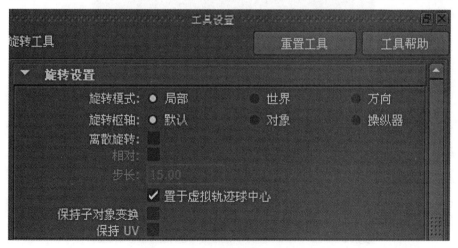

图12-38　旋转工具参数设置面板

局部：局部沿着物体的空间轴旋转。

世界：局部沿世界空间坐标系统旋转。

万向：局部使Rotate X与Rotate Y的位置相对固定。

3. 缩放工具

对应小工具架上第五个工具![图标]，用于对物体进行各个方向的缩放，其视图类似于移动工具视图，只是三个轴的顶点是方块而不是箭头。缩放工具的选项设置和前两个工具一样，就不再重复讲述。

4. 移动法线工具

移动法线工具只对曲面物体上的CV点进行操作。选择此命令后，可以使曲面物体上的CV点沿着物体的法线方向进行移动，以达到改变物体形状的目的。

5. 移动/旋转/缩放工具

将移动/旋转/缩放三种工具综合成一种（见图12-39），其中移动与缩放两种工具较容易操作，使用旋转工具时要先点击工具外面的圆，这样旋转手柄才能显示出来。

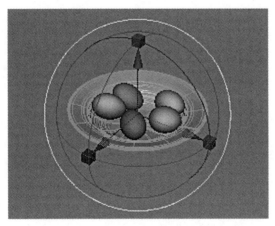

图12-39　由移动/旋转/缩放组成的手柄

这里将三种工具合而为一，在不断交替使用三种操作时十分方便。

6. 显示操纵器

曲面创建后，显示操纵器使用户可以裁剪曲面或曲线，允许用户编辑、创建历史或物体属性。显示操纵器允许用户访问物体内部节点。通过对操纵器手柄的控制，可以交互地改变物体的几何形状，例如当拖动圆环上的小方块手柄![图标]时，可以十分方便地做出物体的剖面形状（见图12-40）。

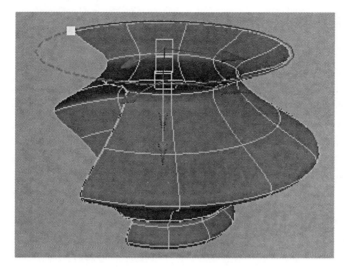

图12-40　通过拖动手柄得到的物体剖面

提示:

选择显示操纵器后,如果操纵器手柄没有被显示出来,那么只需要点击通道框中的INPUTS选项。还可以将手柄的其他操纵器拖动变形后,得到更复杂的形状(见图12-41)。

图12-41　通过拖动手柄得到的变形物体

7. 默认操纵器

要设置物体的默认操纵器,必须先选择物体,之后才能对某个物体的默认操纵器进行设置。

8. 成比例修改工具

这一工具可以使多个对象基于之间的距离而成比例地移动。一般移动的是CV点。操作对象为CV点时,可以直接用鼠标拖动,也可以在命令窗中输入变换的绝对或相对数值。对象移动的方向与操纵器相同,只是移动的距离不等。

选择"修改 > 比例修改工具"打开选项窗口（见图12-42），可进行多项内容的设置。

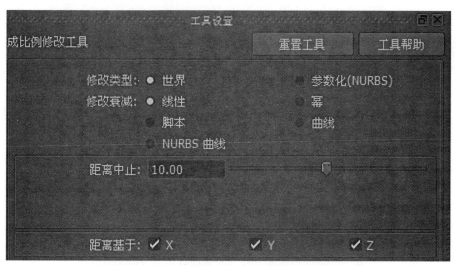

图12-42　成比例修改工具参数设置面板

线性：此方式为默认值，基于对象与操纵器的距离按比例移动对象。距离是在3D场景中测量的，当距离超出距离中止（Distance Cutoff）栏中的值时物体被忽略。

幂：可以认为是线性的延伸，它比线性多一项次数（Degree），当次数为1时，幂类似于线性（Line）；当次数为正时，其值越大，比例衰减得越快；次数为负时则相反。

脚本：用MEL脚本决定衰减，用户可以在"用户定义脚本（User……script）"中写入两组数，前一组为操纵器手柄的位置，后一个则为移动结束的位置。

曲线：用一条动画曲线建立衰减。在"动画曲线（User……Curve）"栏中输入一条已存在的动画曲线，其垂直方向将与修改系数联系，距离与动画曲线时间轴联系（单位为秒）。

NURBS曲线：用一条NURBS曲线建立衰减。

二、重置变换

当用户改变了变换的多项设置后，可能设置的参数会显得混乱。如果希望回到默认设置，利用此命令可以恢复为默认设置。

三、冻结变换

有时用户不希望物体进行变换，这就可以用冻结变换命令了。其操作步骤为：选中物体，然后执行冻结变换命令，物体就被冻结了，通道框中的数值全部归零。

四、吸附对齐物体

吸附对齐物体命令可以快速又准确地将物体或物体上的点进行对齐操作,它包括点对点对齐、两点对齐、三点对齐、对齐物体、对齐工具以及吸附工具。详细介绍如下:

1. 点对点对齐

先将物体上的两点分别选中(见图12-43)。然后,执行点对点命令后,两点就吸附到一点了(见图12-44)。

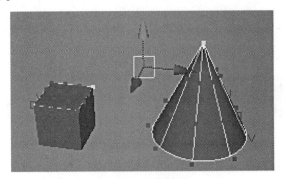

图12-43　先将物体上的两点分别选中

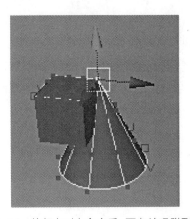

图12-44　执行点对点命令后,两点就吸附到一点

提示:

当执行点对点命令后,两点被吸附到一点,并不表示就只有一个点,而是在同一位置处重叠了两个点。

2. 两点对齐

分别选择要对齐的每个物体上的两点(见图12-45中的左图),再选择"修改＞吸附＞两点对齐",物体上的两点进行吸附对齐(见图12-45中的右图)。

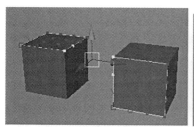
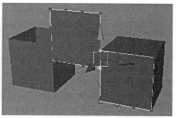

选择要对齐的点　　　　　　物体上的点进行吸附对齐

图12-45　两点对齐

3. 三点对齐

分别选择要对齐的每个物体上的三点（见图12-46），再选择"修改>吸附物体>3点对齐"，物体上的点进行吸附对齐（见图12-47）。

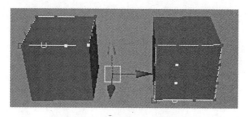

图12-46　选择要对齐的三点

· 367 ·

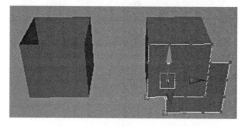

图12-47　物体上的点进行吸附对齐

4. 对齐物体

对齐物体命令的功能是把两个以上物体，以各自的中心点进行全部对齐。操作方法为：选择需要对齐的对象物体，再选择"修改>吸附物体>对齐物体"，物体进行自动吸附对齐（见图12-48）。

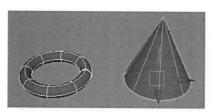

图12-48　物体进行自动吸附对齐

提示：

只选择一个对象物体是不能执行对齐物体命令的，必须要两个以上物体。

5. 对齐工具

对齐工具的使用前提也是必须要有两个以上的物体。当选择好要对齐的物体后，再选择"修改>吸附物体>对齐工具"（见图12-49），会出现一组进行对齐操作的指令手柄，点击各方向上的矩形图形，物体会根据用户的选择作出判断以进行物体的对齐。

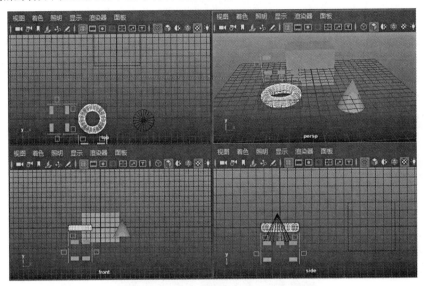

图12-49　执行对齐命令后的指令手柄

6. 吸附工具

吸附工具主要用于物体表面节点较少的对象，当它们需要对齐时，由于节点数目不够多，点吸附命令不能达到预想的效果，所以只有使用吸附工具才能满足要求，具体操作如下：

先选择一个圆环作为被动物体，再选择"修改>吸附物体>吸附工具"，这时工具框的当前工具图标为 ![icon] ，鼠标变为"+"形状。点击被动物体圆环，再点击选择要贴齐的准确位置，得到图12-50中左图所示状态。按下回车键，操作完成。被动物体移动到要贴齐的位置。后选择的物体位置保持不变。

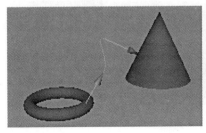

图12-50　吸附工具命令功能

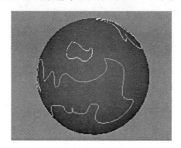

五、激活节点

在动画制作过程中，有一些节点很关键。激活节点使这些节点能够按动画运动。能够激活的节点类型有IK 关节、压缩、表情、杂色的、刚体等。

六、激活

如果用户要在一个对象的表面进行处理，将是一件比较难办的事情。这时就可以使用激活命令。激活命令的功能是将对象激活，以其表面为构造平面，允许用户在物体的表面绘制曲线、多边形网眼以及构造平面（见图12-51）。

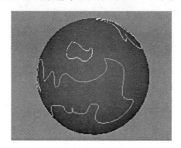

图12-51　将物体激活后在曲面上创建的曲线

具体操作步骤如下：

选择要激活的物体，再选择"修改＞激活"。物体将只显示UV结构线，这表示物体已被激活；

选择"创建＞曲线绘制工具"，在被激活的对象上绘制曲线，按下回车键曲线绘制完成。此时绘制的曲线是依附在曲面上的曲线。

提示：

当要取消"物体激活"时，再次执行"修改＞激活"命令，"物体激活"会被取消。激活在状态栏中有快捷按钮，形状像一块磁铁。要激活一个物体或取消激活物体，都可以选取"修改＞激活"或直接按下快捷按钮。

七、移动枢轴至中心

在Maya中每个对象物体都有自己的坐标枢轴。对移动、旋转和放缩几种常用工具来说，枢轴是非常重要的。因为它们的操作都是以坐标枢轴为中心进行的。枢轴的位置不同，操作后的结果可能也会截然不同。

以一个球体为例，当坐标枢轴在球心时，旋转并不改变球体的位置；当枢轴不在球心时，旋转将以坐标枢轴为轴心，球体的位置就会发生改变。在图12-52中，左图为以球心为坐标中心进行旋转后，物体的位置不会发生改变；右图以偏离球心位置处为坐标中心进行旋转后，物体的位置发生了改变。

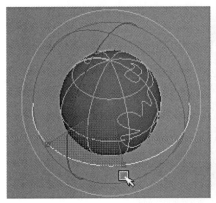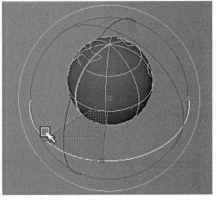

图12-52　以不同的坐标枢轴点为球心旋转后的结果比较

移动枢轴至中心命令的用途是将物体的坐标枢轴点移动到物体的几何中心处。

提示：

如果要对物体的坐标枢轴点进行调整，可以在选择物体后，按下键盘上的Insert键就可以移动物体中心点的位置了。再次按下Insert键，完成枢轴点位置改变的操作。

八、前缀层次名

选中一个层次，可以给选中的对象添加一个前缀，如果选取的是一个群或者父物体，就可以执行"修改>前缀层次名"，创建前缀层次名，则此级及以下的各物体的名称中都有了这个前缀名。

操作方法为：选中一个群或者父物体，选取"修改>前缀次级名"命令，弹出如图12-53所示的对话框，在对话框中输入前缀文件名后单击"确定"即可。

图12-53　创建前缀层次名对话框

九、搜索替换

当需要对一个群、父物体或者场景里的所有物体的名称进行更改时，可以执行"修改>搜索替换"，弹出的对话框如图12-54所示。

图12-54　搜索替换对话框

在对话框中的"搜索"项中输入需要更改的前缀文件名，然后在"替换为"项中输入更改后的前缀文件名，单击"应用"，群或父物体的前缀文件名将改变。

十、添加属性

在Maya中，动画是一项或多项属性的数值不断变化的结果。因此，属性也是动画中相当重要的一部分。对Maya场景中的每一个物体而言，系统都有若干共有的属性。但只有这些属性是不够的，用户可以使用添加属性命令来添加物体属性以满足需要。

选择要添加属性的物体，再选择"修改>添加属性"（见图12-55），可进行添加属性选项的设置。

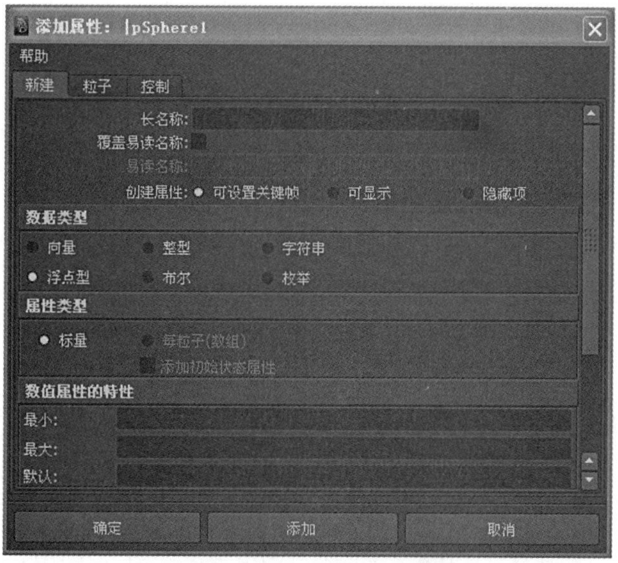

图12-55　添加属性参数设置面板

新建: 创建一个新的属性。

长名称: 需在栏中输入属性的名称。

数据类型包括向量、整形、字符串、浮点型、布尔、枚举。

"数值属性的特性"栏下,"最小"栏写入最小值,"最大"栏写入最大值,"默认"栏写入默认值。

全部设置完毕后点"确定"按钮,添加属性成功并关闭对话框; 点"添加"按钮添加属性后,对话框回到初始状态。

提示:

在"长名称"栏中输入的属性名称的第一个字母不能是数字,必须为英文字母,否则不能正常添加属性。

十一、编辑属性

编辑属性命令用于对添加的属性进行修改,使场景中的物体获得新属性。如果没有添加物体的属性,就没有属性可用于编辑,编辑属性命令就无法执行。

十二、删除属性

选择物体,再选择"修改 > 删除属性"(见图12-56),选择要删除的属性后单击"确定"即可。

图12-56 删除属性对话框

十三、转化

转化命令是将Maya中使用不同建模方式得到的场景模型进行相互转换,使用户能够更好地进行之后的操作。转化命令包括NURBS 到多边形、NURBS 到细分曲面、多边形到细分曲面、细分曲面到多边形、细分曲面到 NURBS、Paint Effects 到多边形、置换到多边形和流体到多边形等（见图12-57）。下面对部分命令进行详细介绍。

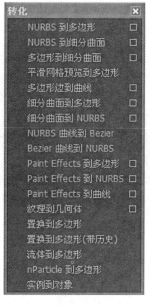

图12-57　转化命令下拉菜单

1. NURBS到多边形

当用户需要将NURBS曲面物体转换为多边形物体时，可以先选择要转换的物体，再选择"修改>转化>NURBS到多边形"，曲面物体就转换为多边形物体了。

选择"修改>转化>NURBS到多边形"打开选项窗口（见图12-58），可进行NURBS到多边形选项的设置。

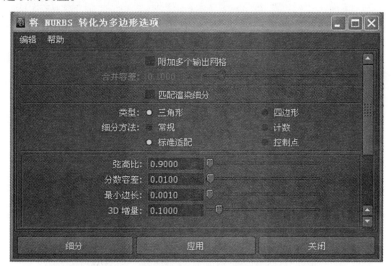

图12-58　NURBS转换为多边形参数设置面板

附加多个输出网格：当此项开启后，合并公差命令才可使用。可以通过设定合并公差的值来设置由NURBS曲面转换得到的多边形物体的参数。

类型：用来设置NURBS曲面转换得到的多边形物体的分面类型，分为三角形和四边形，用户可依据工作的需要进行选择。图12-59是同一物体分别用两种不同类型转换得到的多边形物体。左图为三角形转换的结果，右图为四边形转换的结果。

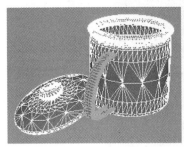
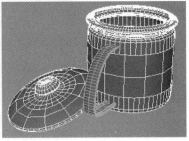

图12-59　用不同类型转换得到的多边形物体

细分方法：当NURBS曲面转换为多边形物体时，需要选择转换过程中网格的布局方式，具体分为以下几种：

常规：选择此项后会出现确定UV分段数的对话框（见图12-60），通过设定对话框中UV的数值来确定转换后得到的多边形的准确程度。UV参数值越大，得到的多边形面数越多，越接近原始NURBS物体，反之亦然。

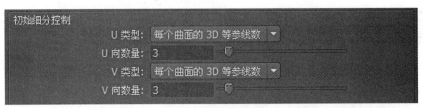

图12-60　选择"常规"后出现的对话框

计数：选择此项后会出现一个对话框，对话框里的数值越大，转换后得到的物体越接近原始物体。图12-61是当"计数=20"时得到的转换后物体。

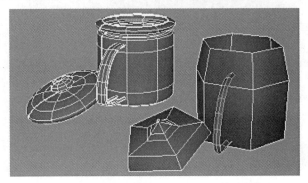

图12-61　当"计数=20"时得到的转换后物体与原始物体的比较

标准适配：此选项为系统默认设定，选择此项后系统会以不改变物体形状为前提进行转换，但得到的物体面数较多，用户可以通过调节对话框里的各项参数来确定物体的准确度。图12-62是选择"标准适配"选项时会出现的对话框。

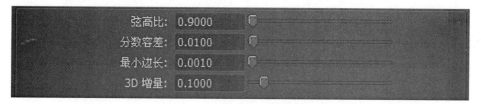

图12-62　标准适配参数设置对话框

控制点：选中此选项后，转换后的物体是依据原始NURBS物体的节点数来决定的。原始NURBS物体节点数目越多，转换后的多边形物体越接近原始物体。

2. NURBS到细分曲面

当用户需要将NURBS曲面物体转换为细分曲面时，先选择要转换的物体，再选择"修改>转化>NURBS到细分曲面"，曲面物体就转换为细分曲面了。

选择"修改>转化>NURBS到细分曲面"打开选项窗口（见图12-63），可进行细分面选项的设置。

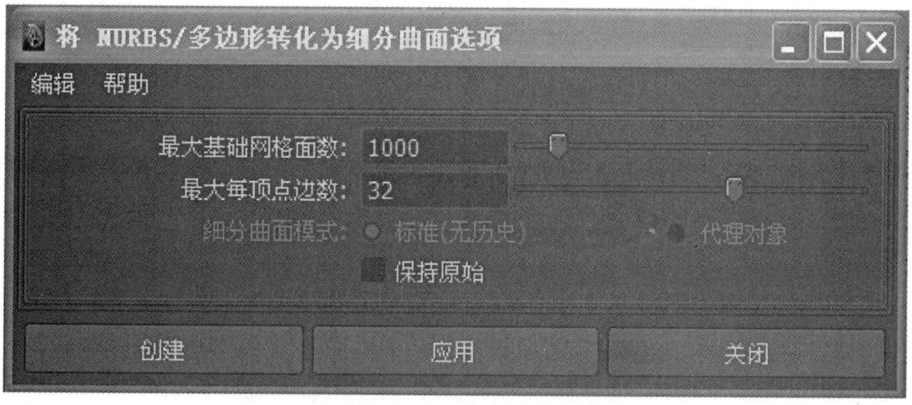

图12-63　NURBS转化为细分曲面参数设置面板

通过设定"最大基础网格面数"项和"最大每项顶点边数"来确定转换后的细分曲面与原始曲面的相似程度。数值越高越接近原始物体形状。

细分曲面模式分为标准（无历史）和代理对象。

标准（无历史）：表示转换后得到的细分曲面为独立的物体，并且是没有了历史记录的物体。

代理对象：选择此项后得到的转换细分曲面实际上只是一个代理物体，当原始物体进行修改时，代理物体也作出相应的改变。

提示：

"细分曲面建模"项必须在"保留原始"开启后才能使用。

保留原始：选择此项时，物体进行转换后原始物体将保留，不做任何改变。

3. 多边形到细分曲面

当用户要将多边形物体转换为细分曲面时，先选择要转换的物体，再并选择此项，多边形物体就转换为细分曲面了。

多边形到细分曲面的参数设置面板和NURBS到细分曲面的面板相似，不再重复介绍。

4. 细分曲面到多边形

当用户要将细分曲面转换为多边形物体时，先选择要转换的物体，再选择"修改＞转化＞细分曲面到多边形"，细分曲面模型就转换为多边形物体了。

选择"修改＞转化＞细分曲面到多边形"打开选项窗口（见图12-64），可进行细分曲面转多边形选项的设置。

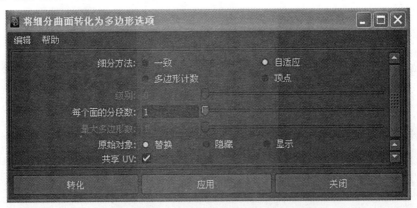

图12-64　细分曲面转化为多边形参数设置面板

细分方式：表示当细分曲面转换为多边形时物体的UV结构线的布置方式，分为一致、适应、多边形计数和顶点。以同一模型为例，比较根据不同命令转换后得到的结果（见图12-65）。

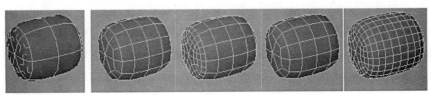

原始细分曲面　　　"一致"项　　　"适应"项　　"多边形计数"项　　"顶点"项

图12-65　以同一细分曲面为例，比较根据不同命令转换后得到的结果

原始对象：指的是在进行物体转换时先前物体的显示方式，分为：替换、隐藏、显示。

5. 细分曲面到NURBS

当用户要将细分曲面转换为NURBS曲面物体时，先选择要转换的物体，再选择"修改>转化>细分曲面到NURBS"，细分曲面就转换为NURBS曲面物体了。

选择"修改>转化>细分曲面到NURBS"打开选项窗口（见图12-66），可进行细分曲面选项的设置。

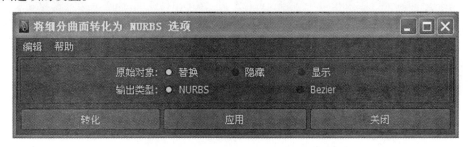

图12-66　细分曲面转化为NURBS参数设置面板

原始对象：和前面讲的一致，不再讲解。

输出类型：指的是将细分曲面转换后得到的类型，分为NUBRS和Bezier。

6. Paint Effects(画笔)到多边形

当用户使用Maya的画笔功能后，需要将画笔绘制的物体例如树干、花等转换为多边形物体时，先选择要转换的绘制出的对象，并选择此项，用画笔画出的树或花等就转换为多边形物体了。

选择"修改>转化>Paint Effects到多边形"打开选项窗口（见图12-67），可进行画笔转多边形选项的设置：

图12-67　Paint Effects 转化为多边形参数设置面板

多边形限制：数值的大小决定将画笔绘制出的图像转换成多边形物体后的精确程度。

7. 置换到多变形

　　将多边形物体进行置换变形。先选择要进行置换变形的多边形物体,再选择置换多边形命令,将在原地复制出一个形状和原始物体一致,但结构为三角形的多边形物体。图12-68中,左图为变形前的物体,右图为执行置换变形后得到的多边形物体。

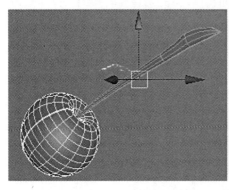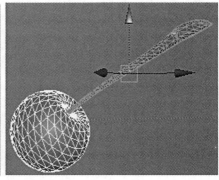

图12-68　执行置换到多边形命令前后多边形物体的变化

8.流体到多边形

　　流体到多边形命令可以将流体转换为多边形进行编辑,例如,将流体中的海水、云彩、火焰等转换为多边形物体。图12-69中,左图为Maya生成的流体形状;右图为执行此项命令后得到的物体形状。

图12-69　流体转换为多边形物体后的效果

第四节　创建菜单

　　创建是一个公共菜单,包含全部的创建物体,分为NURBS基本体、多边形物体以及灯光、曲线、文本、摄像机等。

在创建物体时经常使用以下几种方法

方法一：直接选择命令菜单创建物体。例如：执行"创建>NURBS 基本体>立方体"命令，就会在坐标系的中央创建出一个几何立方体。

方法二：点击"创建>NURBS 基本体>立方体"，打开参数设置面板，在调节好各项参数值后，点击"执行"或"创建"按钮，几何立方体也会创建在坐标系的中央。

方法三：可以通过调整Maya的工具架来快速创建物体。

一、NURBS 基本体

NURBS 基本体菜单中包含各种基本的几何形体，如球体、立方体、圆柱体、圆锥体、平面、圆环、圆周、正方形。下面将分别进行介绍：

1. 球体

执行"创建>NURBS 基本体>球体"命令，在坐标系的中央创建出一个球体。用户可以在通道框中改变球体的各种属性，也可以打开属性对话框，把需要创建的物体的各项参数值设定好，这样在创建球体的同时各项属性也调整完毕了。下面对球体属性菜单做详细讲解。

执行"创建>NURBS 基本体>球体"，打开球体属性面板（见图12-70）。

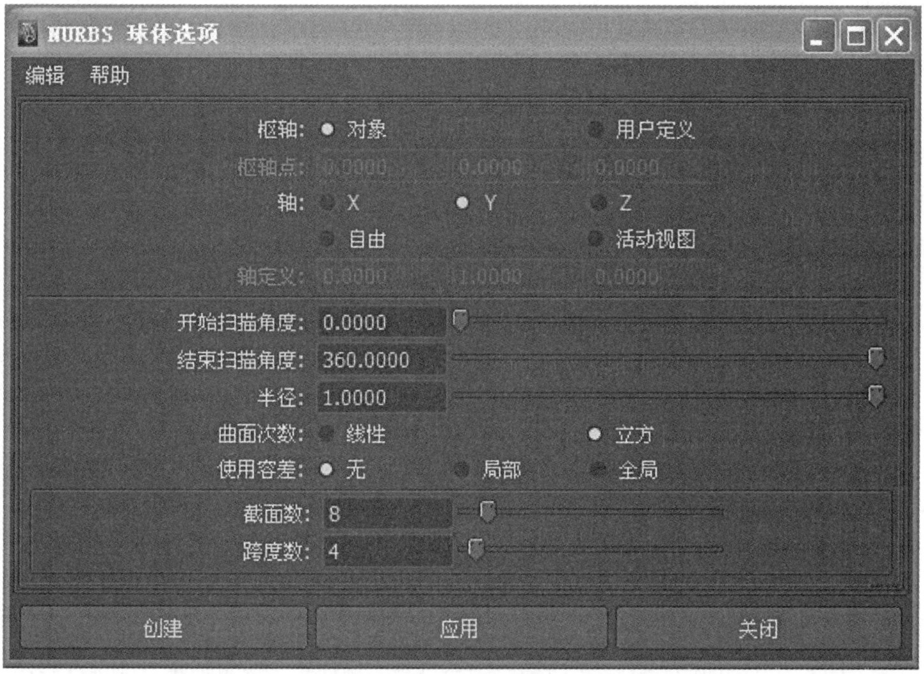

图12-70　球体属性面板

（1）枢轴

对象：创建出的物体的中心点在以物体自身为坐标中心的位置。

用户定义：选择"用户定义"后，可以在枢轴点分别输入参数值，由参数值来确定物体的中心点位置。

（2）轴

轴命令确定的是创建出的物体的轴方向，分为X轴、Y轴、Z轴、自由、活动视图。其中，"自由"通过设置活动视图参数值来确定物体的轴方向；"活动视图"以当前激活视图为标准轴向来确定物体的轴方向。图12-71从左至右依次为选择X轴、Y轴、Z轴、自由、活动视图方向创建出的球体。

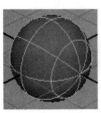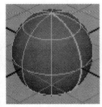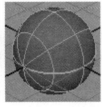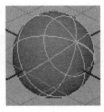

图12-71　以不同轴方向创建出的球体

（3）开始扫描角度

设置形成的圆球的开始度数，可以输入准确的起始角度。

（4）结束扫描角度

设置形成的圆球的结束度数，和开始扫描角度命令一起来决定球体的最后形状。图12-72中，左图为"开始扫描角度 = 15"；右图为"结束扫描角度= 135"。

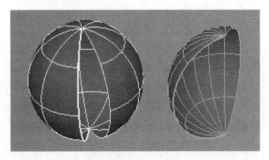

图12-72　设置扫描角度后得到的不完整球体

（5）半径

设置球体的半径大小。

（6）曲面次数

设置曲面的精度类型，分为：线性、立方。选择"线性"生成不光滑的球体，选择"立方"生成光滑的曲面。图12-73中，左图为选择"线性"选项的结果，右图为选择"立方"选项的结果。

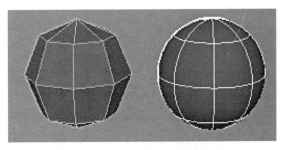

图12-73　不同精度设置得到的球体

（7）使用容差

此命令也能够控制曲面的精度，可以通过设置局部或全局的段数值，来确定曲面的精度。

提示：

用户在物体创建完成后，可以用操纵器 工具来调节物体。

2. 立方体

执行"创建>NURBS 基本体>立方体"命令，在坐标系的中央创建出一个立方体。下面对立方体属性菜单做详细讲解。

选择"创建>NURBS 基本体>立方体"打开立方体属性面板（见图12-74）。

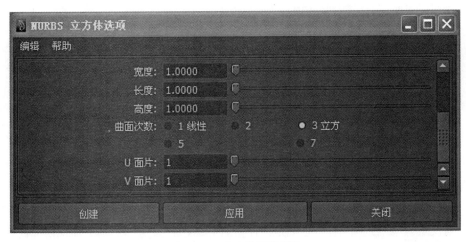

图12-74　立方体属性面板

（1）宽度

通过设定宽度值，来确定整个立方体的大小比例。

（2）长度/高度

设定立方体的长宽比例和高宽比例。

（3）曲面次数

曲面次数中有多个选项，用来设置不同类别的曲面精度。

（4）U/V面片

通过设置U 面片/V 面片的值，来确定立方体的分段情况。图12-75中，左图为默认U/V段数都为1的情况；右图为U/V段数都为5的情况。

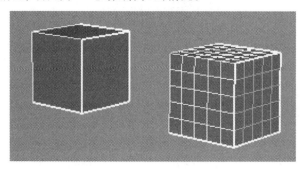

图12-75　不同U/V面片数比较

3. 圆柱体

执行"创建>NURBS 基本体>圆柱体"命令，在坐标系的中央创建出一个圆柱体。下面对圆柱体属性菜单做详细讲解。

选择"创建>NURBS 基本体>圆柱体"打开圆柱体属性面板（见图12-76），其与球体属性面板相似，但多了一些选项。

图12-76　圆柱体属性面板部分选项

（1）高度

此数值用来确定圆柱体的高度与半径的比例。

（2）曲面次数

当设置为"线性"项时，产生的是棱柱体；当设置为"立方"项时，产生的是圆柱体。

（3）封口

此命令用于设置圆柱体的两端是否封闭，主要有以下几项：无（不做封闭）、底（底部封闭）、顶（顶部封闭）、二者（两端都封闭）。

（4）封口上的附加变换

当开启封口上的附加变换选项时，圆柱体两端的盖是独立的，用户可以对盖子进行分离操作。在图12-77中，圆柱体两端的盖子被移动。

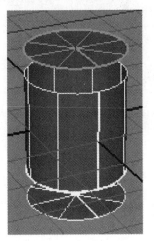

图12-77　封口上的附加变换命令开启后的效果

4. 圆锥体

执行 "创建>NURBS 基本体>圆锥体" 命令，在坐标系的中央创建出一个圆锥体。
圆锥属性面板与球体属性面板相似，不再介绍。

5. 平面

执行 "创建>NURBS 基本体>平面" 命令，在坐标系的中央创建出一个平面。
平面属性面板与球体属性面板相似，不再介绍。

6. 圆环

执行 "创建>NURBS 基本体>圆环" 命令，在坐标系的中央创建出一个圆环。
圆环属性面板和球体属性面板相似，不再介绍。

7. 圆周

执行 "创建>NURBS基本体>圆周" 命令，在坐标系的中央创建出一个圆周。
圆周属性面板和球体属性面板相似，不再介绍。

8. 方形

执行 "创建>NURBS 基本体>方形" 命令，在坐标系的中央创建出一个方形。
选择 "创建>NURBS 基本体>方形" 打开方形属性面板（见图12-78）。

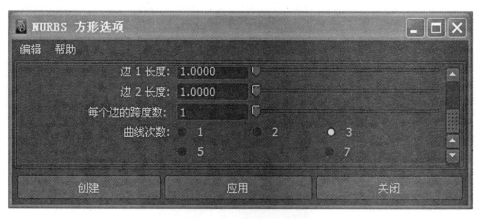

图12-78　方形属性面板

（1）边1长度

设置一条边的长度。

（2）边2长度

设置另一条边的长度。

（3）每个边的跨度数

通过设置此项的参数值，来确定方形每条边的节点数。

（4）曲线次数

设置不同的曲线精度，共有五个选项供用户选择：1、2、3、5、7。

二、多边形基本体

多边形基本体菜单和NURBS基本体菜单中包含的内容一致，也包含各种基本的几何形体，如球体、方体、圆柱体、圆锥体、平面、圆环。其基本设置和属性菜单也与NVRBS基本体中的大致相同，不再赘述。图12-79中，从左至右依次为球体、方体、圆柱体、圆锥体、面、圆环。

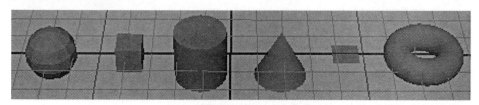

图12-79　多边形基本体的分类

三、细分面基本体

细分面基本体菜单和NURBS基本体菜单中包含的内容一致，但属性要简单一些。

细分面基本菜单中的物体不包含属性设置面板，用户只能通过通道栏来更改物体的属性。细分面基本体菜单也包含各种基本的几何形体，在图12-80中，从左至右依次为：球体、方体、圆柱体、圆锥体、平面、圆环。

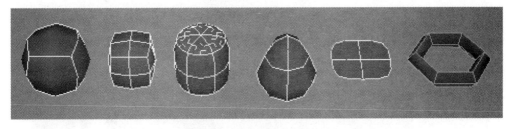

图12-80　细分面基本体的分类

四、体积基本体

体积基本体菜单包含球体、方体和圆锥体，当用户执行"创建＞体积基本体"命令中的任意一项时，即可创建出一个体积物体，例如一团有具体形状的雾。图12-81中，从左至右依次为球体、方体、圆锥体。

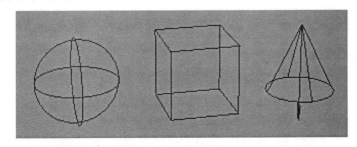

图12-81　创建的体积基本体

提示：

创建的体积基本体只有在经过渲染后才能显示出基本体雾状效果。图12-82中，从左至右依次为球体、方体、圆锥体渲染后的效果。

图12-82　体积基本体雾效渲染后的结果

五、灯光

在"创建>灯光"的下拉菜单中选择要创建的灯光，Maya中包括以下几种灯光类型：环境光、区域光、平行光、点光源、聚光灯、体积光。见图12-83，是不同灯光的效果对比：

图12-83　不同灯光的效果对比

在进行灯光创建时，如果要想达到预期的效果，经常要将几种不同类型的灯光组合起来使用。下面就分别介绍各个灯光的特征。

1. 环境光

环境光能从不同的方向均匀地照射场景中的所有物体。当需要创建环境光时，选择"创建>灯光>环境光"命令，在坐标系的中心就会出现环境光。

选择"创建>灯光>环境光"打开环境光属性面板（见图12-84）。

图12-84　环境光属性面板

（1）强度

设置灯光的光亮度。数值越大，表示灯光越强。当强度为0时，不发光。系统默认值为1。

提示：

如果是直接拖动滑块，最大值为1。当用户需要设置更强的光时，可以直接在数字栏输入准确的参数值。

（2）颜色

设置灯光的颜色，点击色块区域，然后就会弹出一个色彩对话框供用户选择。系统默认颜色为白色。

（3）环境光明暗处理

当值为0时，环境光从四方发出光线，物体表面清晰度高，呈现出平滑阴影状态；当值为0.45时，这是最能够展现物体的体积的光线；当值为1时，环境光就像是一个点光源。图12-85中，从左到右分别是环境光阴影为0、0.45、1的光照效果。

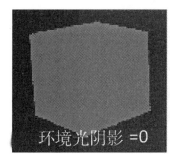  

图12-85　不同环境阴影值的效果比较

（4）投射阴影

此命令是用来开启阴影投射的。

（5）阴影颜色

设置阴影的颜色，系统默认为黑色。

（6）阴影光线数

用于计算柔和阴影采样。

2. 平行光

平行光是按照图标的箭头方向照射物体的，常用于模拟太阳光等远距离光源，所以平行光也被称为无穷远光。

平行光的属性设置面板和环境光相同，不做重复介绍。通过设置平行光的属性，可以得到良好的光照效果（见图12-86）。

图12-86　平行光照效果

3. 泛光灯

泛光灯又被称为点光源，它的发光方式是从所有的角度发射光线，所以也被称为全方向光源。经常在场景中同时使用多个低亮的泛光灯，并将其设置成不同的颜色，放置在离物体较远的地方。这样这些泛光灯就会将明暗效果投射在场景中的物体上，取得很好的视觉效果。图12-87是一个普通的泛光灯的照明效果。

图12-87　泛光灯的照明效果

选择"创建＞灯光＞点光源"打开点光源的属性面板，点光源的属性大部分和其他灯光属性一致，只有部分属性不同。图12-88是点光源特有的属性面板设置。

图12-88　点光源特有的属性面板设置

衰退速率是用来控制灯光的衰减值的,分为以下几种:无衰减、线性衰减、二次方衰减和立方衰减。

4. 聚光灯

聚光灯模拟一个圆锥形状的光源向指定方向发射光线。聚光灯的光束会沿着照射方向逐渐变宽,常用于模拟手电筒的照明效果。

5. 区域光

区域光和泛光灯十分相似,只是区域光是从平面矩形射出的光线(见图12-89),是一个规则的矩形平面。当矩形平面区域增大时,灯光的强度也相应加强。

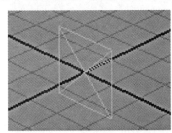

图12-89　区域光线放射平面形状

使用区域光可以模拟出非常真实的镜面高光,还可以创建出逼真的散开阴影。

6. 体积光

体积光用来照亮特定的体积范围,它可以对灯光的色彩、方向和衰减方式进行控制。利用体积灯光内部照射的方向可以得到不同的效果。

六、摄像机

在默认情况下,一个新建的场景中包含4个摄像机,当用户在视图中进行翻转、推拉、平移或跟踪操作时,实际上是摄像机的视角在发生改变。

在创建摄像机时，Maya提供三种创建类型，分别是：

摄像机：创建一个节点的摄像机，这是基本摄像机器。

摄像机和目标：创建有两个节点的摄像机，在基本摄像机的基础上再加上一个用来瞄准矢量的控制器。

摄像机、目标和上方向：创建有三个节点的摄像机，在基本摄像机的基础上再加上一个用来瞄准矢量的控制器和一个用来旋转摄像机的控制器。

选择"创建>摄像机>摄像机"会打开摄像机的属性面板，图12-90是灯光属性中的摄像机属性部分。

图12-90　摄像机兴趣中心设置

镜头特性：从摄像机到兴趣观察点，这是以场景的线性操作单位来度量的（见图12-91）。

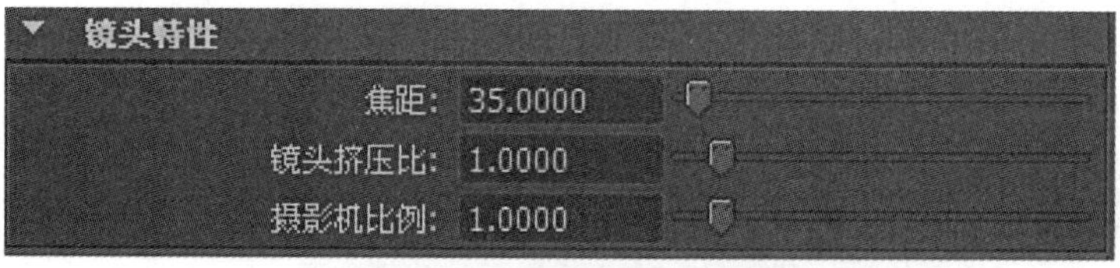

图12-91　镜头特性属性设置

焦距：对于摄像机的焦距，系统默认是以毫米为度量单位的，增加摄像机"焦距"的值，就会放大摄像机，并且增大场景中物体的视觉大小。有效范围是0.001~1 000，系统默认值为35。

镜头挤压比：镜头压缩比例，指的是摄像机水平压缩图像的数目。通常摄像机不会压缩录制的影像，但是当摄像机为失真摄像机或其他情况时，会水平压缩影像。

摄影机比例：摄像机大小，用来缩放摄像机在场景中的视觉大小。

胶片背特性：胶片属性（见图12-92），包括以下设置：

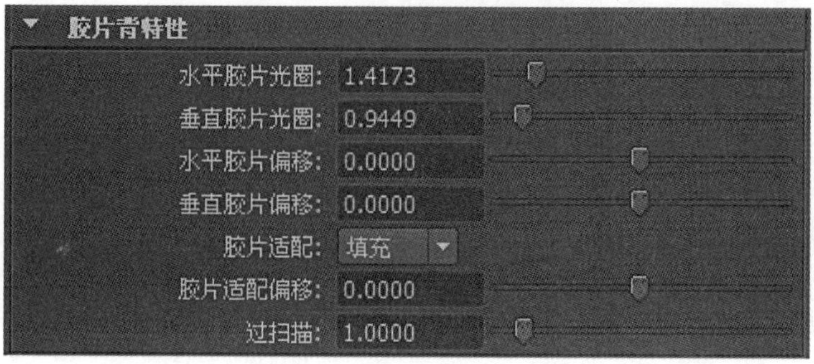

图12-92　胶片背特性属性设置

水平胶片光圈：水平胶片孔半径设置。

垂直胶片光圈：垂直胶片孔半径设置。

水平胶片偏移：水平胶片偏移设置。

垂直胶片偏移：垂直胶片偏移设置。

胶片适配：用来控制相对于边界指示器的分辨率。

过扫描：用来设置摄像机在视图中的场景大小，对渲染图像中的场景大小不产生影响。系统默认值为1。

运动模糊：快门设定，用来控制经过运动模糊的对象的模糊操作（见图12-93）。数值越大，运动产生的模糊越明显。

图12-93　运动模糊属性设置

提示：

设置了运动模糊后，还必须在渲染窗口中打开渲染选项，这样才会有运动模糊的效果。

"剪裁平面"设置中，近剪裁平面/远剪裁平面用来设定从透视摄像机或正交摄像机到近处或远处剪裁平面的距离（见图12-94）。

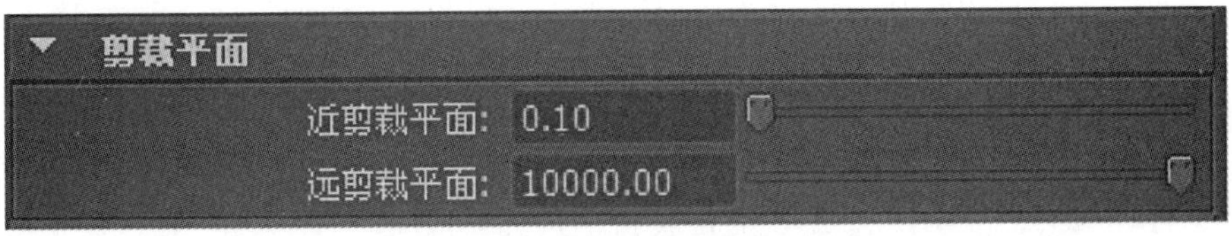

图12-94　剪切平面属性设置

正交：如果开启此项，摄像机就是正交摄像机；如果关闭此项，摄像机就是透视摄像机。

正交宽度：设置正交摄像机的显示宽度。系统默认为单位为英寸（见图12-95）。

图12-95　正交视图属性设置

七、CV 曲线工具

当用户创建的曲线不用精确定位时，可以使用CV曲线工具来创建曲线。用此项创建曲线能够得到较好的曲线形状和平滑度。选择"创建>CV 曲线工具"，在场景中单击鼠标即可创建可控点。

使用CV 曲线工具来创建曲线时，只需在工作区域单击即可。当使用CV 曲线工具时，必须放置多个点才能创建出曲线。图12-96是使用CV 曲线工具创建曲线的过程。

图12-96　CV 曲线工具创建曲线的过程

选择"创建>CV 曲线工具"打开选项窗口（见图12-97），可进行CV 曲线工具选项的设置。

图12-97　CV曲线工具对话框

1.曲线次数

曲线的次数越高，创建的曲线越平滑。系统默认设置为"3立方"，表示一条3次曲线至少有4个CV点。当用户要创建的是转折明确的线段时，可以选择"1线性"，这样创建出的曲线如图12-98所示，是一段转折尖锐的曲线。

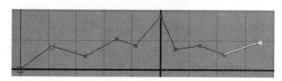

图12-98　选择"1线性"项创建出的曲线

2.节间距

节间距的类型决定了Maya在创建曲线时在U方向上定位的方式，共有两个选项：一致、弦长。

三维动画基础

一致：节间距可以创建出更易于识别的形状，为系统的默认设置。

弦长：如果选用此项目，节点可以更好地分配曲线曲率，创建出的曲面则可以更好地显示纹理。

3.多端节

当打开此项时，创建的曲线的两端编辑点也是节。这样就能够很好地控制曲线两端的形状。系统默认为开启状态。

八、EP 曲线绘制工具

如果用户想通过较少的点来创建一条曲线，最好选用EP曲线工具。EP 曲线工具创建的曲线可以精确创建出曲线编辑点。EP曲线工具会在创建曲线编辑点时同时创建CV编辑点。

使用EP 曲线绘制工具来创建曲线，至少要放置两个以上的编辑点。

九、铅笔曲线工具

铅笔曲线工具能够创建出十分随意的曲线。用户通过拖拽鼠标或使用手写板进行曲线绘制。使用该工具会创建出大量的编辑点。

使用铅笔曲线工具来创建曲线时，不能使用键盘的Backspace来删除曲线线段。

提示：

　如果使用铅笔曲线工具创建出的曲线编辑点过多，用户可以使用"编辑曲线 > 铅笔曲线工具"来简化曲线。

在创建曲线过程中，按下插入键之后，在曲线的最后一个编辑点上会出现一个移动操纵器，拖动操纵器即可更改曲线的形状。通过按键盘上的左右方向键，可以选择其他节点。

十、圆弧工具

圆弧工具可以使用三点成弧工具和两点成弧工具来创建一段弧线。图12-99是使用三点成弧工具创建圆弧的过程。

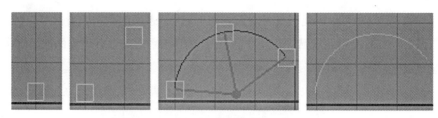

图12-99　用三点成弧工具创建圆弧的过程

　　当使用两点成弧工具创建圆弧时，会出现一个手柄，通过选择手柄的方向来确定是优弧，还是劣弧。图12-100展示了两点成弧工具创建圆弧的过程。

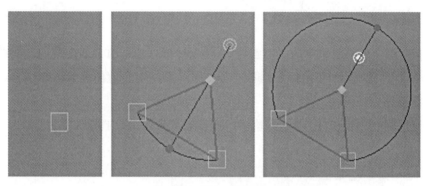

图12-100　使用两点成弧工具创建圆弧的过程

十一、测量工具

　　距离测量工具：测量两点间的距离，系统默认单位为毫米。

　　参数测定工具：测定选择点的UV值，只能对NURBS曲面进行测量。

　　弧度测量工具：测定选择点弧度，只能对NURBS曲面进行测量。

　　图12-101是使用了距离测量、参数测定、弧度测量得到的数据。

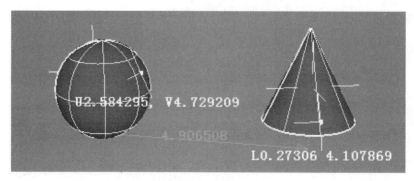

图12-101　测量工具的使用

十二、文本输入

文本工具是用来输入文字的，如果直接选择"创建>文本"会创建出系统默认的文字——"Maya"（见图12-102）。

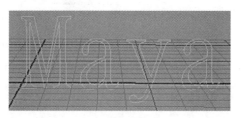

图12-102　系统默认的文本创建的"Maya"字样

使用文本工具可以创建出三种类型的曲面物体：NURBS曲线、NURBS曲面、多边形物体，用户根据不同的需要进行选择。选择"创建>文本"（见图12-103），进入选项设置面板设置字体和文字内容。

图12-103　文本属性设置面板

十三、构造平面

构造平面为辅助建模工具，将创建的平面激活后，可以在其基础上创建曲线。

选择"创建>构造平面"打开选项窗口（见图12-104），可进行构造平面选项的设置。

图12-104　构造平面属性设置面板

极轴是用来定义建筑平面的轴向的，共有三种选择：YX、YZ、XZ。

十四、定位器

如果场景视图中没有显示出坐标网格，那么用户就可能会弄错坐标方向，这样会给模型建造带来一些麻烦。使用地平面标示工具可以在不显示网格的前提下，将坐标方向用三条交叉线显示出来。图12-105中央的十字交叉线为地平面标志。

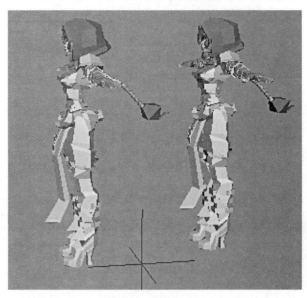

图12-105　使用定位器标示地平面

十五、注释

当场景中的物体比较多且混乱时，用户可以通过设定注释来查看物体。

选择要进行注释的对象，执行"创建 > 注释"命令（见图12-106），会出现注释名称对话框。

图12-106　注释名称对话框

在对话框中输入注释名称，场景中的物体上端就会出现注释信息。

十六、空群组

选择"创建 > 空群组"命令,在场景中就会创建一个空的群组。用户可以对创建的空群组进行编辑,例如给空群组里添加对象、更改空群组的信息。在创建一些动画时可能会多次用到空群组。

第五节　显示菜单

用户在使用Maya的过程中为了方便操作,需要对显示的对象进行选择,例如,显示或隐藏NRUBS曲面、多边形物体、工具项、视角以及灯光操纵器、组成元素或属性等。当项目被显示或隐藏时,往往会影响到用户界面的显示。用户可以通过显示菜单命令来进行操作。

一、栅格

栅格命令决定是否显示或隐藏工作区各个视图中的网格。
选择"显示 > 栅格"打开选项窗口(见图12-107),可进行栅格选项的设置。

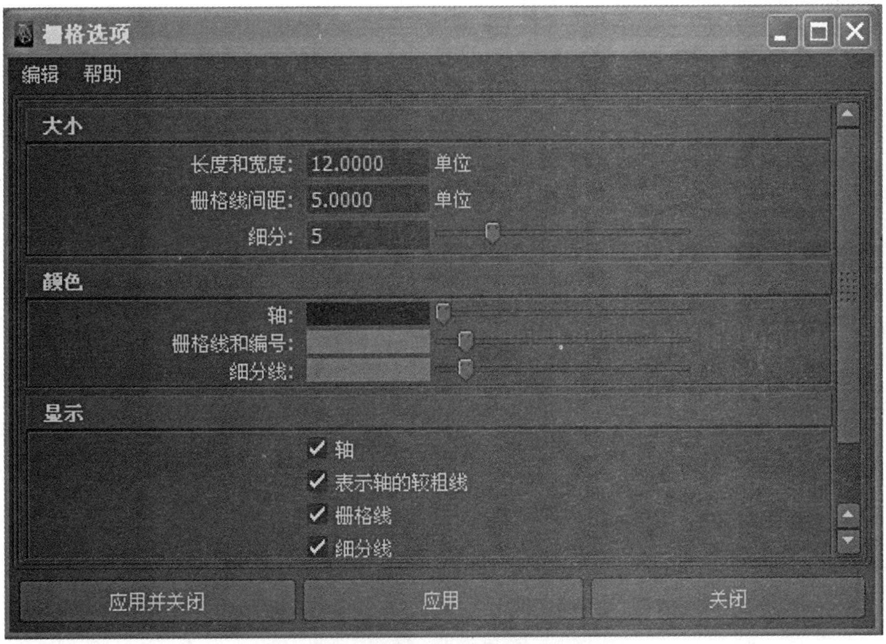

图12-107　栅格选项的参数设置面板

1.大小

长度和宽度：确定网格的长和宽的单位值大小。

栅格线间距：用来确定每个单元格的大小。

细分：用来确定表格的划分密度。

2.颜色

"颜色"中的各项可以分别设置不同的色彩，来确定网格的最终显示颜色。

提示：

改变了颜色对话框中的各项设置后，将无法通过重置命令来恢复默认设置。

3.显示

"显示"中的各项可以分别进行设置，用来显示U方向或V方向上的网格线，以得到用户想要的网格效果。

二、平视显示仪

平视显示仪的下拉菜单（见图12-108）包括对象详细信息、多边形计数、动画详细信息、帧速率、摄影机名称、原点轴等。

图12-108 平视显示仪的下拉菜单选项

用户每勾选其中的一项，系统就会显示出对应的信息。下面按顺序介绍下拉菜单显示的内容。图12-109中，第一排从左到右依次为：勾选对象详细信息后显示的信息，勾选多边形计数后显示的信息，勾选动画详细信息后显示的信息。

图12-109　平视显示仪的下拉菜单显示出的信息

三、UI 元素

图12-110为UI 元素的下拉菜单。

图12-110　UI元素的下拉菜单

当用户对界面布局进行调整时，可以通过开启或关闭UI 元素下拉菜单的选项取得想要的界面效果。下面对UI 元素下拉菜单的选项进行详细介绍：

状态行：确定状态栏是否显示。

工具架：确定工具架是否显示。

时间滑块：确定时间滑块是否显示。

范围滑块：确定范围滑块是否显示。

命令行：确定命令栏是否显示。

帮助行: 确定帮助栏是否显示。

工具箱: 确定工具箱是否显示。

属性编辑器: 确定属性栏是否显示。

工具设置: 确定工具设定通道是否显示。

通道盒/层编辑器: 确定通道栏/层面板是否显示。

隐藏所有UI元素: 隐藏全部界面元素。

显示所有UI元素: 显示全部界面元素。

还原UI元素: 还原全部界面元素。

提示:

当执行"隐藏所有UI元素"后,界面会显得特别简洁;如果要恢复界面显示,选择主菜单中的"显示所有UI元素"后,界面元素得到还原。

四、隐藏

有时为了便于选择,或者为了避免视觉上的混乱,可以使用隐藏命令隐藏一些元素或隐藏处于非工作状态的物体。图12-111为"隐藏"命令的下拉菜单。

图12-111 "隐藏"命令的下拉菜单

隐藏当前选择：隐藏选择的对象。

隐藏未选定对象：隐藏没有选择的物体。

隐藏未选定CV：隐藏没有选择的CV节点。

全部：隐藏全部对象。

隐藏几何体：选择隐藏几何体，其下拉菜单包括NURBS曲面、多边形面、曲线、细分曲面等选项。

隐藏运动学：隐藏动力学部分，其下拉菜单包括隐藏全部动力学、隐藏关节、隐藏IK手柄等选项。

隐藏变形器：隐藏可变形物体，其下拉菜单包括隐藏所有变形、隐藏网格、隐藏造型物体、隐藏串等选项。

灯光：隐藏灯光。

摄像机：隐藏摄像机。

纹理放置：隐藏纹理布置。

构造平面：隐藏建筑面。

流体：隐藏流体。

头发系统：隐藏头发系统。

毛囊：隐藏毛发系统。

灯光操纵器：隐藏灯光操纵器。

摄像机操纵器：隐藏摄像机操纵器。

五、显示

显示命令正好与隐藏命令相反，两者的下拉菜单也是一一对应的，被隐藏了的部分可以用显示命令显示出来。

六、框架结线色彩

此命令是用来改变物体的框架颜色的。系统默认颜色为蓝色。当用户需要改变物体的框架结构线色彩时，先选择要改变框架结构线色彩的物体，再选择框架线色彩，弹出色彩选择对话框（见图12-112），选择要改变的色彩，单击"应用"，新的色彩就被应用到选择的物体上了。

图12-112　框架结构线色彩选择对话框

七、物体显示

Maya中的物体显示方式是多种多样的，主要分为以下几种显示方式（见图12-113）：

图12-113　Maya中的物体显示方式

模板：当勾选模板选项后，物体就以线框方式显示，物体不能被正常选择，只有在"窗口>大纲视图"中才能选择。

取消模板：取消模板显示方式。

边界框：按照物体的长、宽、高，将视图中的模型概括为立方体显示，这样物体的刷新频率会快很多。

无边界框：取消立方体显示。

八、构成显示

构成显示的下拉菜单包括以下内容：是否显示物体背面的面、是否显示物体的移动中心点、是否显示物体的旋转中心点、是否显示物体的放缩中心点等。

NURBS命令是在操作中比较常用的命令,包括下列选项(见图12-114):

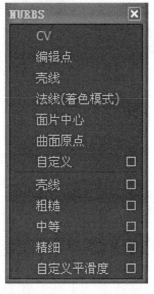

图12-114　NURBS下拉菜单

下面用一个NURBS物体来显示不同的NURBS组成元素,图12-115第一排从左到右依次为:显示物体的CVs点、显示物体的可编辑点、显示物体的壳线;第二排从左到右依次是显示物体的法线、显示物体的ISO之间的点、显示物体的交界线。

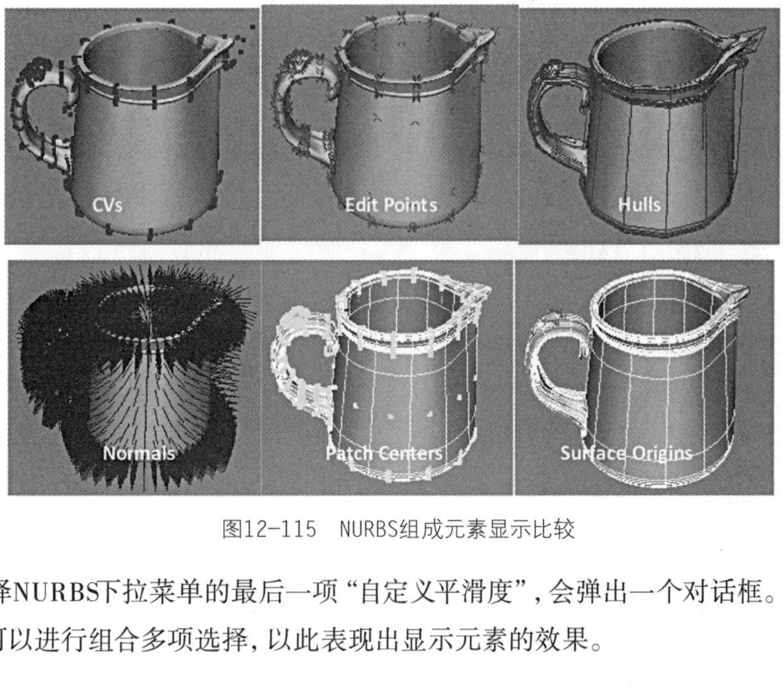

图12-115　NURBS组成元素显示比较

选择NURBS下拉菜单的最后一项"自定义平滑度",会弹出一个对话框。对话框里的内容可以进行组合多项选择,以此表现出显示元素的效果。

NURBS平面化处理是通过"组件显示级别"下拉菜单命令将NURBS曲面进行简单化处理,图12-116从左到右依次为: 原始物体、简略效果、中等效果、精细效果。

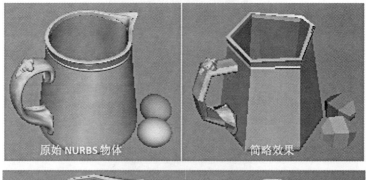

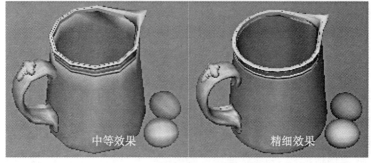

图12-116　NURBS 简化处理效果比较

第六节　窗口菜单

Maya的窗口菜单包含了各种各样的属性编辑器,用以改变场景布局、设置对象的框架等。Windows菜单包括以下内容:

(1)通道编辑器。

(2)渲染编辑器。

(3)动画编辑器。

(4)关联编辑器。

(5)系统参数设定。

(6)属性编辑。

(7)大纲: 选择"窗口>大纲"命令,打开大纲编辑器(见图12-117)。编辑器里是整个场景中的全部对象,包括摄像机、场景物体以及灯光等。

图12-117　大纲编辑器

（8）Hypergraph层次（超图层次）：选择"窗口>Hypergraph层次"命令，打开超图视窗（见图12-118）。超图里包含整个场景中的全部对象，以分支的方式来展示整个场景中对象之间的相互关系，包括摄像机、场景物体以及灯光等。

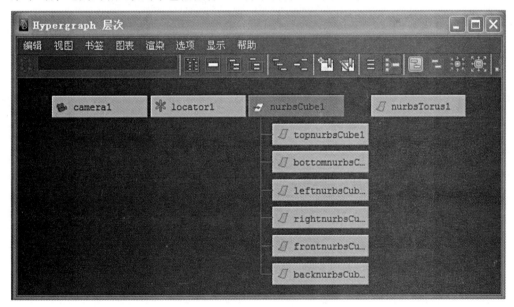

图12-118　Hypergraph超图视窗

（9）Paint Effects（画笔）：选择"窗口>Paint Effects"命令，打开绘图窗口（见图12-119）。可以在窗口里直接绘制出三维图形，包括花、草、树、房屋、头发等。

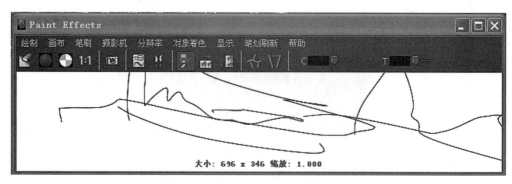

图12-119　Paint Effects绘图窗口

提示:

框显当前选择命令对应的快捷键为A,如果要一次对多个视图进行统一操作,快捷键为Shift+A。

为了让用户更好地掌握Maya这个软件,Autodesk公司提供了很多帮助信息,它们详尽地讲解了Maya各种命令菜单的用法和各种参数的意义;还提供了为数不少的经典实例和视频教学片段。所以用户想要更加深入地学习Maya,仔细阅读帮助文件是非常重要的。

思考与练习题

1.练习"吸附对齐工具"的各种使用方法。

2.思考不同灯光对场景气氛的影响。

图书在版编目（CIP）数据

三维动画基础 / 高艺师，代钰洪著. —北京：中国传媒大学出版社，2018.3
（动画专业"十三五"规划应用型本科系列教材）
ISBN 978-7-5657-2172-4

Ⅰ. ①三…　Ⅱ. ①高…　②代…　Ⅲ. ①三维动画软件－高等学校－教材
Ⅳ. ①TP391.41

中国版本图书馆 CIP 数据核字（2017）第 284185 号

本书中所搜集的有关图片，均为了便于读者更好地理解教学内容，由于不便找到相关作者，恳请版权所有者看到后，与本社编辑联系，本社负责支付使用费。在此，深表感谢！

三维动画基础

SANWEI DONGHUA JICHU

著　　者	高艺师　代钰洪
总 主 编	周　舟　钟远波　韩　晖
策　　划	冬　妮
责任编辑	吴　磊
特约编辑	陈　默
封面设计	风得信设计·阿东
责任印制	曹　辉

出版发行　中国传媒大学出版社

社　　址	北京市朝阳区定福庄东街 1 号　邮编：100024
电　　话	86-10-65450528　65450532　　传真：65779405
网　　址	http://www.cucp.com.cn
经　　销	全国新华书店
印　　刷	三河市东方印刷有限公司
开　　本	787mm×1092mm　1/16
印　　张	黑白 25.5　彩插 1.5
字　　数	517 千字
版　　次	2018 年 3 月第 1 版　　2018 年 3 月第 1 次印刷
书　　号	ISBN 978-7-5657-2172-4/TP·2172　　定　价　78.00 元